中文版
Photoshop CC
从入门到精通

卢建洲　编著

化学工业出版社

·北京·

内容简介

本书以实操为导向，全面系统地讲解了Photoshop CC 2020的基本操作方法与核心应用功能。

全书共15章，遵循由浅入深、从基础知识到案例进阶的学习原则，对Photoshop入门知识、Photoshop基本操作、图像绘制、图像修饰、选区与填色、文本应用、图层应用、调色、通道、蒙版、滤镜、视频与动画、动作与自动化、3D功能应用、切片与输出等内容进行了逐一讲解，每章中间均穿插大量实操练习，同时章末以一个综合性案例收尾，达到温故知新、学以致用的目的。

本书内容丰富实用，操作讲解细致，书中所有案例均提供配套的视频、素材及源文件，非常适合平面设计师、Photoshop初学者及爱好者自学使用，也可用作高等院校及培训机构相关专业的教材及参考书。

图书在版编目（CIP）数据

中文版Photoshop CC从入门到精通/卢建洲编著. —北京：化学工业出版社，2021.12

ISBN 978-7-122-39879-6

Ⅰ. ①中… Ⅱ. ①卢… Ⅲ. ①图像处理软件 Ⅳ. ①TP391.413

中国版本图书馆CIP数据核字（2021）第184306号

责任编辑：耍利娜　　　　　　　　　　装帧设计：李子姮
责任校对：王　静

出版发行：化学工业出版社（北京市东城区青年湖南街13号　邮政编码100011）
印　　装：北京缤索印刷有限公司
787mm×1092mm　1/16　印张32¹/₂　字数828千字　2022年1月北京第1版第1次印刷

购书咨询：010-64518888　　　　　　　售后服务：010-64518899
网　　址：http://www.cip.com.cn
凡购买本书，如有缺损质量问题，本社销售中心负责调换。

定　　价：118.00元

前言

1.为什么要学习Photoshop

Photoshop是一款图像处理软件，主要用于处理以像素构成的数字图像。利用它可以有效地绘制、编辑图像，可以说Photoshop现已成为平面设计领域的入门必备软件。

该软件功能十分强大，它可以对图像做出编辑、调色、模糊、锐化等一系列操作，还可以将二维图形转换成三维模型，制作出更加具有特色的3D效果。此外，软件具有很强的兼容性，可以与Adobe旗下的Illustrator、Premiere、After Effects等软件搭配使用，以便制作出更加完美的设计作品。

学习Photoshop具有很多优点：

● 多个技能多条路，Photoshop操作简单，易上手，入门门槛低，并且对个人的职业发展起到一定的帮助作用。

● Photoshop实用性强，应用广泛，综合功能强大，学会Photoshop可以有效提高自身竞争力。

● Photoshop不仅让你学会绘制图形、编辑图像，还能进一步掌握与图像相关的设计常识，提高自己的专业水平。

2.选择本书理由

本书编写模式采用基础知识+上手实操+进阶案例+综合实战，内容循序渐进，从实战应用中激发学习兴趣。

（1）本书是Photoshop启蒙之书

由于Photoshop操作简单，容易上手，所以很多新手只会简单地模仿，依葫芦画瓢，没有很好地与实际应用相结合，制作出的作品只能是"纸上谈兵"，不切实际。鉴于此，我们组织一线教师和设计师共同编写了此书，旨在通过本书的实例讲解以及专家指点，给读者带来一定的启发。

（2）结构清晰明了，知识全面系统

本书以简练的语言，对Photoshop进行了全方位的讲解。书中几乎囊括了Photoshop所有应用知识点，简洁明了、简单易学，从而保证读者能够学以致用，并在本书的引导之下更快地入门。

（3）理论实战紧密结合，彻底摆脱纸上谈兵

本书包含了上百个案例，既有针对某个功能的动手练习，也有综合性的实战案例，所有案例都经过了精心设计。读者在学习本书的时候可以通过案例更好、更快地理解知识和掌握应用，同时这些案例也可以在实际工作中直接引用。

3.本书包含哪些内容

本书是一本介绍Photoshop软件技术的实用图书。全书可分为3个组成部分，其中：

第1～7章主要介绍了Photoshop的入门操作，从Photoshop基础知识讲起，全面介绍了软件入门基础操作、图像绘制、图像修饰、选区与填色、文本以及图层等应用知识，对Photoshop软件的基础技能进行了系统的介绍。

第8～11章主要介绍了图像编辑处理知识的应用，这部分内容涵盖了图像的调色、通道、蒙版以及滤镜等知识，学习后可以精细地处理图像，得到预期的效果。

第12～15章主要介绍了Photoshop的拓展操作，分别包括了视频与动画、动作与自动化、3D以及切片与输出等知识。该部分内容可以拓展Photoshop知识的应用，学习后不仅能节省重复性工作的时间，还能制作出简单动画效果、3D效果等。

此外，书中有大量二维码，手机扫一扫，可以随时随地观看视频讲解，体验感非常好。从配套到拓展，资源库一应俱全。

4.本书的读者对象

- 从事平面设计的工作人员
- 高等院校相关专业的师生
- 培训班中学习平面设计的学员
- 对平面设计有着浓厚兴趣的爱好者
- 零基础转行到平面设计的人员
- 有空闲时间想掌握更多技能的办公室人员

本书由卢建洲编著，笔者在长期的工作中积累了大量的经验，在写作时对其进行了升华总结，力求精益求精。郑州轻工业大学教务处对本书的编写和出版给予了大力支持，相关老师参与了本书审校工作，在此表示感谢。

本书在编写过程中力求严谨细致，但由于时间与精力有限，疏漏之处在所难免，望广大读者批评指正。

编著者

目录

第1章 Photoshop CC轻松入门

第2章
Photoshop CC 操作基本功

第3章
图像绘制很简单

第4章
图像修饰我在行

第5章
选区与填色不求人

第6章
文本添加不可少

第7章
图层应用显神功

第8章
调色技术要掌握

第9章
通道技术很神奇

第 10 章
蒙版应用很便捷

第 11 章
滤镜技术作用大

第 12 章
视频和动画添光彩

第 13 章
动作与自动化效率高

第14章
3D技术一定会

第15章
切片与输出互联动

第1章 Photoshop CC 轻松入门

内容导读：

本章主要对两个方面的知识进行讲解：一是平面设计的基础知识与Photoshop应用领域；另一方面则是Photoshop的工作界面、工作区的设置、图像窗口显示的设置、辅助工具的应用以及对首选项部分功能的设置。

学习目标：

- 了解平面设计基础知识
- 了解Photoshop应用领域
- 熟悉Photoshop工作界面与工作区的设置
- 熟悉图像窗口显示以及首选项的设置
- 掌握辅助工具的应用

1.1 设计基础知识

在学习Photoshop前，首先要了解一些设计基础知识，例如色彩基础理论、像素与分辨率、位图与矢量图、图像色彩模式、文件存储格式以及后期印刷相关知识。

1.1.1 色彩基础理论

色彩是平面设计的灵魂之一。它不仅可以为设计添加美感变化，还可以增加其空间感。

（1）色彩的属性构成

色彩由三种元素构成，即色相、明度、纯度。

① 色相　色相是色彩的重要的特征之一，是区别各种不同色彩的主要依据。色相是由原色、间色和复色组成的。色相即每种色彩的相貌名称，如红、橘红、翠绿、湖蓝、群青等。如图1-1、图1-2所示为绿色的叶子和红色的叶子。

图 1-1

图 1-2

> **❝ 知识链接：**
>
> 　　原色：三原色指色彩中不能再分解的三种基本颜色，即红色、绿色、蓝色；
> 　　间色：间色又称第二次色，由三原色中任意两种颜色相互混合而成；
> 　　复色：复色又称第三次色，由一个原色和一个间色混合而成，复色的名称都是两个颜色的组成，如红橙、黄绿、蓝紫等。

② 明度　明度即色彩的深浅程度，即色彩亮度。每种色彩都有属于自己的明度变化，在有彩色系中，明度最高的是黄色，明度最低的是紫色，红、橙、蓝、绿属于中明度。在无彩色系中，明度最高的是白色，明度最低的是黑色。要使色彩明度提高，可加入白色，反之加入黑色。如图1-3、图1-4所示为同一幅图的不同明度。

③ 纯度　纯度是指色彩的饱和程度、鲜艳程度，也称彩度或饱和度。纯色的色感强，即色度强，所以纯度亦是色彩感觉强弱的标志。其中红、橙、黄、绿、蓝、紫等的纯度最高，无彩色系中的黑、白、灰的纯度几乎为零。如图1-5、图1-6所示为同一幅图的不同纯度。

图 1-3

图 1-4

图 1-5

图 1-6

（2）色彩的搭配原则

色彩搭配的原则基础是不要超过三种颜色。三种指的是色相，比如绿色和深绿色可视为一种色相，黑白灰为无彩色，不算在内。如图 1-7 所示为主色、辅助色和点缀色百分比表示效果图。

基调色　　　　　　　　　　　　　　　　点缀色　　　辅助色

图 1-7

- 主色（即使用面积最大的基调色，形成整体印象）占 70%；
- 辅助色（副色，起到补充基调色的作用）占 25%；
- 点缀色（重点色，使用面积最小、最为醒目的颜色）占 5%。

（3）色彩的印象

色相对人心理影响最大，色彩给人的感受和印象因人而异。了解色彩印象并应用于设计中，可以使设计作品更加出色。

> **注意事项：**
>
> 主色不一定只有一种颜色，也可以双主色。背景色可以理解为另外一种的辅助色。出现次数最多、颜色反差较大、具有引导性的颜色为点缀色。

红色—正面：激情、能量、爱心、活力　　负面：战争、危险、血腥

橙色—正面：温暖、丰收、成熟、华丽　　负面：粗鲁、嫉妒、可怜

黄色—正面：聪明、乐观、希望、光明　　负面：低俗、灼热、欺骗

绿色—正面：和平、安全、自然、青春　　负面：贪婪、恶心、侵蚀

蓝色—正面：学识、凉爽、理智、正义　　负面：消沉、寒冷、悲伤

紫色—正面：优雅、高贵、神秘、浪漫　　负面：忧郁、疯狂、孤独

黑色—正面：权利、威信、仪式、时尚　　负面：邪恶、恐惧、消极

白色—正面：神圣、纯洁、纯真、信仰　　负面：空虚、孤立、恐怖

1.1.2　像素与分辨率

（1）像素

像素是构成图像的最小单位，是图像的基本元素。若把影像放大数倍，会发现这些连续色调其实是由许多色彩相近的小方点所组成，如图1-8、图1-9所示。这些小方点就是构成影像的最小单位"像素（Pixel）"。图像像素点越多，色彩信息越丰富，效果就越好。

图 1-8　　　　　　　　　　　　　　　　　　　　图 1-9

（2）分辨率

分辨率对于数字图像的显示及打印等方面，都起着至关重要的作用，常以"宽×高"的形式来表示。分辨率对用户来说显得有些抽象，这里将分门别类地向大家介绍分辨率，以便以最快的速度掌握该知识点。一般情况下，分为图像分辨率、屏幕分辨率以及打印分辨率。

① 图像分辨率　图像分辨率通常以像素/英寸来表示，是指图像中每单位长度含有的像素数目。以具体实例比较来说明，分辨率为300像素/英寸的1×1英寸的图像总共包含90000个像素，而分辨率为72像素/英寸的图像只包含5184个像素（72像素宽×72像素高=5184）。但分辨率并不是越大越好，分辨率越大，图像文件越大，在进行处理时所需的内存和CPU处理时间也就越多。不过，分辨率高的图像比相同打印尺寸的低分辨率图像包含更多的像素，因而图像会更加清楚、细腻。如图1-10所示为分辨率为72像素/英寸的图像参数。

② 屏幕分辨率　屏幕分辨率就是指显示器分辨率，即显示器上每单位长度显示的像素或点的数量，通常以点/英寸（dpi）来表示。显示器分辨率取决于显示器的大小及其像素设置。显示器在显示时，图像像素直接转换为显示器像素，这样当图像分辨率高于显示器分辨率时，在屏幕上显示的图像比其指定的打印尺寸大。常见的屏幕分辨率有1920×1080、1600×1200、640×480。

图 1-10

③ 打印分辨率 激光打印机（包括照排机）等输出设备产生的每英寸油墨点数（dpi）就是打印机分辨率。大部分桌面激光打印机的分辨率为 300 ~ 600dpi，而高档照排机能够以 1200dpi 或更高的分辨率进行打印。图像的最终用途决定了图像分辨率的设定，如果要对图像进行打印输出，则需要符合打印机或其他输出设备的要求，分辨率应不低于 300dpi；应用于网络的图像，分辨率只需满足典型的显示器分辨率即可。

1.1.3　位图与矢量图

（1）位图

位图也叫点阵图或栅格图，它由像素或点的网格组成，与矢量图形相比，位图图像可以精确地记录图像色彩的细微层次，弥补了矢量图的缺陷。在执行缩放或旋转操作时容易失真，如图 1-11、图 1-12 所示。保存位图图像时需要记录每一点的位置和色彩数据，因此图像像素越多，文件就越大，占用的磁盘空间也就越大。位图是连续色调图像，最常见的有数码照片和数字绘画。如果将这类图形放大到一定的程度，就会发现它是由一个个小方格组成的，这些小方格被称为像素点。

图 1-11　　　　　　　　　　　　图 1-12

（2）矢量图

矢量图也叫矢量形状或矢量对象，在数学上定义为一系列由线连接的点。与位图不同的是，矢量图的每一个图像都是一个自成一体的实体，具有颜色、形状、轮廓、大小和屏幕位置等属性，所以矢量图和分辨率无关，任意移动或修改都不会影响细节的清晰度，如图1-13、图1-14所示。

图 1-13

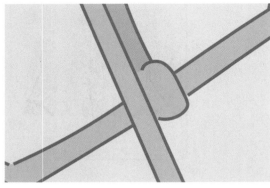

图 1-14

1.1.4　图像色彩模式

色彩模式是指同一属性下的不同颜色的集合。它能方便用户使用各种颜色，而不必在反复使用时对颜色进行重新调配。常用的模式包括RGB模式、CMYK模式、Lab模式和灰度模式等。每一种模式都有自己的优缺点及适用范围，并且各模式之间可以根据处理图像工作的需要进行转换。

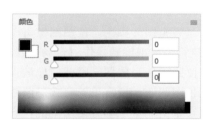

图 1-15

图 1-16

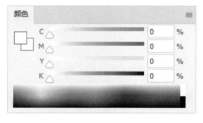

图 1-17

（1）RGB色彩模式

RGB色彩模式是最基础的色彩模式，是一种发光屏幕的加色模式，最适合计算机屏幕显示的色彩模式。在RGB模式中，R（Red）代表红色，G（Green）代表绿色，B（Blue）代表蓝。R、G、B的取值范围为0～255，当R、G、B值均为0时，则为黑色，如图1-15所示；当R、G、B值均为255时，则为白色，如图1-16所示。新建的Photoshop图像的默认色彩模式为RGB模式。

（2）CMYK色彩模式

CMYK是一种减色模式，主要用于印刷领域。CMYK模式中，C（Cyan）代表青色，M（Magenta）代表品红色，Y（Yellow）代表黄色，K（Black）代表黑色，如图1-17所示。C、M、Y分别是红、绿、蓝的互补色。由于Black中的B也可以代表Blue（蓝色），所以为了避免歧义，黑色用K代表。

注意事项：

屏幕上显示的图像为RGB模式；印刷品上的图像则为CMYK模式。

（3）Lab 色彩模式

Lab 色彩模式是最接近真实世界颜色的一种色彩模式。其中，L 表示亮度，亮度范围是 0 ～ 100；a 表示由绿色到红色的范围；b 代表由蓝色到黄色的范围；ab 范围是 –128 ～ 127，如图 1-18 所示。该模式解决了由不同的显示器和打印设备所造成的颜色差异，这种模式不依赖于设备，它是一种独立于设备存在的颜色模式，不受任何硬件性能的影响。

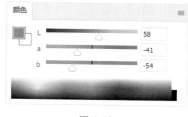

图 1-18

（4）HSB 色彩模式

HSB 又称 HSV，是基于人类对颜色的感觉而开发的模式，是最接近人眼观察颜色的一种模式。所有的颜色都用色相（H）、饱和度（S）以及亮度（B）三个特性来描述，如图 1-19 所示。

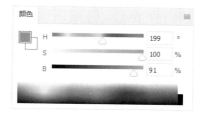

图 1-19

（5）灰度色彩模式

灰度色彩模式的图像中只存在灰度，而没有色度、饱和度等彩色信息。灰度模式共有 256 个灰度级。灰度模式的应用十分广泛。在成本相对低廉的黑白印刷中，许多图像都采用了灰度模式。灰度的表示方法是百分比，范围是 0 ～ 100%。0 为白色，100% 为黑色，与 RGB 正好相反，百分比越低越白，百分比越高越偏黑，如图 1-20、图 1-21 所示。

图 1-20

1.1.5 文件存储格式

在储存图像时，用户可以根据需要选择不同的文件格式，例如 PSD、BMP、GIF、JPEG、PDF、PNG 以及 TIFF 格式等。

图 1-21

（1）PSD（*.PSD，*.PDD，*.PSDT）

PSD 格式是 Photoshop 软件的专用格式，能支持网络、通道、路径、剪贴路径和图层等所有 Photoshop 的功能，还支持 Photoshop 使用的任何颜色深度和图像模式。PSD 格式是采用 RLE 的无损压缩，在 Photoshop 中存储和打开此格式也是较快速的。

（2）BMP（*.BMP，*.RLE，*.DIC）

这种格式也是 Photoshop 最常用的点阵图格式，此种格式的文件几乎不压缩，占用磁盘空间较大，存储格式可以为 1bit、4bit、8bit、24bit，支持 RGB、索引、灰度和位图色彩模式，但不支持 Alpha 通道。由于 BMP 文件格式是 Windows 环境中交换与图有关数据的一种标准，因此在 Windows 环境中运行的图形图像软件都支持 BMP 图像格式。

（3）GIF（*.GIF）

GIF 分为静态 GIF 和动画 GIF 两种，它支持透明背景图像，适用于多种操作系统，"体型"很小，网上很多小动画都是 GIF 格式。其实 GIF 是将多幅图像保存为一个图像文件，从而形成动画，所以归根到底 GIF 仍然是图片文件格式，但 GIF 只能显示 256 色。

（4）JPEG（*.JPG，*.JPEG，*.JPE）

JPEG 格式是目前网络上最常用的图像格式，是可以把文件压缩到最小的格式。JPEG 是一种很灵活的格式，具有调节图像质量的功能，允许用不同的压缩比例对文件进行压缩，支持多种压缩级别，压缩比率通常在10：1～40：1，压缩比越大，品质就越低；压缩比越小，品质就越好。

（5）PDF（*.PDF，*.PDP）

PDF格式是Adobe公司开发的用于Windows、MACOSUNIX和DOS系统的一种电子出版软件的文档格式，适用于不同的平台。该格式基于PostScript Leve 2语言，因此可以覆盖矢量图像和位图图像，并且支持超链接。

（6）PNG（*.PNG）

PNG格式是Netscape公司开发出来的格式，可以用于网络图像，它可以保存24bit的真彩色图像，并且支持透明背影和消除锯齿边缘的功能，可以在不失真的情况下压缩保存图像。

（7）TIFF（*.TIF，*.TIFF）

TIFF支持位图、灰度、索引、RGB、CMYK、和Lab等图像模式。TIFF是跨平台的图像格式，既可在Windows，又可在Macintosh中打开和存储，常用于出版和印刷业中。

1.1.6　后期印刷相关

印刷是指将文字、图画、照片等原稿经制版、施墨、加压等工序使油墨转移到纸张、织品、皮革等材料的表面进行批量复制原稿内容的技术。印刷有多种形式，最常见的为传统胶印、丝网印刷和数码印刷等。

（1）印刷流程

印刷主要分为印前、印中、印后三个阶段。

- 印前：指印刷前期的工作，一般指摄影、设计、制作、排版、输出菲林打样等；
- 印中：指印刷中期的工作，通过印刷机印刷出成品的过程；
- 印后：指印刷后期的工作，一般指印刷品的后加工包括过胶（覆膜）、过UV、过油、烫金、击凸、装裱、装订、裁切等，多用于宣传类和包装类印刷品。

（2）印刷要素

印刷的三大要素分别是纸张、颜色和后加工。

- 纸张：纸张的选用包括选择种类、规格和质量等级等几个方面，不可只注重某一方面而忽视了其他方面。
- 颜色：一般印刷品是由黄、品红、青、黑四色压印，另外还有印刷专色。
- 后加工：后加工包括很多工艺，如过胶（覆膜）、过UV、过油、烫金、击凸等，有助于提高印刷品档次。

❝❝知识链接：

纸张一般分为凸版印刷纸、新闻纸、胶版印刷纸、铜版纸、书皮纸、字典纸、拷贝纸、板纸等。

纸张的规格是指纸张制成后，经过修整切边，裁成一定的尺寸。按照纸张幅面的基本面积，把幅面规格分为A系列、B系列和C系列。ISO国际纸张标准尺寸系统是以2的平方根为宽高比（1：1.4142）依据的，例如A3的尺寸便是A4尺寸的2倍。

纸张的定量俗称：克重，指单位面积纸张的质量，一般以每平方米多少克重表示，单位为g/m²。

（3）印刷色

印刷色就是由不同的青（C）红（M）黄（Y）黑（K）的百分比组成的颜色，是印刷四原色。Y、M、C可以合成几乎所有颜色，但还需黑色，因为通过Y、M、C产生的黑色是不纯的，在印刷时需更纯的黑色，且若用Y、M、C来产生黑色会出现局部油墨过多问题。黑色的作用是强化暗调，加深暗部色彩。

（4）分色

分色是一个印刷专业名词，指的就是将原稿上的各种颜色分解为青（C）、红（M）、黄（Y）、黑（K）4种原色颜色；在电脑印刷设计或平面设计图像类软件中，分色工作就是将扫描图像或其他来源的图像的色彩模式转换为CMYK模式。如果要印刷的话，必须进行分色，分成黄、品红、青、黑4种颜色，这是印刷的要求。如果图像色彩模式为RGB或Lab，输出时有可能只有K版上有网点，即RIP解释时只把图像的颜色信息解释为灰色。

（5）专色印刷

专色印刷是指采用C、M、Y、K以外的其他色油墨来复制原稿颜色的印刷工艺。专色印刷所调配出的油墨是按照色料减色法混合原理获得颜色的，其颜色明度较低，饱和度较高；墨色均匀的专色块通常采用实地印刷，并要适当地加大墨量，当版面墨层厚度较大时，墨层厚度的改变对色彩变化的灵敏程度会降低，所以更容易得到墨色均匀、厚实的印刷效果。包装印刷中经常采用专色印刷工艺印刷大面积底色。

（6）四色印刷

四色印刷是用C、M、Y、K四种颜色进行印刷。四色印刷得到的是网点的减色法吸收和加色法混合的综合效果，色块明度较高，饱和度较低。对于浅色色块，采用四色印刷工艺，由于油墨对纸张的覆盖率低，墨色平淡缺乏厚实的感觉。由于网点角度的关系，还会不可避免地让人感觉到花纹的存在。

（7）出血线

出血线是印刷业的一种专业术语。纸质印刷品所谓的"出血"是指超出版心部分印刷。为了防止因裁切或折页而丢失内容，出现白边，一般会在图片裁切位的四周加上2～4mm预留位置"出血"来确保成品效果的一致。默认出血线为3mm，但不同产品应分别对待。

1.2 Photoshop 的应用领域

Photoshop CC是一款非常强大的图像处理软件，主要处理由像素组成的数字图像，在平面设计、后期处理、UI设计、三维设计等领域应用广泛，深受广大设计人员及设计爱好者的喜爱。

1.2.1 在平面设计中的应用

平面设计是Photoshop应用最为广泛的领域。简单地说，平面设计作品的用途就是"传达信息"。但具体来讲，根据其实际应用可以分为海报设计、包装设计、书籍装帧设计、VI设计、标志设计等。

（1）海报设计

海报又名招贴或宣传画，属于户外广告，是以文化、产品为传播内容的对外最直接、最形象和最有效的宣传方式。它属于户外广告，具有向公众介绍某一物体、事件的特性，分布在各街道、影剧院、展览会、商业闹区、车站等公共场所。海报具有画面大、内容广泛、艺术表现力丰富、远视效果强烈的特点，如图1-22、图1-23所示。

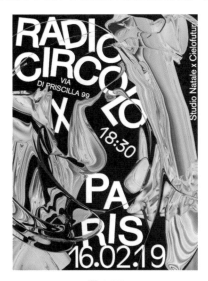

图 1-22

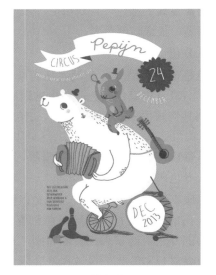

图 1-23

（2）包装设计

包装作为产品的第一形象最先展现在顾客的眼前，被称为"无声的销售员"，只有在顾客被产品包装吸引并进行查阅后，才会决定会不会购买，可见包装设计是非常重要的。不同的产品包装的方向和需求是不同的。使用 Photoshop 的绘图功能，可赋予产品不同的质感效果，以凸显产品形象，从而达到吸引顾客的效果，如图1-24、图1-25所示。

图 1-24

图 1-25

（3）书籍杂志设计

书籍装帧设计是指从书籍形式的平面化到立体化的过程，它包含了艺术思维、构思创意和技术手法的系统设计。书籍的开本、装帧形式、封面、腰封、字体、版面、色彩、插图以及纸张材料、印刷、装订及工艺等各个环节的艺术设计。在书籍装帧设计中，只有从事整体设计的才能称之为装帧设计或整体设计，只完成封面或版式等部分设计的，只能称作封面设计或版式设计等。封面设计是书籍装帧设计艺术的门面，它是通过艺术形象设计的形式来反映书籍的内容，如图1-26、图1-27所示。

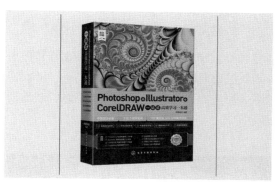

图 1-26

图 1-27

（4）VI设计

VI设计即视觉识别系统，是CIS系统最具传播力和感染力的部分，以丰富多样的应用形式，在最为广泛的层面上，进行最直接的传播。标志设计是VI视觉识别系统设计中的一个关键点。标志是抽象的视觉符号，企业标志则是一个企业文化特质的图像表现，具有象征性和识别性，如图1-28、图1-29所示。

图 1-28

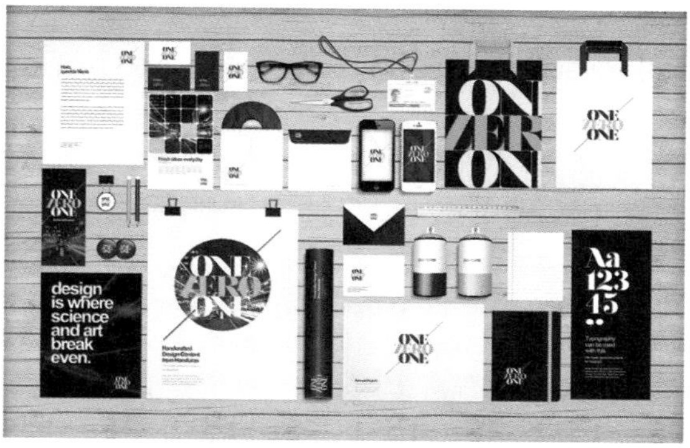

图 1-29

（5）标志设计

标志设计（logo设计），一种设计的名称，指的是商品、企业、网站等为自己主题或者活动等设计标志的一种行为，起到对徽标拥有公司的识别和推广的作用，通过形象的标志可以让消费者记住公司主体和品牌文化。标志设计也是多种多样，有文字标志、图形标志、图像标志，还有结合广告语的标志，如图1-30、图1-31所示。

图 1-30

图 1-31

1.2.2　在后期处理中的应用

Photoshop具有强大的图像修饰修复、校色调色功能。利用这些功能，可以快速修复破损的老照片、人脸上的瑕疵，方便快捷地对图像的颜色进行明暗、色偏的调整和校正，可以将几幅图像通过图层操作、工具应用合成完整传达明确意义的图像，还可以通过滤镜、通道及工具综合应用完成特效制作，如图1-32、图1-33所示。

图 1-32

图 1-33

1.2.3　在网页设计中的应用

在现代网络技术快速发展的阶段，网页设计已成为一门独立的技术，成为一个全新的设计领域，也是平面设计在信息时代多元化发展的一个重要方向。

网络的普及带动了图形意识的发展，不管是网站首页的建设还是链接界面的设计以及图标的设计和制作，都可以借助Photoshop这个强大的工具，让网站的色彩、质感及其独特性表现得更为到位，如图1-34、图1-35所示。

图 1-34

图 1-35

1.2.4　在三维设计中的应用

三维设计比较常见的几种形式包括室内外效果图、三维动画电影、广告包装、产品样机、游戏制作、CG插画设计等。制作出的精良模型，无法为模型应用逼真的贴图，也无法得到较好的渲染效果，利用Photoshop可以制作在三维软件中无法得到的合适的材质效果，如图1-36、图1-37所示。

图 1-36　　　　　　　　　　　　　　　　图 1-37

1.3 Photoshop CC工作界面

Photoshop是Adobe公司旗下的一款图像处理软件，也是此类软件中应用范围最广、性能最为优秀的软件之一。它不仅仅只是一款图像编辑软件，还涉及文字、视频、出版等多个方面。

打开Photoshop CC软件，打开任意一个图像，进入工作界面。其工作界面主要包括菜单栏、工具箱、选项栏、图像编辑窗口、浮动面板、标题栏、状态栏等，如图1-38所示。

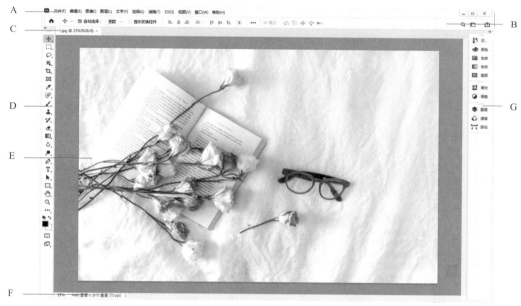

图 1-38

A—菜单栏；B—选项栏；C—标题栏；D—工具箱；E—图像编辑窗口；F—状态栏；G—浮动面板组

1.3.1　菜单栏

菜单栏由"文件""编辑""文字""图层"和"选择"等11个菜单组成，如图1-39所示。单击相应的主菜单按钮，即可打开子菜单，在子菜单中单击某一项菜单命令即可执行该操作。

图 1-39

1.3.2 选项栏

选项栏在菜单栏下方，主要用来设置工具的参数，不同的工具其选项栏也不同。如图1-40所示为选择工具 ⊕ 选项栏。

图 1-40

1.jpg @ 25%(RGB/8) ×

图 1-41

1.3.3 标题栏

标题栏在选项栏下方，在标题栏中会显示这个文件的名称、格式、窗口缩放比例以及颜色模式等，如图1-41所示。

重点 1.3.4 工具箱

默认情况下，工具箱位于工作区左侧，单击工具箱中的工具图标，即可使用该工具。部分工具图标的右下角有一个黑色小三角图标，表示为一个工具组，右击工具按钮即可显示工具组全部工具，如图1-42所示。单击"编辑工具栏" ••• 按钮，在弹出的"自定义工具栏"对话框中可以对工具的显示和快捷键进行设置，如图1-43所示。

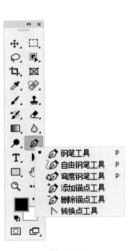

图 1-42

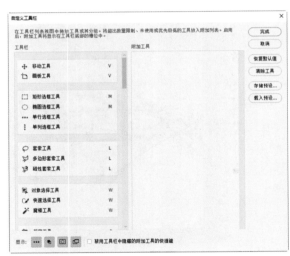

图 1-43

1.3.5 图像编辑窗口

图形编辑窗口是用来绘制、编辑图像的区域。其中，灰色区域是工作区，上方是标题栏，右侧是工具箱、左侧是浮动面板组（默认）、下方是状态栏。

1.3.6　状态栏

状态栏位于图像窗口的底部，用于显示当前文档缩放比例、文档尺寸大小信息。单击状态栏中的三角形 〉图标，可以设置要显示的内容，如图1-44所示。

图 1-44

重点 **1.3.7　浮动面板组**

面板主要用来配合图像的编辑、对操作进行控制以及设置参数等，每个面板的右上角都有一个菜单 ≡ 按钮，单击该按钮即可打开该面板的设置菜单。例如常用的"图层"面板、"属性"面板、"通道"面板、"动作"面板、"历史记录"面板和"颜色"面板等。如图1-45所示为"属性"面板。

图 1-45

 上手实操　分类浮动面板组

扫一扫　看视频

⟳ Step01　将素材文件拖动至 Photoshop 中，如图1-46所示。

⟳ Step02　将浮动面板组分别从图像编辑窗口的右侧拖动出来，如图1-47所示。

图 1-46 　　　　　　　　　　　　　　　　　　　图 1-47

Step03 将"渐变"面板拖动到色彩相关面板组中，出现蓝色合并线的时候松手即可，如图1-48、图1-49所示。

Step04 对剩下的面板执行相同的操作，如图1-50、图1-51所示。

图 1-48 　　　　　　　　　　图 1-49 　　　　　　　　　　图 1-50

Step05 执行"窗口>字符"命令，弹出"字符"面板，如图1-52所示。

Step06 执行"窗口>段落"命令，弹出"段落"面板，将其拖动至"字符"面板中，如图1-53所示。

图 1-51 　　　　　　　　　　图 1-52 　　　　　　　　　　图 1-53

Step07　单击各个面板组中的 ◀◀ 按钮，切换面板的折叠方式，如图 1-54 ～图 1-57 所示。

Step08　将各个折叠的面板组叠放在一起，如图 1-58 所示。

图 1-54　　　　　　　图 1-55

图 1-56　　　　　　　图 1-57　　　　　　图 1-58

1.4　设置工作区

Photoshop 中的工作区包括图像编辑窗口、工具箱、浮动面板等。Photoshop 提供了不同的预设工作区，如图 1-59 所示。

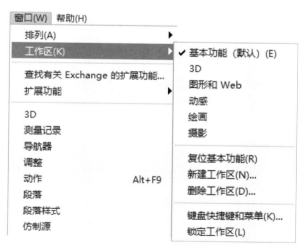

图 1-59

1.4.1　切换预设工作区

执行"窗口>工作区"命令，在弹出的子菜单中可以更改预设工作区，如 3D 工作区、图形和 Web 工作区、动感工作区、绘画工作区、摄影工作区。如图 1-60、图 1-61 所示为图形和 Web 工作区、绘画工作区。

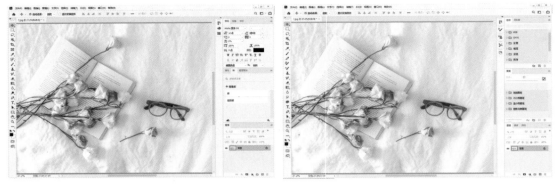

图 1-60   图 1-61

1.4.2 自定工作区

　　根据个人操作习惯可自定义一个简洁、易用的工作区。打开和关闭所需面板，执行"窗口>新建工作区"命令，在弹出的"新建工作区"对话框中设置参数，如图1-62所示。单击"存储"按钮，执行"窗口>工作区>自定"命令，即可应用自定工作区，如图1-63所示。

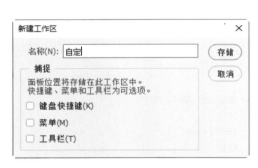

图 1-62

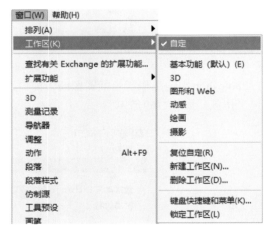

图 1-63

注意事项：

　　在 Photoshop 中，可以为各个工作区指定键盘快捷键，以便在它们之间快速进行导航。执行以下三种命令，在弹出的对话框中设置参数即可，如图1-64所示。

- 执行"编辑>键盘快捷键和菜单"命令。
- 执行"窗口>工作区>键盘快捷键和菜单"。
- 按Alt+Shift+Ctrl+K组合键。

在此对话框中"快捷键用于"下拉列表框中选择一种快捷键类型。

- 应用程序菜单：为菜单栏中的项目自定键盘快捷键。
- 面板菜单：为面板菜单中的项目自定键盘快捷键。
- 工具：为工具箱中的工具自定键盘快捷键。
- 任务空间：为内容识别填充和选择并遮住工作区，自定键盘快捷键。

图 1-64

上手实操 自定义菜单命令颜色

扫一扫 看视频

Step01 执行"编辑>键盘快捷键和菜单"命令,在弹出的对话框中单击"菜单"选项按钮,如图1-65所示。

Step02 单击"图像"菜单,展开其子菜单,如图1-66所示。

图 1-65

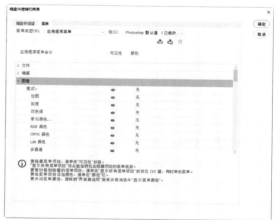

图 1-66

Step03 拖动滚动条,选择"图像大小"后的✓按钮,在下拉列表框中选择一个颜色,如图1-67所示。

Step04 单击"确定"按钮,执行"图像"命令,在弹出的菜单中便可看到"图像大小"命令的颜色已经变成了所选择的颜色,如图1-68所示。

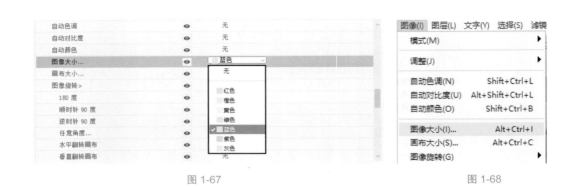

图 1-67   图 1-68

1.5 图像窗口的显示

在 Photoshop 中打开多个图像，可选择多种方式进行显示。查看图像窗口的显示方法包括更改屏幕模式、图像的缩放、使用抓手工具查看图像以及多幅图的排列方式。

1.5.1 更改屏幕模式

选择合适的屏幕模式可以方便用户预览效果图。单击工具箱中的"更改屏幕模式" ⬚ 按钮，右击鼠标，在弹出的菜单中可对屏幕模式进行更改，包括"标准屏幕模式""带有菜单的全屏模式""全屏模式"，如图 1-69 所示。按 F 功能键可以在三种模式之间进行切换。

① 标准屏幕模式：编辑状态显示的效果，如图 1-70 所示。

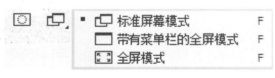

图 1-69

图 1-70

② 带有菜单的全屏模式：隐藏顶部及底部的文件信息，如图1-71所示。

图 1-71

③ 全屏模式：只显示图像文件，如图1-72所示。

图 1-72

注意事项：

　　若切换到全屏模式后要退出全屏模式，只需按Esc键即可回到标准屏幕模式。

1.5.2　图像的缩放

对图像进行缩放，有两种方式：一是使用缩放工具；二是使用抓手工具。

（1）缩放工具

使用缩放工具可以将图像的显示比例进行放大或缩小，在工具箱中单击"缩放工具" $\mathcal{Q}$ ，显示该工具的选项栏，如图1-73所示。

图 1-73

该工具选项栏中主要选项的功能介绍如下。

- 放大或缩小：切换缩放方式。单击放大按钮切换为放大模式，在画布中单击便可缩小图像；单击缩小按钮切换为缩小模式，在画布中单击便可放大图像。

注意事项：

　单击Alt键可在放大和缩小模式中进行切换。

- 调整窗口大小以满屏显示：勾选此复选框，当放大或缩小图像视图时，窗口的大小即会调整。如图1-74、图1-75所示为16.7%和50%图像窗口。

图 1-74　　　　　　　　　　　　　　　　　　　图 1-75

- 缩放所有窗口：勾选此复选框，同时缩放所有打开的文档窗口。
- 细微缩放：勾选此复选框，在画面中单击并向左侧或右侧拖动，能够以平滑的方式快速放大或缩小窗口。
- 100%：单击该按钮或按Ctrl+1组合键，图像以实际像素的比例进行显示，如图1-76所示。
- 适合屏幕：单击该按钮或按Ctrl+0组合键，可以在窗口中最大化显示完整图像，如图1-77所示。
- 填充屏幕：单击该按钮，可以在整个屏幕范围内最大化显示完整图像。

图 1-76　　　　　　　　　　　　　　　　　　　图 1-77

（2）抓手工具

抓手工具的快捷键为Space（即空格键）键，按住Alt+Space键可自由放大缩小图像，如图1-78、图1-79所示。

图 1-78

图 1-79

按住Space键，在抓手工具🖐的状态下，可自由拖动查看图像的区域，如图1-80、图1-81所示。

图 1-80

图 1-81

1.5.3　图像排列方式

在Photoshop中打开多个文档时，可以选择文档的排列方式，执行"窗口>排列"命令，在弹出的子菜单中选择一种合适的排列方式，如图1-82所示。

该菜单中主要选项的功能介绍如下。

● 层叠：从屏幕的左上角到右下角以堆叠和层叠方式显示未停放的窗口，如图1-83、图1-84所示。

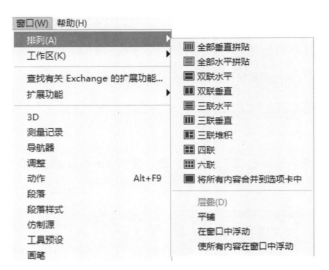

图 1-82

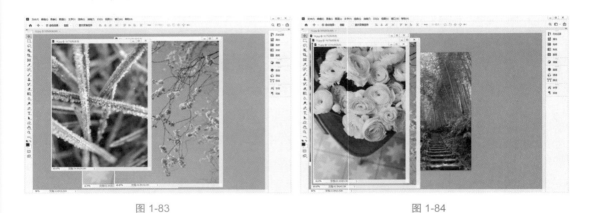

图 1-83 　　　　　　　　　　　　　　　　　图 1-84

- 平铺：图像窗口会自动调整大小，以平铺的方式填满可用的空间，如图1-85所示。
- 在窗口中浮动：图像窗口可以自由浮动，拖动标题栏移动窗口，如图1-86所示。

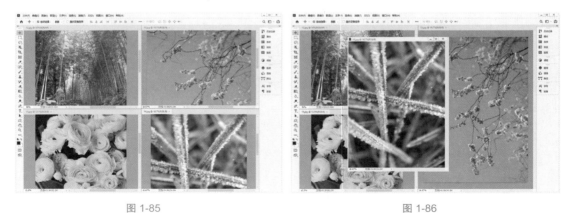

图 1-85 　　　　　　　　　　　　　　　　　图 1-86

- 使所有内容在窗口中浮动：使所有图像窗口浮动，如图1-87所示。
- 将所有内容合并到选项卡中：全屏显示一个图像，并将其他图像最小化到选项卡中，如图1-88所示。

图 1-87   图 1-88

1.6 辅助工具的应用

　　Photoshop 提供了多种用于测量和定位的辅助工具，如标尺、参考线和网格等。这些辅助工具对图像的编辑不起任何作用，但使用它可以更加精确地处理图像。

1.6.1 标尺

　　默认情况下，启动 Photoshop 后，标尺并没有出现在操作界面中，可以执行"视图>标尺"命令，或按 Ctrl+R 组合键，在图像编辑窗口的上边缘和左边缘即可出现标尺，鼠标右击标尺，在弹出的菜单中单击即可更改单位。

　　在默认状态下，标尺的原点位于图像编辑区的左上角，其坐标值为（0，0）。单击左上角标尺相交的位置 并向右下方拖动，会拖出两条十字交叉的虚线，松开鼠标，可更改新的零点位置，如图 1-89、图 1-90 所示。双击左上角标尺相交的位置 ，恢复到原始状态。

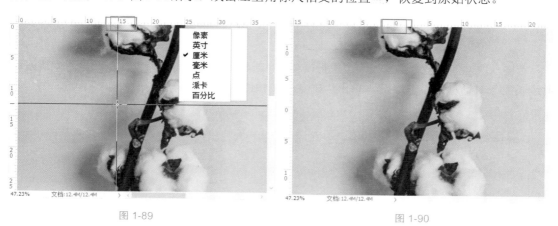

图 1-89   图 1-90

重点 1.6.2 参考线

　　参考线可精确地定位图像或元素。创建参考线的方法可分为手动创建和自动创建。

（1）手动创建参考线

　　执行"视图>标尺"命令，或按 Ctrl+R 组合键显示标尺，将光标放置左侧垂直标尺上向右拖动，即可创建垂直参考线，如图1-91所示；将光标放置上侧水平标尺上向下拖动，即可创建水平参考线，如图1-92所示。

图 1-91 ·· 图 1-92

（2）自动创建参考线

执行"视图>新建参考线"命令，在弹出的"新建参考线"对话框中设置具体的位置参数，单击"确定"按钮即可显示参考线，如图1-93、图1-94所示。

图 1-93 ·· 图 1-94

若要一次性创建多个参考线，可执行"视图>新建参考线版面"命令，在弹出的"新建参考线版面"对话框中设置参数，单击"确定"按钮即可显示参考线版面，如图1-95、图1-96所示。

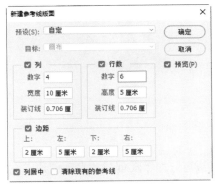

图 1-95 ·· 图 1-96

对创建好的参考线可进行以下操作：

● 若要调整移动参考线，可使用"选择工具" ⊕，将光标放置参考线，当变为 ↔ 形状后即可调整参考线；

● 若要锁定参考线，可执行"视图＞锁定参考线"命令，或按Alt+Ctrl+；组合键；

● 若要删除参考线，可执行"视图＞清除参考线"命令或直接拖动要删除的参考线，将其拖动至画布外；

● 若要隐藏参考线，可执行"视图＞显示额外参考线"命令，或按Ctrl+H组合键。

重点 1.6.3 智能参考线

智能参考线是一种会在绘制、移动、变换的情况下自动显示的参考线，可以帮助我们在移动时对齐特定对象，执行"视图＞显示＞智能参考线"命令，即可启用智能参考线。当绘制形状或移动图像，智能参考线便会自动出现在画面中，如图1-97所示为对象在画布中水平、垂直居中；当复制或移动对象时，Photoshop会显示测量参考线，所选对象和直接相邻对象之间的间距相匹配的其他对象之间的间距，如图1-98所示。

图 1-97

图 1-98

1.6.4 网格

网格主要用于对齐参考线，以便用户在编辑操作中对齐物体。显示网格的方法：执行"视图＞显示＞网格"命令，或按Ctrl+'组合键。当再次执行该命令时，将取消网格的显示。如图1-99所示为100百分比、子网格4的效果图。

图 1-99

知识链接：

执行"编辑>首选项>参考线、网格和切片"命令，在打开的"首选项"对话框中可以对参考线、智能参考线以及网页的参数进行设置，如图1-100所示。

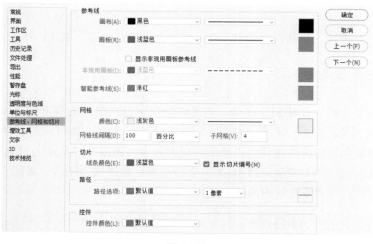

图 1-100

1.6.5　对齐

对齐功能有助于精确地放置选区，裁剪选框、切片、形状和路径等。执行"视图>对齐"命令复选标记表示已启用对齐功能。执行"视图>对齐到"命令下的子菜单可以看到可对齐的选项，如图1-101所示。

该子菜单中主要选项的功能介绍如下。

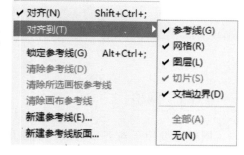

图 1-101

- 参考线：与参考线对齐。
- 网格：与网格对齐。在网格隐藏时不能选择该选项。
- 图层：与图层中的内容对齐。
- 切片：与切片边界对齐。在切片隐藏时不能选择该选项。
- 文档边界：与文档的边缘对齐。
- 全部：选择所有"对齐到"选项。
- 无：取消选择所有"对齐到"选项。复选标记表示已选中该选项并且已启用对齐功能。

1.6.6　显示/隐藏额外内容

用户可以对Photoshop中辅助工具进行显示或隐藏，执行"视图>显示额外内容"命令复选标记表示已启用该功能。执行"视图>显示"命令下的子菜单可以看到可对齐的选项，如图1-102所示。

该子菜单中主要选项的功能介绍如下。

- 图层边缘：显示图层内容的边缘，在编辑图像时，不会启用该功能。
- 选区边缘：显示或隐藏选区的边框。
- 目标路径：显示或隐藏路径。
- 网格：显示或隐藏网格。
- 参考线：显示或隐藏参考线。
- 智能参考线：显示或隐藏智能参考线。
- 切片：显示或隐藏切片。
- 像素网格：显示或隐藏像素网格。

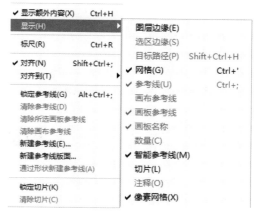

图 1-102

1.7　Photoshop 首选项设置

许多程序设置都存储在 Photoshop 首选项文件中，执行"编辑>首选项"命令，在弹出的子菜单中可以对常规显示选项、文件存储选项、性能选项、光标选项、透明度选项、文字选项、预设以及增效工具和暂存盘选项等进行设置，如图 1-103 所示。

1.7.1　常规设置

执行"编辑>首选项>常规"命令，或按 Ctrl+K 组合键，在弹出的"首选项"对话框中可以进行常规设置的修改，如图 1-104 所示。

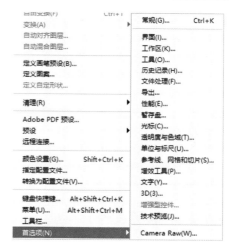

图 1-103

常规	拾色器：	Adobe
界面	HUD 拾色器：	色相条纹（小）
工作区	图像插值：	两次立方（自动）
工具		
历史记录	**选项**	
文件处理	☐ 自动更新打开的基于文件的文档(A)	☐ 完成后用声音提示(D)
导出	☑ 自动显示主屏幕	☑ 导出剪贴板(X)
性能	☐ 使用旧版"新建文档"界面(L)	☑ 在置入时调整图像大小(G)
暂存盘	☐ 置入时跳过变换(K)	☐ 在置入时始终创建智能对象(J)
光标	☐ 使用旧版自由变换	
透明度与色域		
单位与标尺		
参考线、网格和切片	复位所有警告对话框(W)　　在退出时重置首选项	
增效工具		

图 1-104

1.7.2　设置界面颜色

Photoshop默认的界面颜色为深色。执行"编辑>首选项>界面"命令，弹出"首选项"对话框中，在"外观"选项组中可以对操作界面的颜色方案进行设置，还可以对标准屏幕模式、全屏（带菜单）、全屏以及画板的颜色和边界的显示进行设置，如图1-105所示。

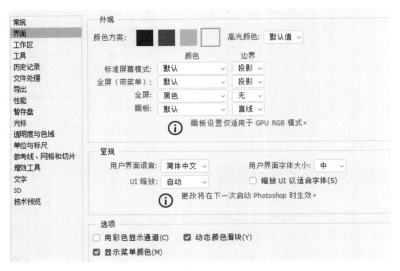

图 1-105

注意事项：

本书截图为浅色，实际应用建议使用深色方案，可降低视觉疲劳度。

重点 1.7.3　设置文件暂存盘

暂存盘是Photoshop在运行时用于临时存储的磁盘驱动器或SSD。默认情况下，Photoshop将安装了操作系统的硬盘驱动器为主暂存盘。在"首选项"对话框中单击"暂存盘"选项卡，在"暂存盘"选项组中调整驱动器的存储位置，如图1-106所示。设置完成后重启即可。

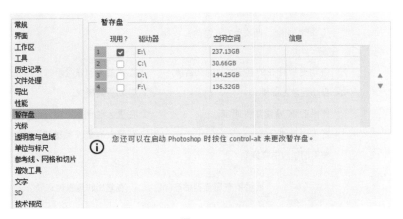

图 1-106

注意事项：

在运行Photoshop时，选择的暂存盘的空间大，可以打开的文件也越大。

重点 **1.7.4　光标设置**

在"首选项"对话框中单击"光标"选项卡，在"暂存盘"选项组中调整驱动器的存储位置，如图1-107所示。

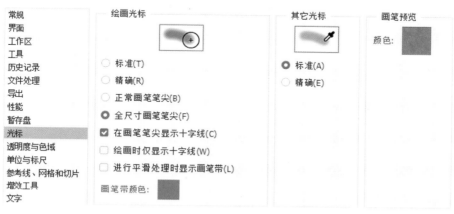

图 1-107

"光标"选项组中主要选项的功能介绍如下。

- 绘画光标：设置使用画笔、铅笔、橡皮擦等绘画工具时光标的显示效果。
- 其他光标：设置绘画工具以外的其他工具的光标显示效果。
- 画笔预览：设置预览画笔时的颜色。

第2章　Photoshop CC操作基本功

内容导读：

　　本章主要对文件管理以及图像编辑操作进行讲解。文件管理主要包括打开、新建、置入、存储、导出以及关闭文件；图像编辑操作主要包括调整图像与画布、裁剪图像、图像的变换与变形。

学习目标：

- 熟悉图像与画布尺寸的调整
- 掌握文件的新建、置入以及存储等操作
- 掌握图像移动、复制、旋转、自由变换、操控变换等编辑操作

2.1 管理文件

在编辑图像之前，通常需要对图像进行一些基本操作，如文件的打开、新建、存储和关闭等，熟练掌握这些操作能为学习后面的知识奠定良好的基础。

2.1.1 打开文件

打开图像文件有多种方法，常用的方法如下。

- 直接将文档拖动至Photoshop中。
- 执行"文件＞打开"命令，或按Ctrl+O组合键即可弹出"打开"对话框，如图2-1所示。从中可以选择要打开的文件，单击"打开"按钮即可，如图2-2所示。
- 执行"文件＞最近打开文件"命令，在弹出的子菜单中进行选择，可以打开最近操作过的文件。

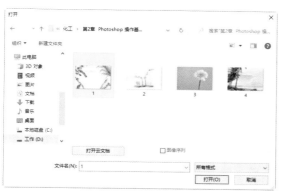

图 2-1

图 2-2

 ## 上手实操：使用"打开为智能对象"命令打开文件

Step01 执行"文件＞打开为智能对象"命令，弹出"打开"对话框，如图2-3所示。

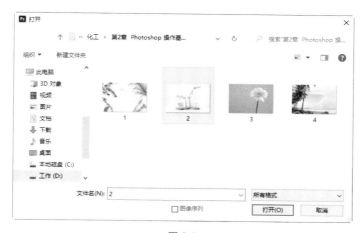

图 2-3

Step02 单击"打开"按钮，如图2-4所示。

Step03 在"图层"面板中，该图层为智能对象，如图2-5所示。

图 2-4

图 2-5

2.1.2 新建文件

新建文档的操作非常简单，常见的操作方法有以下几种：

● 启动 Photoshop，单击"新建"按钮。

● 执行"文件＞新建"命令。

● 按 Ctrl+N 组合键。

以上操作均可以打开"新建文档"对话框，如图2-6所示。在该对话框中设置新文件的名称、尺寸、分辨率、颜色模式及背景。设置完成后，单击"创建"按钮，即可创建一个新文件。在新建图像时，必须设置图像的分辨率，因为如果图像已编辑完成，即使将其设置为高分辨率，也不能改善图像的效果。

图 2-6

该对话框中主要选项的功能介绍如下。

● 名称：用于设置新建文件的名称，默认为"未标题-1"。

● 方向：用于设置文档为竖版 ▯ 或横版 ▭ 。

● 分辨率：用于设置新建文件的分辨率大小，常用的单位为"像素/英寸"与"像素/厘米"。同样的打印尺寸下，分辨率高的图像更清楚、更细腻。

- 颜色模式：用于设置新建文档的颜色模式。默认为"RGB颜色模式"。
- 背景内容：用于设置背景颜色，在该下拉列表框中有白色、黑色、背景色、透明以及自定义。

上手实操：新建A4透明背景文件

扫一扫　看视频

Step01 执行"文件＞新建"命令，或按Ctrl+N组合键，如图2-7所示。

Step02 在弹出的"新建文档"对话框中单击"打印"选项按钮，在"空白文档预设"中单击"A4"预设文档，也可以在宽度和高度文本框中设置A4纸大小，如图2-8所示。

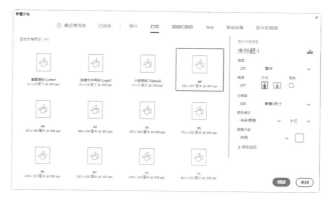

图 2-7　　　　　　　　　　　　　　　　　　　图 2-8

Step03 设置文档的名称、背景内容为透明，单击"创建"按钮，如图2-9所示。

Step04 创建文档的效果如图2-10所示。

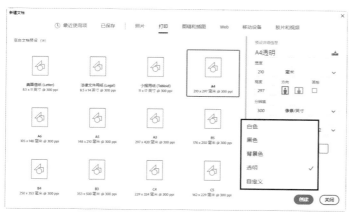

图 2-9　　　　　　　　　　　　　　　　　　　图 2-10

重点 2.1.3　置入文件

置入文件可以将照片、图片或任何Photoshop支持的文件作为智能对象添加到文档中。导入文件可以将变量数据组、视频帧到图层、注释、WIA支持等格式的文件导入Photoshop软件中进行编辑。

图 2-11

执行"文件＞置入嵌入对象"命令，在弹出的"置入嵌入的对象"对话框中选中需要的文件，单击"置入"按钮。在置入文件时，置入的文件默认放置在画布的中间，且文件会保持原始长宽比，如图 2-11 所示。

除此之外，还可以通过置入链接智能对象功能置入文件。执行"文件＞置入链接的智能对象"命令，在弹出的"置入链接的对象"对话框中选中需要的文件，单击"置入"按钮即可将选中的文件置入。与"置入嵌入对象"命令不同的是，该命令置入的对象在原文件中修改保存后，会同步更新至使用该对象的文档中。

注意事项：

置入的文件默认为智能对象，可在操作完成后栅格化智能对象，以减少硬件设备负担。若要将置入的图像为普通图层，可在"首选项"对话框中的"常规"选项中取消勾选"在置入时始终创建智能对象"复选框，如图 2-12 所示。

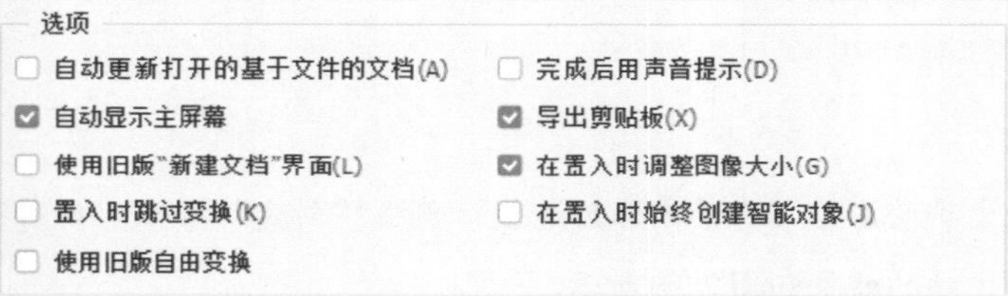

选项	
☐ 自动更新打开的基于文件的文档(A)	☐ 完成后用声音提示(D)
☑ 自动显示主屏幕	☑ 导出剪贴板(X)
☐ 使用旧版"新建文档"界面(L)	☑ 在置入时调整图像大小(G)
☐ 置入时跳过变换(K)	☐ 在置入时始终创建智能对象(J)
☐ 使用旧版自由变换	

图 2-12

知识链接：

（1）在 Photoshop 中置入 AI（或 PDF）文件

执行"文件＞置入嵌入对象"命令，在弹出的"置入嵌入的对象"对话框中选中 AI 文件，单击"置入"按钮，弹出"打开智能对象"对话框，如图 2-13 所示。

"裁剪到"下拉列表框中的主要选项的功能介绍如下。

● 边框：裁剪到包含页面所有文本和图形的最小矩形区域。此选项用于去除多余的空白。

● 媒体框：裁剪到页面的原始大小。

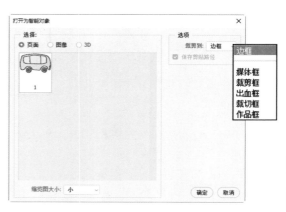

图 2-13

- 裁剪框：裁剪到AI/PDF文件的剪切区域（裁剪边距）。
- 出血框：裁剪到AI/PDF文件中指定的区域，用于满足剪切、折叠和裁切等制作过程中的固有限制。
- 裁切框：裁剪到为得到预期的最终页面尺寸而指定的区域。
- 作品框：裁剪到AI/PDF文件中指定的区域。

对置入的智能对象进行缩放、定位、斜切、旋转或变形操作，都不会降低图像的质量，如图2-14、图2-15所示。

图 2-14

图 2-15

（2）从Illustrator中复制图像至Photoshop

在Illustrator中选择目标素材，按Ctrl+C组合键复制，在Photoshop中按Ctrl+V组合键，弹出"粘贴"对话框，如图2-16所示。

该对话框中的主要选项的功能介绍如下。

- 智能对象：将图片作为矢量智能对象粘贴，在对矢量智能对象进行缩放、变换或移动操作时，不会降低图像的质量。置入图片时，其文件数据将嵌入Photoshop文档中单独的图层上，如图2-17所示。

- 像素：将图片作为像素进行粘贴，在将图片栅格化并置入Photoshop文档中其本身的图层上之前，可以对其执行缩放、变换或移动操作，如图2-18所示。

图 2-16

图 2-17

图 2-18

● 路径：将图片作为路径进行粘贴，可以使用钢笔工具、路径选择工具或直接选择工具对其进行编辑。路径将粘贴到"图层"面板中选定的图层上。如图2-19、图2-20所示为新建图层后，粘贴为路径、选择"钢笔工具"效果图。

图 2-19

图 2-20

● 形状图层：将图片作为新形状图层（该图层包含填充了前景色的路径）进行粘贴，如图2-21、图2-22所示。

图 2-21

图 2-22

重点 2.1.4　存储文件

在操作完成后，可以对文档进行保存操作。常用的保存方法如下：

● 以当前文件的格式保存，执行"文件＞存储"命令，或按Ctrl+S组合键。
● 以不同格式或不同文件名进行保存。该命令主要用于对打开的图像进行编辑后，将文件以其他格式或名称保存，执行"文件＞存储为"命令，或按Ctrl+Shift+S组合键。

如果对新文件执行前两个命令中的任何一个，或对打开的已有文件执行"存储为"命令，都可弹出"另存为"对话框。从中为文件指定保存位置和文件名，在"保存类型"下拉列表框中选择需要的文件格式，如图2-23所示。

图 2-23

知识链接：

可根据工作任务的需要选择合适的图像文件存储格式。

- 印刷存储格式：TIF、EPS。
- 出版物存储格式：PDF。
- 网络图像存储格式：GIF、JPEG、PNG。
- Photoshop 源文件：PSD、PSB、TIF。

上手实操：将图像存储为 PNG 格式

扫一扫 看视频

⬤ Step01 在 Illustrator 中，选中目标图形，按 Ctrl+C 组合键复制，如图 2-24 所示。

⬤ Step02 在 Photoshop 中，按 Ctrl+V 组合键，在弹出的"粘贴"对话框中设置参数，如图 2-25 所示。

图 2-24

图 2-25

⬤ Step03 调整图形大小，按住 Enter 键完成调整，如图 2-26 所示。

⬤ Step04 在"图层"面板中单击"指示图层可见性" ⬤按钮，隐藏背景图层，如图 2-27 所示。

图 2-26

图 2-27

Step05 按 Ctrl+Shift+S 组合键，弹出"另存为"对话框，设置"文件名"与"保存类型"，单击"确定"按钮，如图 2-28、图 2-29 所示。

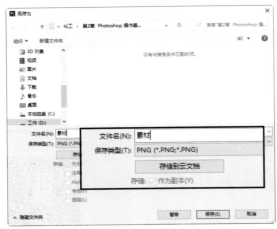

图 2-28

图 2-29

2.1.5 导出文件

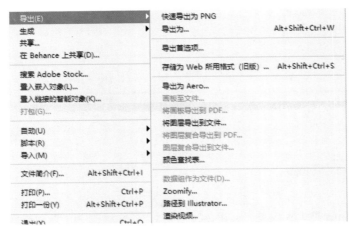

导出文件命令可以将 Photoshop 所绘制的图像或路径导出至相应的软件中，执行"文件→导出"命令，在其子菜单中可以执行相应的命令，如图 2-30 所示。用户可以将 Photoshop 文件导出为其他文件格式，如 Zoom View 格式、Illustrator 格式等。除此之外，还能将视频导出到相应的软件中进行编辑。

图 2-30

2.1.6 关闭文件

当存储完文件，不需再进行操作时，便可关闭文件。关闭图像文件的方法如下。

- 单击图像标题栏最右端的"关闭"  按钮。
- 执行"文件＞关闭"命令，或按Ctrl+W组合键，关闭当前图像文件。
- 执行"文件＞全部关闭"命令，或按Ctrl+Shift+W组合键，关闭工作区中打开的所有图像文件。
- 执行"文件＞退出"命令，或按Ctrl+Q组合键，退出Photoshop应用程序。

如果在关闭图像文件之前，没有保存修改过的图像文件，系统将弹出如图2-31所示的提示信息框，询问用户是否保存对文件所做的修改，根据需要单击相应按钮即可。

图 2-31

2.2 调整图像与画布

在进行图像操作时，当图像的大小不满足要求时，可根据需要在操作过程中调整修改，包括图像尺寸、画布尺寸以及对图像的复制、移动与变换。

2.2.1 调整图像尺寸

图像质量的好坏与图像的大小、分辨率有很大的关系，分辨率越高，图像就越清晰，而图像文件所占用的空间也就越大。调整图像的大小有两种方法。

执行"图像＞图像大小"命令，或按Ctrl+Alt+I组合键打开"图像大小"对话框，从中可对图像的尺寸进行设置，单击"确定"按钮即可，如图2-32所示。

图 2-32

该对话框中的主要选项的功能介绍如下。

- 图像大小：单击✿按钮，可以选中"缩放样式"复选框。当文档中的某些图层包含图层样式时，选中"缩放样式"复选框，可以在调整图像大小时自动缩放样式效果。

- 尺寸：显示图像当前尺寸。单击尺寸右边的 ∨ 按钮可以从尺寸列表中选择尺寸单位，如百分比、像素、英寸、厘米、毫米、点、派卡。
- 调整为：在下拉列表框中选择Photoshop的预设尺寸。
- 宽度/高度/分辨率：设置文档的高度、宽度、分辨率，以确定图像的大小。保持最初的宽高比例，保持启用"约束比例" 📄 选项，再次单击"约束比例" 📄 取消链接。
- 重新采样：在下拉列表框中选择采样插值方法。

重点 2.2.2　修改画布尺寸

画布是显示、绘制和编辑图像的工作区域。对画布尺寸进行调整可以在一定程度上影响图像尺寸的大小。放大画布时，会在图像四周增加空白区域，而不会影响原有的图像；缩小画布时，则会根据设置裁剪掉不需要的图像边缘。执行"图像>画布大小"命令，或按Ctrl+Alt+C组合键打开"画布大小"对话框，如图2-33所示。

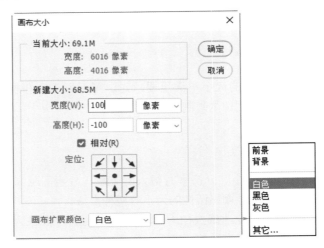

图 2-33

该对话框中的主要选项的功能介绍如下。
- 当前大小：显示文档的实际大小、图像的宽度和高度的实际尺寸。
- 新建大小：修改画布尺寸后的大小。"宽度"和"高度"选项用于设置画布的尺寸。
- 相对：勾选此复选框，输入要从图像的当前画布大小添加或减去的数量。输入一个正数将为画布添加一部分，而输入一个负数将从画布中减去一部分。
- 定位：单击定位按钮，可以设置图像相对于画布的位置。
- 画布扩展颜色：在该下拉列表框中选择画布的扩展颜色，可以设置为背景色、前景色、白色、黑色、灰色或其他颜色。

 上手实操：为图像添加蓝色画布

扫一扫 看视频

Step01　将素材文件拖放至Photoshop中，打开素材图像，如图2-34所示。

Step02　执行"图像>画布大小"命令，或按Ctrl+Alt+C组合键打开"画布大小"对话框，如图2-35所示。

图 2-34

图 2-35

 Step03 在"画布大小"对话框中单击画布扩展颜色处的颜色按钮,弹出"拾色器"对话框,在对话中设置颜色,如图 2-36 所示。

Step04 最终效果图如图 2-37 所示。

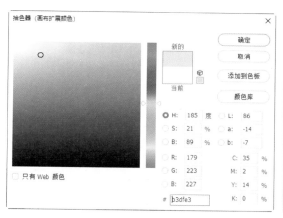

图 2-36

图 2-37

重点 2.2.3 裁剪图像

当使用裁剪工具调整图像大小时,像素大小和文件大小会发生变化,但是图像不会重新采样。在使用裁剪工具时,可以在工具选项栏中设置裁剪区域的大小,也可以固定的长宽比例裁剪图像。选择"裁剪工具" 口,在选项栏中显示其属性参数,如图 2-38 所示。

图 2-38

该选项栏中主要选项的功能介绍如下。

● 约束方式:在下拉列表框中可以选择一些预设的裁切约束比例,如图 2-39 所示。

● 约束比例:在该文本框中直接输入自定约束比例数值。

● 清除:单击该按钮,删除约束比例方式与数值。

● 拉直:该功能允许用户为照片定义水平线,将倾斜的照片"拉"回水平。

● 视图 ⊞：在该下拉列表框用户可以选择裁剪区域的参考线，包括三等分、黄金分割、金色螺旋线等常用构图线，如图2-40所示。
● 设置其他选项 ✿：单击该按钮，在下拉列表框中可以进行一些功能设置，如图2-41所示。使用经典模式为CS6之前的剪裁工具模式。
● 删除裁剪的像素：若勾选该复选框，多余的画面将会被删除；若取消"删除裁剪的像素"复选框，则对画面的裁剪可以是无损的，即被裁剪掉的画面部分并没有被删除，可以随时改变裁剪范围。

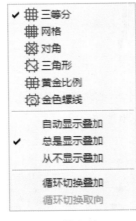

图 2-39 图 2-40 图 2-41

在工具箱中选择"裁剪工具" 🗗，在图像中拖动得到矩形区域，该区域的周围会变暗，以显示出被裁剪的区域。矩形区域的内部代表裁剪后图像保留的部分。裁剪框的周围有8个控制点，利用它们可以把这个框移动、缩小、放大和旋转等，如图2-42、图2-43所示。

图 2-42 图 2-43

 上手实操：裁剪1：1图像

Step01 将素材文件拖放至Photoshop中，打开素材图像，如图2-44所示。
Step02 选择"裁剪工具" 🗗，在选项栏中的"比例"下拉列表框中选择"1：1（方形）"选项，如图2-45所示。

图 2-44

图 2-45

图 2-46

图 2-47

图 2-48

图 2-49

Step03　移动鼠标至裁剪框的任意角，按住Shift键拖动鼠标将裁剪框调整至合适大小，再把头像移至裁剪框正中位置，如图2-46所示。

Step04　单击Enter键确认裁剪，如图2-47所示。

2.2.4　校正图像透视

透视裁剪工具主要用来纠正不正确的透视变形。选择"透视裁剪工具" 🔲，鼠标变成 ⁺ 形状时，在图像上拖拽裁剪区域，只需要分别点击画面中的四个顶点，即可定义一个任意形状的四边形，如图2-48、图2-49所示。

2.2.5 旋转图像画布

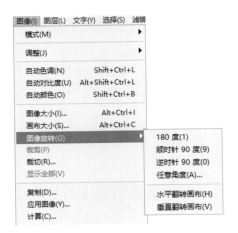

图 2-50

图 2-51

旋转图像画布是破坏性编辑，会对文件信息进行修改。执行"图像旋转"命令可以旋转或翻转整个图像。这些命令不适用于单个图层或图层的一部分、路径以及选区边界。若要旋转选区或图层，可使用"变换"或"自由变换"命令。

执行"图像>图像旋转"命令，在弹出的子菜单中提供了6种旋转选项，包括180度、顺时针90度、逆时针90度、任意角度、水平翻转画布、垂直翻转画布，如图2-50所示。

该菜单中的主要选项的功能介绍如下。

- 180度：将图像旋转半圈。
- 顺时针90度：将图像顺时针旋转四分之一圈。
- 逆时针90度：将图像逆时针旋转四分之一圈。
- 任意角度：按指定的角度旋转图像。执行该命令，将弹出如图2-51所示的"旋转画布"对话框中输入–359.99 ～ 359.99度之间的角度参数。
- 水平翻转画布：水平轴翻转图像。
- 垂直翻转画布：垂直轴翻转图像。

2.3 图像的变换与变形

除了整体调整图像画布，还可以对图像进行移动、旋转、缩放、扭曲、斜切等。其中移动、旋转和缩放称为变换操作，而扭曲和斜切为变形操作。

2.3.1 认识定界框、中心参考点和控制点

定界框是一种围绕在图像、形状或文本周围的矩形边框，如图2-52所示。通过拖动边框来对其中内容进行移动、变换、旋转和缩放。在默认情况下，中心参考点位于变换对象的中心，用于定义对象的中心；控制点主要用于变换图像。

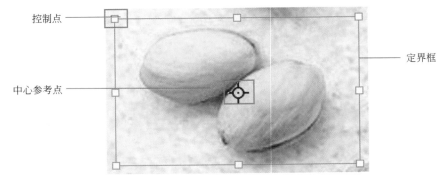

图 2-52

注意事项：

在更新的版本中参考点默认是没有的，在选项栏中勾选参考点复选框 ☑ ▦ 按钮即可显示。可根据需要调整参考点的位置，如图2-53、图2-54所示。

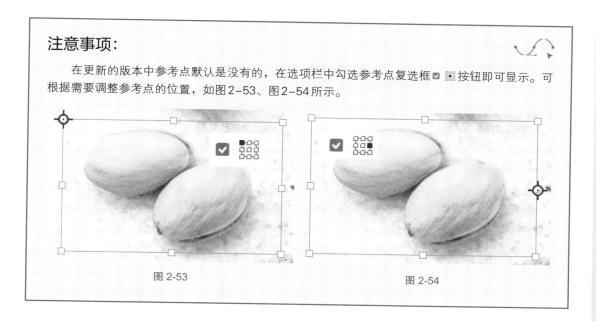

图 2-53 图 2-54

2.3.2　使用移动工具移动、复制粘贴图像

移动工具是设计软件中最常用、最基础的工具，无论在文档中移动图层、选区中的图像，还是将其他文档中的图像移动到当前文档，都需要移动工具。单击"选择工具"✛，显示其选项栏，如图2-55所示。

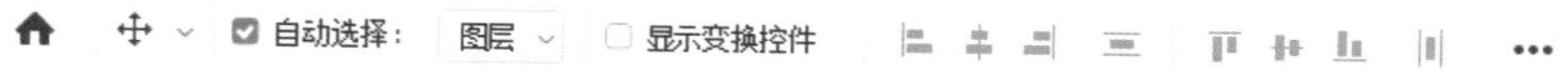

图 2-55

该选项栏中主要选项的功能介绍如下。

- 自动选择：在"自动选择"后面的下拉列表框中可选择"图层"或"图层组"。勾选此复选框，无论文档中有多少个图层/图层组，单击即可选中要移动的图层/图层组。
- 显示变换控件：勾选此复选框，当选择一个图层时，就会在该对象周围显示定界框，拖动即可变换。
- 对齐/分布图层 ⊫ ⊹ ⊣ ⊜ ⊤ ⊹ ⊥ ⫴ 按钮组：当同时选中两个或两个以上的图层时，单击相应的按钮即可使目标对象对齐；同时选中三个或三个以上的图层时，单击相应的按钮即可使目标对象按一定规则均匀分布，依次是左对齐、水平居中对齐、右对齐、垂直分布、顶对齐、垂直居中对齐、底对齐、水平分布。

若要复制图像，可使用"移动工具"选中图像，按Ctrl+C组合键复制图像，按Ctrl+V组合键粘贴图像，同时产生一个新的图层，如图2-56、图2-57所示。

按Shift+Ctrl+V组合键可原位粘贴图像，如图2-58、图2-59所示。

注意事项：

除了使用快捷键复制粘贴图像，还可以在使用"移动工具"移动图像时，按住Alt键拖动自由复制图像。

图 2-56	图 2-57

图 2-58

图 2-59

重点 2.3.3 执行变换命令变化图像

图 2-60

使用变换命令可以向选区中的图像、整个图层、多个图层/图层蒙版、路径、矢量形状、矢量蒙版、选区边界或Alpha通道应用变换。选中目标对象，执行"编辑>变换"命令，在弹出的子菜单中提供了多个变换命令，如图2-60所示。

（1）缩放

执行"编辑>变换>缩放"命令，可以相对于变换对象的中心参考点增大或缩小对象。可以水平、垂直或同时沿这两个方向等比例缩放图像，如图2-61、图2-62所示。

按住Alt键可沿中心参考点等比例缩放图像。按住Shift键沿中上方与中下方控制点可垂直缩放图像，如图2-63所示；沿右中与左中控制点可水平缩放图像。拖动其他控制点可水平垂直同时缩放，如图2-64所示。

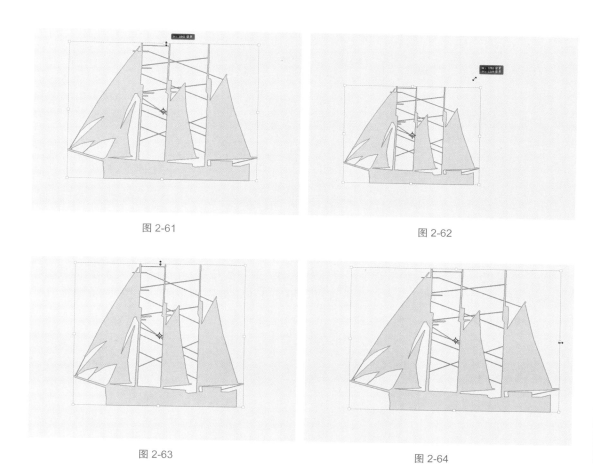

图 2-61　　　　　　　　　　　　　　　　　　图 2-62

图 2-63　　　　　　　　　　　　　　　　　　图 2-64

（2）旋转

执行"编辑＞变换＞旋转"命令，可以围绕参考点转动对象，如图 2-65 所示参考点为中心旋转10°效果图。默认情况下，此点位于对象的中心，可根据需要调整参考点的位置，如图 2-66 所示参考点为右上方旋转−9°效果图。

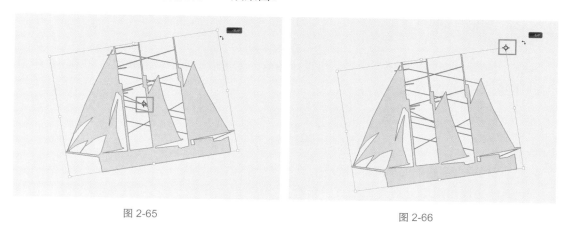

图 2-65　　　　　　　　　　　　　　　　　　图 2-66

（3）斜切

执行"编辑＞变换＞斜切"命令，可以在任意方向、垂直或水平方向上倾斜图像，如图 2-67示。按住 Alt 键可同时斜切对角或对边，如图 2-68 所示。

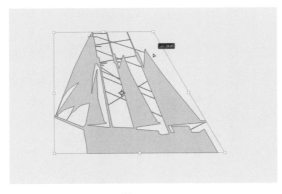

图 2-67

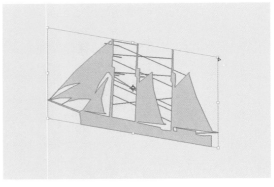

图 2-68

（4）扭曲

执行"编辑＞变换＞斜切"命令，可任意移动边或角的位置，沿各个方向伸展变换，如图2-69所示。按住Shift键可沿水平或垂直方向扭曲变换，如图2-70所示。按住Alt键可沿对角或对边扭曲变换。

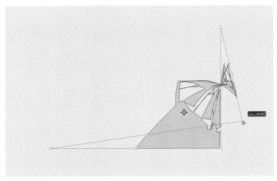

图 2-69

图 2-70

（5）透视

执行"编辑＞变换＞透视"命令，可以对变换对象应用单点透视。

（6）变形

执行"编辑＞变换＞变形"命令，可以令图像产生类似于哈哈镜的效果。在选项栏中显示其属性参数，如图2-71所示。

图 2-71

该选项栏中主要选项的功能介绍如下。

- 拆分：该按钮组分别有三种拆分选择，"交叉拆分变形" ⊞、"垂直拆分变形" ⊪、"水平拆分变形" ⊟。单击按钮组后，在网格区域内移动指针，在要放置其他控件网格线的位置单击调整即可。
- 网格：若要创建自定变形网格，可在该下拉列表框中选择变形选项，如图2-72所示。若选择"自定"，可在弹出的"自定网格大小"对话框中输入行数和列数，如图2-73所示。

- 变形：在该下拉列表框中选择一种变形样式，可单击"更改变形方向" 按钮调整变形方向；在直接在图像中调整变形样式，也可以在"弯曲""H"（设置水平扭曲）"V"（设置垂直扭曲）后的文本框中输入参数。若选择"自定"或"无"，则无法输入变形参数。

图 2-72

图 2-73

（7）旋转变换组

在该旋转变换组中有三个命令，分别为"旋转180度""顺时针旋转90度"以及"逆时针旋转90度"。

（8）水平/垂直翻转

执行"编辑＞变换＞水平/垂直翻转"命令，可以将图像在水平/垂直方向进行翻转。

❝❝ 知识链接：

若在处理像素时进行变换，将影响图像品质。要对栅格图像应用非破坏性变换，可将图层转换为智能对象。

进阶案例：制作烟雾效果

扫一扫 看视频

本案例将制作烟雾效果，涉及的知识点主要是油漆桶工具、画笔工具的应用以及执行变形命令。下面将对具体的操作步骤进行介绍。

Step01 新建任意大小的文档，设置前景色（R：161、G：234、B：251），使用"油漆桶工具"单击填充，如图2-74所示。

Step02 在"图层"面板中，单击"创建新图层" 按钮新建空白图层，如图2-75所示。

图 2-74

图 2-75

Step03 选择"画笔工具" ，在选项栏中设置画笔参数，如图2-76所示。

Step04 设置不透明度为50%，设置前景色为白色，在空白图层上单击绘制，如图2-77所示。

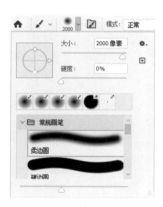

图 2-76

图 2-77

⭢ Step05　执行"编辑＞变换＞变形"命令，或按Ctrl+T组合键，在选项栏中单击"在自由变换和变形模式之间切换"🔲按钮，如图2-78所示。

⭢ Step06　任意拖动变形点，如图2-79所示。

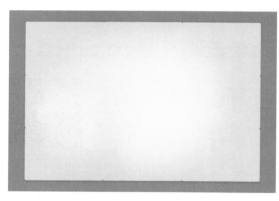

图 2-78

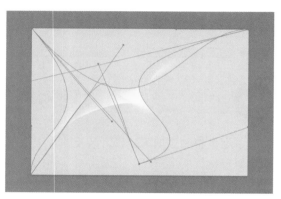

图 2-79

⭢ Step07　单击Enter键完成变形操作，如图2-80所示。

⭢ Step08　使用相同的方法继续新建图层创建变形，如图2-81所示。

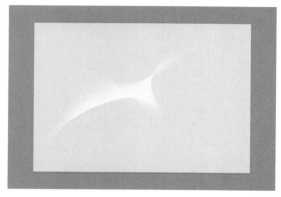

图 2-80

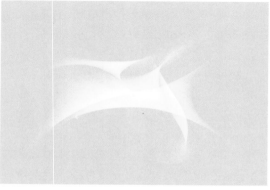

图 2-81

重点 2.3.4 执行自由变换命令变换图像

执行"编辑＞自由变换"命令，按Ctrl+T组合键，可用于在一个连续的操作中应用变换（旋转、缩放、斜切、扭曲和透视）。可以在选项栏中单击"在自由变换和变形模式之间切换"按钮应用变形变换，如图2-82、图2-83所示。

图 2-82

图 2-83

2.3.5 执行操控变形命令变换图像

操控变形功能提供了一种可视的网格，借助该网格，可以任意扭曲特定图像区域的同时保持其他区域不变，常用于修改人物的动作、发型等。执行"编辑＞操控变形"命令，在选项栏中显示其属性参数，如图2-84所示。

![选项栏：模式 正常 密度 正常 扩展 2像素 显示网格 图钉深度 旋转 自动 -1 度]

图 2-84

该选项栏中主要选项的功能介绍如下。

● 模式：设置网格的整体弹性。该下拉列表框中有"刚性""正常""扭曲"3种模式选项。

● 密度：确定网格点的间距。该下拉列表框中有"较少点""正常""较多点"3种选项。较多的网格点可以提高精度，但需要较多的处理时间；较少的网格点则反之。

● 扩展：扩展或收缩网格的外边缘。

● 显示网格：取消选中该复选框可以只显示调整图钉，从而显示更清晰的变换预览。

● 图钉深度：若要显示与其他网格区域重叠的网格区域，可在选择一个图钉后单击"将图钉前移"按钮，可将图钉向上移动一个堆叠顺序；单击"将图钉后移"按钮，可将图钉向下移动一个堆叠顺序。

● 旋转：围绕图钉旋转网格。在该下拉列表框中有"自动"与"固定"两个选项。

上手实操：图像操控变形

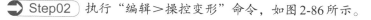

● Step01 将素材文件拖放至Photoshop中，打开素材图像，如图2-85所示。

● Step02 执行"编辑＞操控变形"命令，如图2-86所示。

扫一扫 看视频

图 2-85

图 2-86

⊃ Step03) 单击创建图钉，如图 2-87 所示。

⊃ Step04) 单击尾巴的图钉调整位置使其变形（在调整过程中，可单击添加图钉完成变形操作），如图 2-88 所示。

图 2-87

图 2-88

⊃ Step05) 调整鼻子与其他部分的图钉使其变形，如图 2-89 所示。

⊃ Step06) 最终效果如图 2-90 所示。

图 2-89

图 2-90

注意事项：

　　若要删除图钉，可单击选择该图钉，或按住Alt键，按Delete键删除；若要删除所有图钉，可右击鼠标，在弹出的菜单中选择"移去所有图钉"选项。

进阶案例：制作2寸证件照

扫一扫 看视频

　　本案例将制作2寸证件照，涉及的知识点主要是裁剪工具、油漆桶工具的应用以及使用快捷键保存图像。下面将对具体的操作步骤进行介绍。

- **Step01** 将素材文件拖放至Photoshop中，打开素材图像，如图2-91所示。

- **Step02** 选择"裁剪工具"，在选项栏中的"比例"下拉列表中选择"宽×高×分辨率"，如图2-92所示。

- **Step03** 在选项栏中设置参数，如图2-93所示。

- **Step04** 移动鼠标至裁剪框的任意角，按住Shift键拖动鼠标将裁剪框调整至合适大小，再把头像移至裁剪框正中位置，如图2-94所示。

- **Step05** 调整完成后，按Enter键即可完成裁剪，如图2-95所示。

- **Step06** 在"图层"面板中新建图层并调整顺序，如图2-96所示。

- **Step07** 在工具箱中单击"设置前景色"按钮，在弹出的"拾色器"对话框中拖动光标设置颜色，或直接输入颜色色值（R：0、G：160、B：234），如图2-97所示。

图 2-91

图 2-92

图 2-93

图 2-94

图 2-95

图 2-96

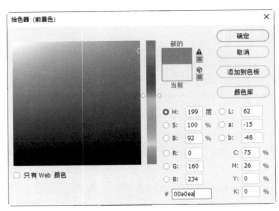

图 2-97

图 2-98

图 2-99

Step08 选择"油漆桶工具",单击填充图层,如图 2-98 所示。

Step09 按住 Shift 键加选图层 0,按 Ctrl+E 组合键合并图层,按 Shift+S 组合键保存图像,如图 2-99 所示。

> **知识链接：**
>
> 国内常见的照片尺寸标准如图 2-100 所示。

照片规格	尺寸大小/（厘米×厘米）
1寸	2.5×3.5
身份证大头照	3.3×2.2
2寸	3.5×5.3
小2寸（护照）	4.8×3.3
5寸	12.7×8.9
6寸	15.2×10.2
7寸	17.8×12.7
8寸	20.3×15.2
10寸	25.4×20.3
12寸	30.5×20.3

图 2-100

综合实战：制作明信片

扫一扫 看视频

本案例将制作明信片，涉及的知识点主要是新建文档、网格、形状工具、置入嵌入对象、剪贴蒙版、文字工具的应用。下面将对具体的操作步骤进行介绍。

Step01 执行"文件＞新建"命令，新建14.5厘米×10厘米的文档，如图2-101所示。

Step02 按Ctrl+'组合键显示网格，如图2-102所示。

图 2-101　　　　　　　　　　　　　　　图 2-102

Step03 选择"圆角矩形工具"，在画布上单击，在弹出的对话框中设置参数，如图2-103、图2-104所示。

图 2-103

图 2-104

Step04 执行"文件＞置入嵌入对象"命令，在弹出的"置入嵌入的对象"对话框中选中目标图像，单击"置入"按钮，如图2-105所示。

Step05 按Ctrl+Alt+G组合键创建剪贴蒙版，如图2-106所示。

Step06 选择"横排文字工具"输入文字，在"字符"面板中设置参数，如图2-107、图2-108所示。

Step07 选择"直排文字工具"，拖动创建文本框并输入文字，如图2-109、图2-110所示。

Step08 按Ctrl+A组合键全选文字，在"字符"面板中设置参数，如图2-111、图2-112所示。

图 2-105

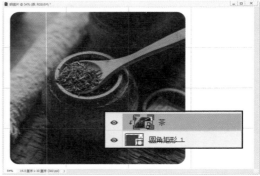

图 2-106

图 2-107

图 2-108

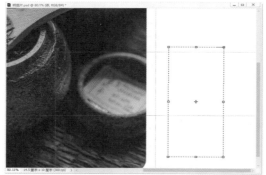

图 2-109

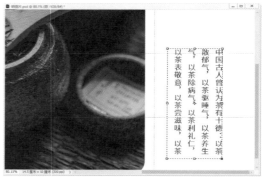

图 2-110

图 2-111

图 2-112

Step09 选择"自定形状工具"，在选项栏中设置填充颜色，选择形状样式为"污渍6"，按住Shift键拖动绘制，如图2-113、图2-114所示。

图 2-113

图 2-114

Step10 按住Shift键选择全部图层，单击"创建新组"按钮，如图2-115所示。

Step11 双击更改组名，单击"指示图层可见性"按钮隐藏图层组，如图2-116所示。

图 2-115

图 2-116

Step12 执行"文件＞置入嵌入对象"命令，在弹出的"置入嵌入的对象"对话框中选中目标图像，单击"置入"按钮，并调整大小，如图2-117所示。

Step13 右击鼠标，在弹出的菜单中选择"栅格化图层"选项，按Shift+Ctrl+U组合键去色，如图2-118所示。

图 2-117

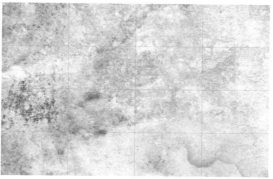

图 2-118

Step14 在"图层"面板中设置不透明度为40%，如图2-119所示。

Step15 单击"锁定全部"按钮锁定该图层，如图2-120所示。

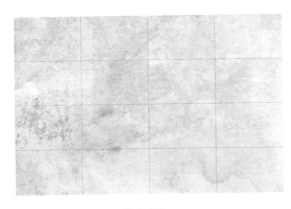

图 2-119   图 2-120

Step16 选择"矩形工具"，在选项栏中设置填充为无，描边为黑色、3像素，在页面上单击，在弹出的"矩形"对话框中设置参数，如图2-121、图2-122所示。

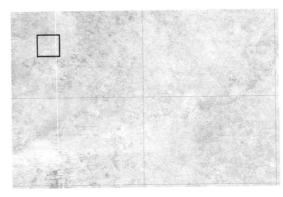

图 2-121   图 2-122

Step17 使用"移动工具"，按住Alt键移动复制，间距0.18cm，如图2-123所示。

Step18 使用相同的方法移动复制，如图2-124所示。

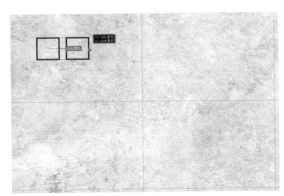

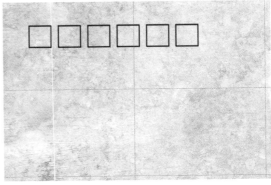

图 2-123   图 2-124

Step19 选择"矩形工具",在页面上单击,在弹出的"矩形"对话框中设置参数,如图 2-125 所示。

Step20 在选项栏设置描边参数,如图 2-126 所示。

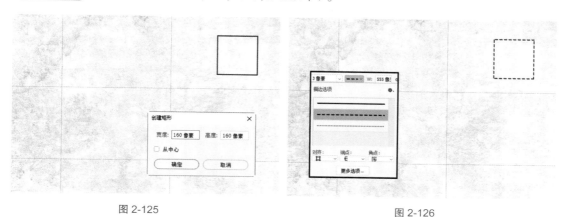

图 2-125　　　　　　　　　　　　　　图 2-126

Step21 选择"直排文字工具"输入文字,在"字符"面板中设置参数,如图 2-127、图 2-128 所示。

图 2-127

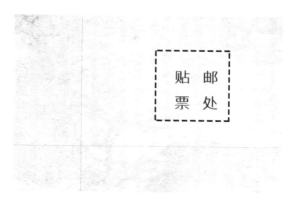

图 2-128

Step22 框选矩形框和文字,在选项栏中单击"水平居中对齐"按钮与"垂直居中对齐"按钮,如图 2-129、图 2-130 所示。

图 2-129

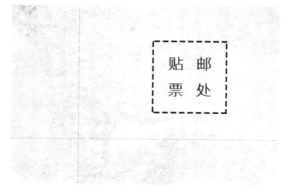

图 2-130

Step23　选择"直线工具"，按住Shift键从上至下拖动绘制直线，如图2-131所示。

Step24　按住Shift键从左至右拖动绘制直线，按住Shift+Alt组合键复制移动，框选直线组，单击"垂直居中分布" ![]按钮，如图2-132所示。

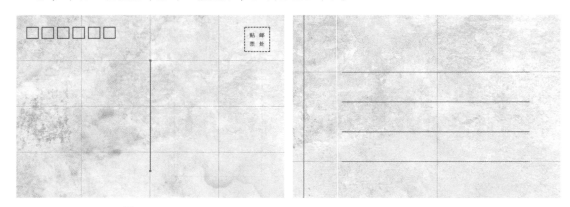

图 2-131　　　　　　　　　　　　　　　　　图 2-132

Step25　选择"横排文字工具"输入文字，如图2-133所示。

Step26　继续输入文字，如图2-134所示。

图 2-133　　　　　　　　　　　　　　　　　图 2-134

Step27　按住Ctrl+A组合键全选文字，单击"居中对齐文本"按钮，在"字符"面板中设置参数，如图2-135、图2-136所示。

图 2-135

图 2-136

Step28 选择"横排文字工具"输入文字，如图2-137所示。

Step29 继续输入文字，图2-138所示。

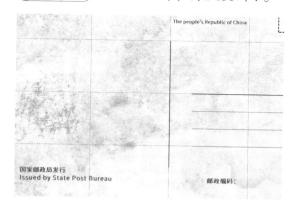

图 2-137

图 2-138

Step30 更改字号为6点，如图2-139所示。

Step31 按Ctrl+'组合键隐藏网格，图2-140所示。

图 2-139

图 2-140

第3章　图像绘制很简单

内容导读：

本章主要对Photoshop中图像绘制工具组与路径基本操作进行讲解。图像绘制工具主要包括画笔工具组、钢笔工具组、形状工具组；路径基本操作主要包括路径的选择、描边、填充以及路径选区的转换方法等。

学习目标：

- 熟悉路径与形状的应用方式
- 掌握图像绘制工具的使用方法
- 掌握路径的选择、描边以及填充的方法

3.1 画笔工具组

在Photoshop中画笔应用范围广泛，不仅可以很轻松地创建柔和的、坚硬的线条，还可以根据系统提供的不同样式绘制不同的图像效果。在工具箱单击选择"画笔工具" ，右击弹出子菜单，可选择画笔工具、铅笔工具、颜色替换工具以及混合器画笔工具，如图3-1所示。

图 3-1

> **注意事项：**
>
> 按B键选择画笔工具，按Shift+B组合键可在这4种工具中轮流选择。

重点 3.1.1 画笔工具

画笔工具是使用频率最高的工具之一，既可以使用前景色绘制出各种线条，不同的画笔参数会有不同的绘画效果；也可以用来调整蒙版和通道中的显示图像。单击"画笔工具" ，显示其选项栏，如图3-2所示。

图 3-2

该选项栏中主要选项的功能介绍如下。

- 工具预设 ：实现新建工具预设和载入工具预设等操作。
- 画笔预设 ：单击 按钮，选择画笔笔尖，设置画笔大小和硬度。
- 切换"画笔设置"面板 ：单击此按钮，弹出"画笔设置"面板。
- 模式选项：设置画笔的绘画模式，即绘画时的颜色与当前颜色的混合模式。
- 不透明度：设置在使用画笔绘图时所绘颜色的不透明度。数值越小，所绘出的颜色越浅，反之则越深。
- 流量：设置使用画笔绘图时所绘颜色的深浅。若设置的流量较小，则其绘制效果如同降低透明度一样，但经过反复涂抹，颜色就会逐渐饱和。
- 启用喷枪样式的建立效果 ：单击该按钮即可启动喷枪功能，将渐变色调应用于图像，同时模拟传统的喷枪技术，Photoshop会根据单击程度确定画笔线条的填充数量。
- 平滑：可控制绘画时得到图像的平滑度，数值越大，平滑度越高。单击齿轮 按钮，可启用一个或多个模式，有拉绳模式、描边补齐、补齐描边末端以及调整缩放。
- 设置画笔角度 ：在文本框中设置画笔角度。
- 绘板压力控制大小 ：使用压感笔压大小可以覆盖"画笔"面板中的"不透明度"和"大小"的设置。
- 设置绘画的对称选项 ：单击该按钮有多种对称类型，例如垂直、水平、双轴、对角线、波纹、圆形螺旋线、平行线、径向、曼陀罗。

3.1.2　铅笔工具

铅笔工具可以绘制出硬边缘的效果，特别是绘制斜线，锯齿效果会非常明显，并且所有定义的外形光滑的笔刷也会被锯齿化。根据该特性，铅笔工具更适合于绘制像素画。铅笔工具的使用方法与画笔工具相同，但两者的不同之处在于，铅笔工具不能使用画笔面板中的软笔刷，而只能使用硬轮廓笔刷。单击"铅笔工具" ✐，显示其选项栏，如图3-3所示。

图 3-3

其中，除了"自动抹掉"选项外，其他选项均与"画笔工具"相同。

选择"铅笔工具"，勾选"自动抹除"复选框，在图像上拖动时，若光标的中心在前景色上，则该区域将抹成背景色。若在开始拖动时光标的中心在不包含前景色的区域上，则该区域将被绘制成前景色，如图3-4所示。

在绘制过程中，若按住Shift键，拖动鼠标可以绘制出直线（水平或垂直方向）效果，如图3-5所示。

图 3-4　　　　　　　　　　　　　　　　　　　　图 3-5

> **注意事项：**
>
> "自动抹除"选项只适用于原始图像，在新建的图层上涂抹不起作用。

3.1.3　颜色替换工具

颜色替换工具可以将选定的颜色替换为其他颜色，并能够保留图像原有材质的纹理与明暗，赋予图像更多变化。单击"颜色替换工具" ✍，显示其选项栏，如图3-6所示。

图 3-6

该选项栏中主要选项的功能介绍如下。

- 模式：用于设置替换颜色与图像的混合方式，有"色相""饱和度""亮度"和"颜色"4种方式供选择。
- 取样方式：用于设置所要替换颜色的取样方式，包括"连续""一次"和"背景色板"3

种方式。"连续" ：连续从笔刷中心所在区域取样，随着取样点的移动而不断地取样；"一次" ：以第一次单击鼠标左键时笔刷中心点的颜色为取样颜色，取样颜色不随鼠标指针的移动而改变；"背景色板" ：将背景色设置为取样颜色，只替换与背景颜色相同或相近的颜色区域。

- 限制：用于指定替换颜色的方式，包括"不连续""连续"和"查找边缘"3种。"不连续"：替换在容差范围内所有与取样颜色相似的像素；"连续"：替换与取样点相接或邻近的颜色相似区域；"查找边缘"：替换与取样点相连的颜色相似区域，能较好地保留替换位置颜色反差较大的边缘轮廓。

- 容差：用于控制替换颜色区域的大小。数值越小，替换的颜色就越接近色样颜色，所替换的范围也就越小，反之替换的范围越大。

- 消除锯齿：勾选此复选框，在替换颜色时，将得到较平滑的图像边缘。

上手实操：更换沙发颜色

扫一扫 看视频

Step01 将素材文件拖放至Photoshop中，打开素材图像，如图3-7所示。

Step02 选择"快速选择工具" ，选择沙发部分创建选区，如图3-8所示。

图 3-7

图 3-8

Step03 单击"前景色"按钮，在弹出的"拾色器"对话框中设置参数，如图3-9所示。

Step04 选择"颜色替换工具"，单击 按钮，在弹出的下拉列表框中设置画笔参数，如图3-10所示。

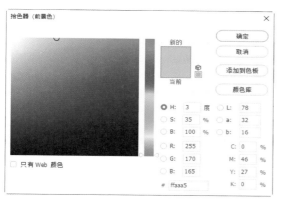

图 3-9

图 3-10

Step05 使用"颜色替换工具"在选区内进行涂抹，如图3-11所示。

Step06 按Ctrl+D组合键取消选区，如图3-12所示。

图 3-11

图 3-12

3.1.4 混合器画笔工具

混合器画笔工具可以像传统绘画中混合颜料一样混合像素。使用该工具可以轻松模拟真实的绘画效果。单击"混合器画笔工具" ✔ ，显示其选项栏，如图3-13所示。

图 3-13

该选项栏中主要选项的功能介绍如下。

- 当前画笔载入 ⬜ ✔ ✘ ：单击 ⬜ 色块可调整画笔颜色，单击右侧三角符号可以选择"载入画笔""清理画笔"和"只载入纯色"。"每次描边后载入画笔" ✔ 和"每次描边后清理画笔" ✘ 两个按钮，控制了每一笔涂抹结束后对画笔是否更新和清理。
- 潮湿：控制画笔从画布拾取的油彩量，较高的设置会产生较长的绘画条痕。
- 载入：指定储槽中载入的油彩量，载入速率较低时，绘画描边干燥的速度会更快。
- 混合：控制画布油彩量同储槽油彩量的比例。比例为100%时，所有油彩将从画布中拾取；比例为0%时，所有油彩都来自储槽。
- 流量：控制混合画笔流量大小。
- 描边平滑度 ◯ 10% ⌄ ：用于控制画笔抖动。
- 对所有图层取样：勾选此复选框，拾取所有可见图层中的画布颜色。

3.2 设置画笔参数

画笔的设置主要涉及2个面板、1个选取器，分别是"画笔"面板、"画笔设置"面板以及"画笔预设"选取器。

3.2.1 "画笔"与"画笔预设"选取器

"画笔"面板与"画笔预设"选取器的作用相同，可以对画笔的笔尖以及大小进行设置。选择"画笔工具"，在其选项栏中单击画笔栏旁的 ⬛ 下拉按钮，弹出"画笔预设"选取器，如

图 3-14 所示。"大小"是设置画笔笔刷大小;"硬度"是控制画笔边缘的柔和程度。执行"窗口＞画笔"面板,弹出"画笔"面板,如图 3-15 所示。

在实操过程中可以使用 [键细化画笔或] 键加粗画笔。对于实边圆、柔边圆和书法画笔,按住 Shift+[组合键可以连续减小画笔硬度,按住 Shift+] 组合键可以连续增加画笔硬度。

图 3-14

图 3-15

重点 3.2.2 "画笔设置"面板

"画笔设置"面板不仅可以对画笔工具的属性进行设置,还可以针对大部分的画笔模式进行设置。例如,对画笔工具、铅笔工具、放置图章工具、历史记录画笔工具、橡皮擦工具、加深工具以及模糊工具等笔尖属性的设置。

打开"画笔设置"面板常见的方法有以下几种。

- 选择"画笔工具",单击其选项栏中的"切换画笔设置面板"按钮;
- 执行"窗口＞画笔设置"命令;
- 在"画笔"面板中单击"切换画笔设置面板"按钮;
- 按 F5 功能键。

下面将对"画笔设置"面板中各主要选项的功能进行介绍。

（1）画笔笔尖形状

单击面板左侧的"画笔笔尖形状"选项,在面板右侧的列表框中将会显示出相应的画笔参数设置,如图 3-16 所示。画笔笔尖形状列表中主要选项的功能介绍如下。

- 大小:设置画笔的大小,其取值范围为 1 ～ 2500px。可直接输入参数或拖动滑块设置参数。
- 翻转 X/ 翻转 Y:设置笔尖形状的翻转效果。
- 角度:设置画笔的角度,取值范围为 –180°～ 180°。
- 圆度:控制椭圆形画笔长轴和短轴的比例,取值范围为 0 ～ 100%。
- 硬度:设置画笔笔触的柔和程度,取值范围为 0 ～ 100%。
- 间距:设置在绘制线条时两个画笔笔迹之间的距离,数值越大,间距越大。

（2）形状动态

形状动态选项用于设置画笔的大小、角度和圆度变化,控制绘画过程中画笔形状的变化效果。勾选"形状动态"复选框,在面板右侧的列表框中将会显示出相应的画笔参数设置,如图 3-17 所示。

（3）散布

"散布"选项用于控制画笔偏离绘画路径的程度和数量。勾选"散布"复选框，在面板右侧的列表框中将会显示出相应的画笔参数设置，如图3-18所示。

散布列表中主要选项的功能介绍如下。

● 散布：控制画笔偏离绘画路线的程度。百分比值越大，则偏离程度就越大。

● 两轴：选中该选项，则画笔将在X、Y两轴上发生分散，反之只在X轴上发生分散。

● 数量：控制绘制轨迹上画笔点的数量。该数值越大，画笔点越多。

● 数量抖动：用来控制每个空间间隔中画笔点的数量变化。该百分比值越大，得到的笔划中画笔的数量波动幅度越大。

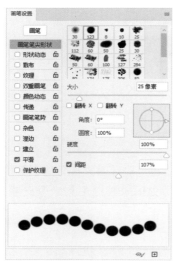

| 图 3-16 | 图 3-17 | 图 3-18 |

（4）纹理

纹理选项可以绘制出有纹理质感的笔触。勾选"纹理"复选框，在面板右侧的列表框中将会显示出相应的画笔参数设置，如图3-19所示。纹理列表中主要选项的功能介绍如下。

● 设置纹理/反向：单击图案缩览图右侧图标，在弹出的下拉列表框中选择"树""草"以及"雨滴"3种纹理组。若勾选"反相"复选框，可以基于图案中的色调来翻转纹理。

● 缩放：拖动滑块或在数值输入框中输入数值，设置纹理的缩放比例。

● 为每个笔尖设置纹理：用来确定是否对每个画笔点都分别进行渲染，若不选择此项，则"深度""最小深度"和"深度抖动"参数无效。

● 模式：用于选择画笔和图案之间的混合模式。

● 深度：用来设置图案的混合程度，数值越大，图案越明显。

● 最小深度：用来确定纹理显示的最小混合程度。

● 深度抖动：用来控制纹理显示浓淡的抖动程度。该百分比值越大，波动幅度越大。

（5）双重画笔

双重画笔选项指的是使用两种笔尖形状创建的画笔。勾选"双重画笔"复选框，在面板右侧的列表框中将会显示出相应的画笔参数设置，如图3-20所示。

首先在面板右侧"模式"列表中选择两种笔尖的混合模式，然后在笔尖形状列表框中选择一种笔尖作为画笔的第二个笔尖形状，再来设置叠加画笔的直径、间距、数量和散布等参数。

（6）颜色动态

颜色动态选项控制在绘画过程中画笔颜色的变化情况。勾选"颜色动态"复选框，在面板右侧的列表框中将会显示出相应的画笔参数设置，如图3-21所示。

设置动态颜色属性时，画笔面板下方的预览框并不会显示出相应的效果，动态颜色效果只有在图像窗口绘画时才会看到。颜色动态列表中主要选项的功能介绍如下。

- 前景/背景抖动：用来设置画笔颜色在前景色和背景色之间变化。
- 色相抖动：指定画笔绘制过程中画笔颜色色相的动态变化范围，该百分比值越大，画笔的色调发生随机变化时就越接近背景色色调，反之就越接近前景色色调。
- 饱和度抖动：指定画笔绘制过程中画笔颜色饱和度的动态变化范围，该百分比值越大，画笔的饱和度发生随机变化时就越接近背景色的饱和度，反之就越接近前景色的饱和度。
- 亮度抖动：指定画笔绘制过程中画笔亮度的动态变化范围，该百分比值越大，画笔的亮度发生随机变化时就越接近背景色亮度，反之就越接近前景色亮度。
- 纯度：设置绘画颜色的纯度。

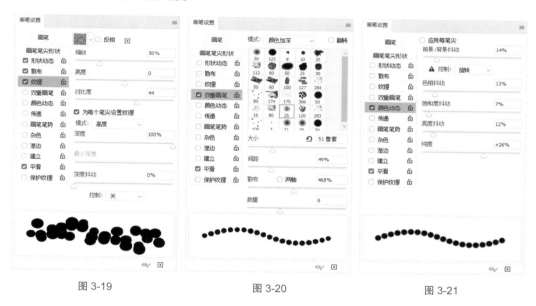

图3-19 图3-20 图3-21

（7）传递

传递选项中包括不透明度、流量、湿度、混合等抖动的控制，调整油墨在描边路线中的改变方式。勾选"传递"复选框，在面板右侧的列表框中将会显示出相应的画笔参数设置，如图3-22所示。传递列表中主要选项的功能介绍如下。

- 不透明度抖动/控制：设置画笔绘制过程中油墨不透明度的变化程度。若要指定控制画笔笔迹的不透明度变化，可在"控制"数值框中进行选择。
- 流量抖动/控制：设置画笔绘制过程中油墨流量的变化程度。若要指定控制画笔笔迹的流量变化，可在"控制"数值框中进行选择。
- 湿度抖动/控制：设置画笔绘制过程中油墨湿度的变化程度。若要指定控制画笔笔迹的湿度变化，可在"控制"数值框中进行选择。

● 混合抖动/控制：设置画笔绘制过程中油墨混合的变化程度。若要指定控制画笔笔迹的混合变化，可在"控制"数值框中进行选择。

（8）画笔笔势

画笔笔势选项用于调整毛刷画笔笔尖、侵蚀画笔笔尖的角度。勾选"画笔笔势"复选框，在面板右侧的列表框中将会显示出相应的画笔参数设置，如图3-23所示。

（9）其他选项设置

"画笔设置"面板中还有5个选项，选中任一个选项会为画笔添加其相应的效果，但是这些选项不能调整参数。

● 杂色：在画笔边缘增加杂点效果。

● 湿边：使画笔边界呈现湿边效果，类似于水彩绘画。

● 喷枪：使画笔具有喷枪效果。

● 平滑：可以使绘制的线条更平滑。

● 保护纹理：选择此选项后，当使用多个画笔时，可模拟一致的画布纹理效果。

图 3-22

图 3-23

 进阶案例：制作彩色光晕

扫一扫 看视频

本案例将练习制作彩色光晕效果，涉及的知识点主要是执行高斯模糊模糊命令、径向模糊命令、画笔工具以及图层不透明度的应用。下面将对具体的操作步骤进行介绍。

Step01 将素材文件拖放至Photoshop中，打开素材图像，如图3-24所示。

Step02 按Ctrl+J组合键复制图层，如图3-25所示。

Step03 执行"滤镜＞模糊＞高斯模糊"命令，在弹出的对话框中设置半径参数，如图3-26、图3-27所示。

Step04 执行"滤镜＞模糊＞径向模糊"命令，在弹出的对话框中设置半径参数，如图3-28、图3-29所示。

图 3-24

图 3-25

图 3-26

图 3-27

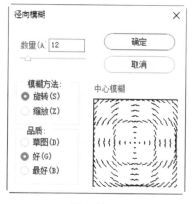

图 3-28

图 3-29

⊃ Step05 在"图层"面板中单击"创建新图层"按钮创建新图层，如图3-30所示。

⊃ Step06 在工具箱中单击"前景色"按钮，在弹出的"拾色器"中设置前景色，如图 3-31所示。

⊃ Step07 选择"画笔工具"，在选项栏中设置参数，设置不透明度 不透明度: 40% ∨，如图3-32 所示。

⊃ Step08 单击绘制，按]键放大，[键缩小画笔，如图3-33所示。

图 3-30

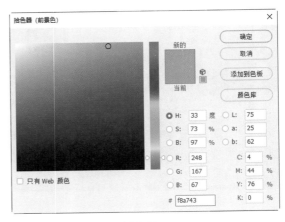

图 3-31

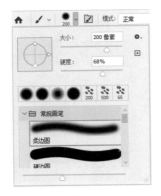

图 3-32

图 3-33

Step09 选择"画笔工具",在选项栏中设置画笔、形状动态以及散布参数,如图 3-34 ~ 图 3-36所示。

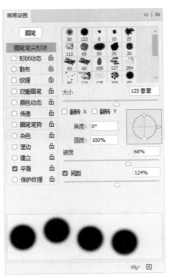

图 3-34

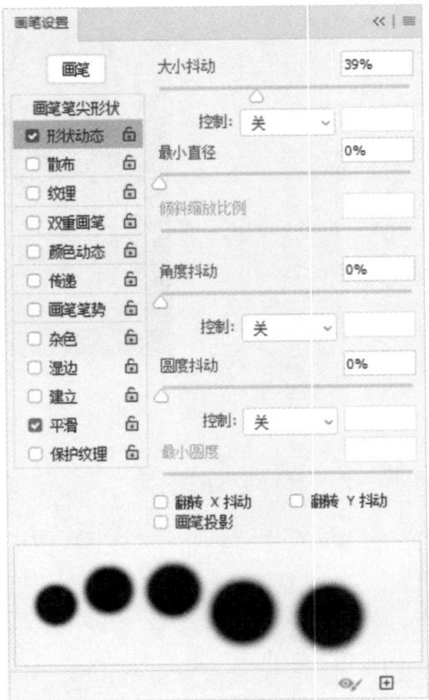

图 3-35

图 3-36

Step10 在工具箱中单击"前景色"按钮，在弹出的"拾色器"中设置前景色，如图 3-37所示。

Step11 选择"画笔工具"拖动绘制，如图3-38所示。

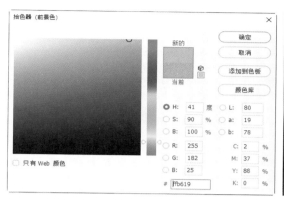

图 3-37

图 3-38

Step12 在"图层"面板中单击"创建新图层"按钮，创建新图层，如图3-39所示。

Step13 在工具箱中单击"前景色"按钮，在弹出的"拾色器"中设置前景色，如图 3-40所示。

图 3-39

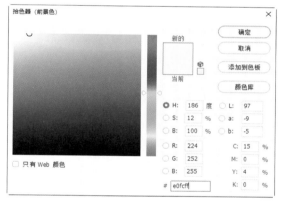

图 3-40

Step14 选择"画笔工具"拖动绘制，如图3-41所示。

Step15 在选项栏中设置参数，设置不透明度 不透明度：60% 如图3-42所示。

图 3-41

图 3-42

⊃ Step16 在工具箱中单击"前景色"按钮,在弹出的"拾色器"中设置前景色,如图 3-43 所示。

⊃ Step17 新建图层,选择"画笔工具"单击绘制,如图 3-44 所示。

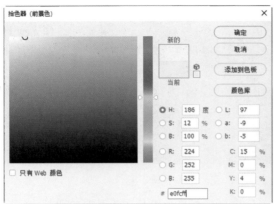

图 3-43

图 3-44

3.3 钢笔工具组

在工具箱单击选择"钢笔工具" ✐ ,右击弹出子菜单,可选择钢笔工具、自由钢笔工具、弯度钢笔工具、添加锚点工具、删除锚点工具以及转换点工具,如图 3-45 所示。

图 3-45

重点 3.3.1 钢笔工具

钢笔工具是最常用的工具之一,可以绘制任意形状的直线或曲线路径,选择"钢笔工具" ✐ ,显示其选项栏,如图 3-46 所示。

图 3-46

该选项栏中主要选项的功能介绍如下。

● 选择工具模式:若绘制路径,可在该下拉列表框中选择"路径" 路径 ✓ 模式,如图 3-47 所示;若建立带矢量蒙版的形状图层,则应选择"形状" 形状 ✓ 模式,如图 3-48 所示。

图 3-47

图 3-48

注意事项：

选择"路径"模式绘制路径时，不会生成新的图层，可在"图层"面板中单击"创建新图层"按钮新建图层，再进行绘制，便于修改参数。

- 路径操作：单击 ✿ 图标可选择路径区域以确定重叠路径组件如何交叉。
- 新建图层 ▫：默认路径操作，新建路径生成新图层，如图3-49、图3-50所示。

图 3-49

图 3-50

- 合并形状 ▫：将新区域添加到重叠路径区域。选择该选项，绘制形状如图3-51所示。
- 减去顶层形状 ▫：将新区域从重叠路径区域移去。选择该选项，绘制形状如图3-52所示。

图 3-51

图 3-52

- 与形状区域相交 ▣：将路径限制为新区域和现有区域的交叉区域。选择该选项，绘制形状如图3-53所示。
- 排除重叠形状 ▣：从合并路径中排除重叠区域。选择该选项，绘制形状如图3-54所示。

图 3-53

图 3-54

注意事项：

只有"新建图层"选项会自动生成新图层，其他选项只作用于选中的形状图层，不会生成新图层。

- 路径选项 ✿：单击该按钮，在弹出下拉列表框中勾选"橡皮带"复选框，可以在移动指针时预览两次单击之间的路径段。
- 自动添加/删除：勾选此复选框，可在单击线段时添加锚点，或在单击锚点时删除锚点。

 上手实操：使用钢笔工具抠取图像

 Step01 将素材文件拖放至Photoshop中，打开素材图像，如图3-55所示。 扫一扫 看视频

Step02 按住Ctrl+空格键的同时按住鼠标左键放大图像，选择"钢笔工具"，在选项栏中选择"路径" 模式，单击创建锚点，如图3-56所示。

图 3-55

图 3-56

Step03 按住Alt键单击锚点去除方向线，如图3-57所示。

Step04 继续沿边缘绘制使其闭合，如图3-58所示。

图 3-57

图 3-58

Step05 按Ctrl+Enter组合键创建选区，如图3-59所示。

Step06 按Ctrl+J组合键复制选区，如图3-60所示。

图 3-59

图 3-60

Step07 单击"指示图层可见性" ◉ 隐藏背景图层，如图3-61、图3-62所示。

图 3-61

图 3-62

Step08 选择"钢笔工具"绘制选区，如图3-63所示。

Step09 按Delete键删除选区，按Ctrl+D组合键取消选区，如图3-64所示。

图 3-63

图 3-64

3.3.2　自由钢笔工具

　　自由钢笔工具类似于铅笔工具、画笔工具等，该工具根据鼠标的拖动轨迹建立路径，即手绘路径，而不需要像钢笔工具那样，通过建立控制点来绘制路径。选择"自由钢笔工具"，在图像编辑窗口中拖动鼠标绘制，鼠标指针经过处将绘制出曲线路径，如图3-65、图3-66所示。

图 3-65

图 3-66

3.3.3　弯度钢笔工具

　　弯度钢笔工具可以轻松绘制平滑曲线和直线段。可以在设计中创建自定义形状，或定义精确的路径。在使用的时候，无需切换工具就能创建、切换、编辑、添加或删除平滑点或角点。
　　选择"弯度钢笔工笔"单击创建起始点，绘制第二个点为直线段，如图3-67所示，绘制第三个点，这三个点就会形成一条连接的曲线，将鼠标移到锚点出现时，可随意移动锚点位置，如图3-68所示。

图 3-67

图 3-68

进阶案例：绘制波浪线背景

扫一扫 看视频

本案例将练习制作波浪线背景，涉及的知识点主要是网格、画笔工具、弯度钢笔工具、描边路径、快捷键复制的应用。下面将对具体的操作步骤进行介绍。

Step01 按Ctrl+'组合键显示网格，如图3-69所示。

Step02 执行"编辑＞首选项＞参考线、网格和切片"命令，在弹出的对话框中设置网格参数，如图3-70所示。

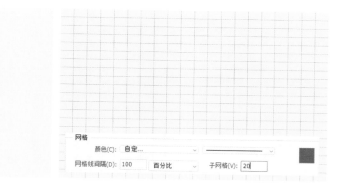

图 3-69

图 3-70

Step03 选择"画笔工具"，在选项栏中设置参数，如图3-71所示。

Step04 在工具箱中单击"前景色"按钮，在弹出的"拾色器"中设置前景色，如图3-72所示。

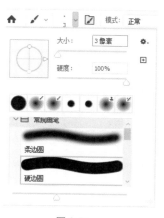

图 3-71

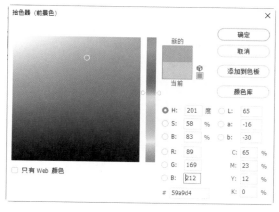

图 3-72

Step05 在"图层"面板中单击"创建新图层" + 按钮，如图3-73所示。

Step06 选择"弯度钢笔工笔" ，依次单击网格点创建曲线，如图3-74所示。

Step07 右击鼠标，在弹出的菜单中选择"描边路径"选项，在弹出对话框中选择"画笔"，如图3-75所示。

Step08 按Ctrl+Enter组合键创建选区，按Ctrl+D组合键取消选区，如图3-76所示。

图 3-73

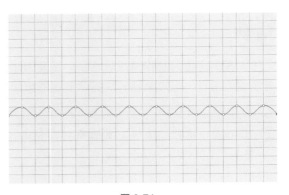

图 3-74

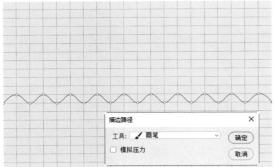

图 3-75

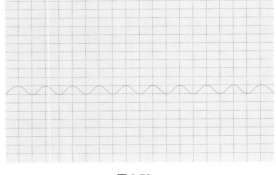

图 3-76

🔁 Step09 在"图层"面板中单击"创建新图层" ⊞ 按钮，如图 3-77 所示。

🔁 Step10 选择"画笔工具"，在选项栏中设置参数，如图 3-78 所示。

图 3-77

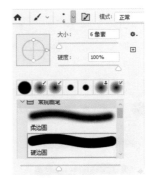

图 3-78

🔁 Step11 使用相同的方法，创建曲线并描边路径，如图 3-79 所示。

🔁 Step12 单击调整位置，如图 3-80 所示。

🔁 Step13 框选两条波浪线，按住 Alt 键移动复制，使较粗的波浪线与网格线重叠对齐，如图 3-81 所示。

🔁 Step14 按住 Alt 键移动复制，使较细的波浪线与网格线重叠对齐，如图 3-82 所示。

🔁 Step15 使用 Step11、Step12 的方法，按住 Alt 键依次移动复制，如图 3-83 所示。

🔁 Step16 框选全部波浪线，按住 Alt 键移动复制，如图 3-84 所示。

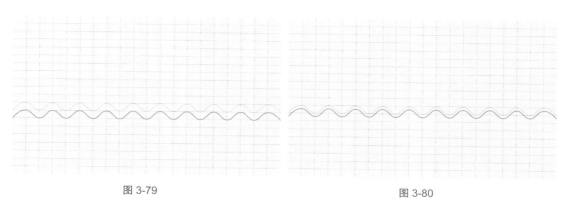

图 3-79　　　　　　　　　　　　　　　　图 3-80

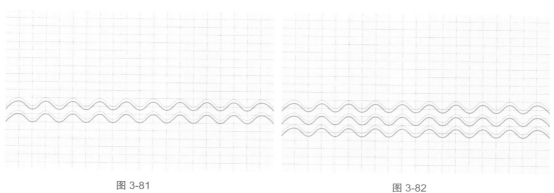

图 3-81　　　　　　　　　　　　　　　　图 3-82

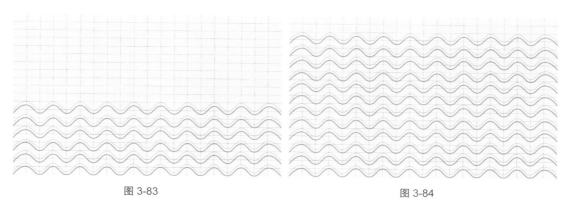

图 3-83　　　　　　　　　　　　　　　　图 3-84

Step17　框选最上方的一组粗细波浪线，按住 Alt 键移动复制，如图 3-85 所示。

Step18　框选全部波浪线整体向上移动，按 Ctrl+' 组合键隐藏网格，如图 3-86 所示。

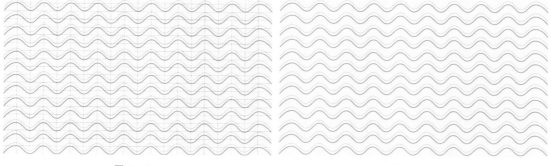

图 3-85　　　　　　　　　　　　　　　　图 3-86

重点 3.3.4 添加锚点工具

选择钢笔工具或者其他工具绘制路径，若要添加锚点，可选择"添加锚点工具"↳᷉᷉，将鼠标移到要添加锚点的路径上，当鼠标光标变为↳᷉᷉形状时单击鼠标即可添加一个锚点，添加的锚点以实心显示，此时拖动该锚点可以改变路径的形状，如图3-87、图3-88所示。

图 3-87

图 3-88

注意事项：

添加锚点除了可以使用添加锚点工具外，还可以使用钢笔工具直接在路径上添加，但前提是要勾选钢笔工具选项栏上的"自动添加/删除"复选框。

重点 3.3.5 删除锚点工具

删除锚点工具的功能与添加锚点工具相反，主要用于删除不需要的锚点。在工具箱中选择"删除锚点工具"↳᷉᷉，将鼠标移到要删除的锚点上，当鼠标变为↳᷉᷉形状时单击鼠标即可删除该锚点，删除锚点后路径的形状也会发生相应变化，如图3-89、图3-90所示。

图 3-89

图 3-90

注意事项：

如果在"钢笔工具"或"自由钢笔工具"的选项栏中勾选"自动添加/删除"选项，则在单击线段或曲线时，将会添加锚点；单击现有的锚点时，该锚点将被删除。

重点 3.3.6　转换点工具

使用"转换点工具" ⊦能将路径在角点和平滑之间进行转换。要将角点转换成平滑点，单击向角点外拖动，使方向线出现，如图3-91所示。再次单击平滑点以创建角点，如图3-92所示。

图 3-91

图 3-92

要将没有方向线的角点转换为具有独立方向线的角点，首先将方向点拖动出角点（成为具有方向线的平滑点）。单击任一方向点，即可将平滑点转换成具有独立方向线的角点，如图3-93、图3-94所示。

图 3-93

图 3-94

进阶案例：绘制椰子树

本案例将练习绘制椰子树，涉及的知识点主要是钢笔工具、填充路径、描边路径、图层顺序调整以及自由变换的应用。下面将对具体的操作步骤进行介绍。

Step01　执行"文件＞新建"命令，新建20厘米×20厘米的文档，如图3-95所示。

Step02　在工具箱中单击"前景色"按钮，在弹出的"拾色器"中设置前景色，如图3-96所示。

Step03　选择"钢笔工具"，在选项栏中选择"形状" 形状 模式，单击绘制树干，如图3-97所示。

Step04　在选项栏中设置描边参数，如图3-98所示。

Step05　按Enter键完成绘制，如图3-99所示。

图 3-95

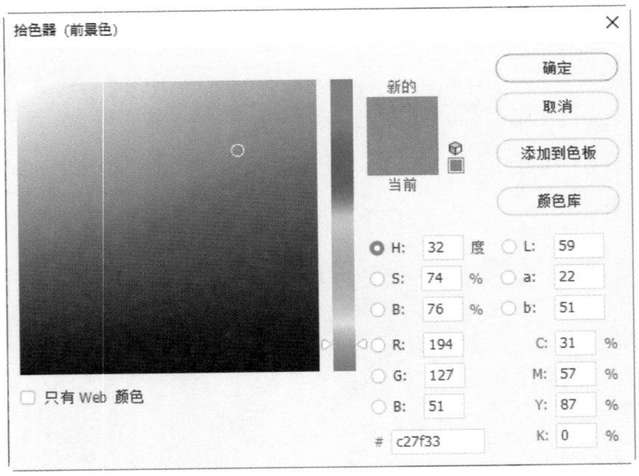

图 3-96

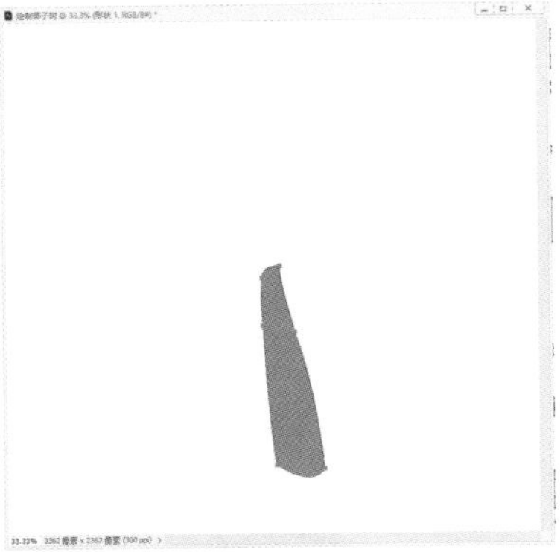

图 3-97

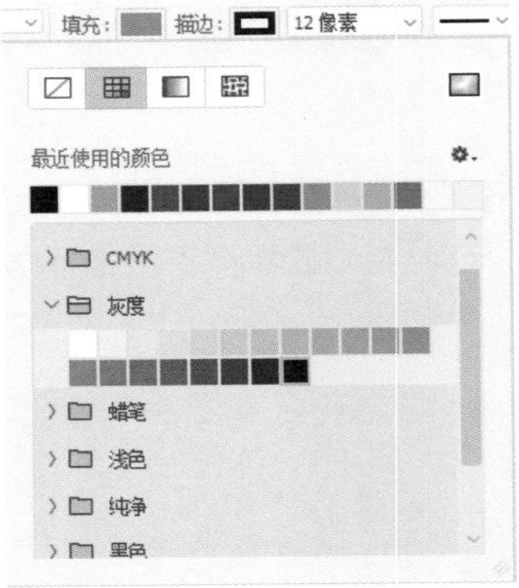

图 3-98

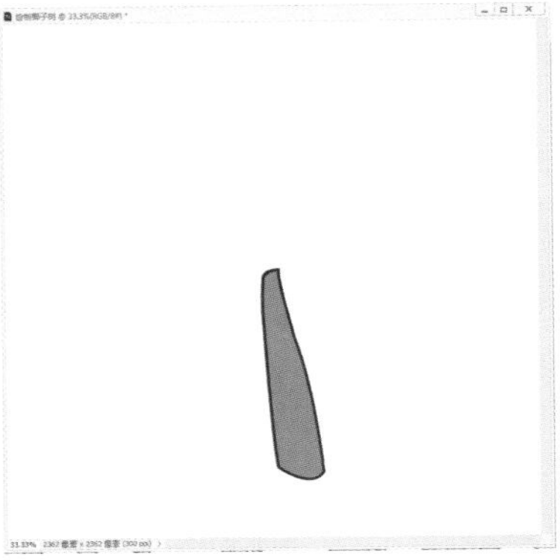

图 3-99

⭢ Step06 选择"钢笔工具"绘制叶子部分，如图3-100所示。

⭢ Step07 在选项栏中更改填充参数，如图3-101、图3-102所示。

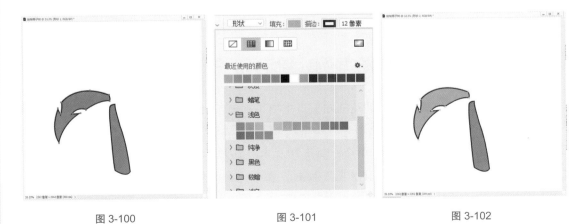

图 3-100

图 3-101

图 3-102

⭢ Step08 在选项栏中更改描边参数，如图3-103、图3-104所示。

⭢ Step09 使用相同的方法绘制树叶，如图3-105所示。

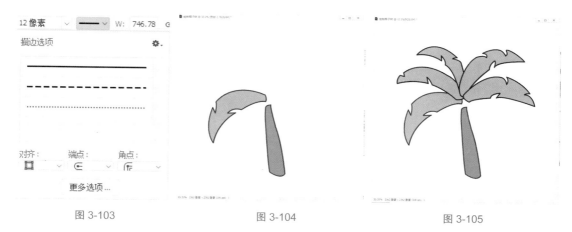

<table>
<tr><td>图 3-103</td><td>图 3-104</td><td>图 3-105</td></tr>
</table>

Step10 在"图层"面板中调整图层顺序，如图3-106、图3-107所示。

Step11 效果如图3-108所示。

<table>
<tr><td>图 3-106</td><td>图 3-107</td><td>图 3-108</td></tr>
</table>

Step12 选择"钢笔工具"，在选项栏中设置填充为无 填充: ⁄ ，绘制叶纹，如图3-109所示。

Step13 使用相同的方法绘制树纹，如图3-110所示。

Step14 在选项栏中设置填充颜色，如图3-111所示。

<table>
<tr><td>图 3-109</td><td>图 3-110</td><td>图 3-111</td></tr>
</table>

Step15　选择"钢笔工具"，在选项栏中设置填充为无 填充: ╱ ，绘制椰子，如图 3-112 所示。

Step16　按住 Alt 键复制椰子，如图 3-113 所示。

Step17　按住 Alt 键复制椰子，按住 Ctrl+T 组合键自由变换调整大小，如图 3-114 所示。

图 3-112　　　　　　　　　图 3-113　　　　　　　　　图 3-114

3.4　形状工具组

在工具箱中单击选择"矩形工具" □，右击弹出子菜单，可选择矩形工具、圆角矩形工具、椭圆工具、多边形工具、直线工具以及自定形状工具，如图 3-115 所示。

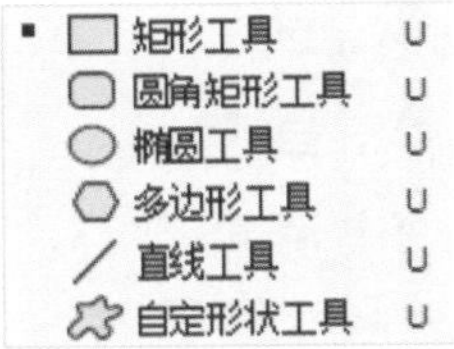

- □ 矩形工具　　U
- ○ 圆角矩形工具　U
- ○ 椭圆工具　　U
- ○ 多边形工具　　U
- ╱ 直线工具　　U
- ✿ 自定形状工具　U

图 3-115

3.4.1　矩形工具

矩形工具可以在图像窗口中绘制任意方形或具有固定长宽的矩形。选择"矩形工具" □，显示其选项栏，如图 3-116 所示。

图 3-116

该选项栏中主要选项的功能介绍如下。

- 选择工具模式：在该下拉列表框中选择"路径"模式，则绘制出矩形路径，如图 3-117 所示。若选择"形状"模式，在图像中拖动绘制出以前景色填充的矩形，如图 3-118 所示。
- 描边选项：选择形状描边类型，如图 3-119、图 3-120 所示为 10 像素白色直线和曲线描边效果图。

图 3-117

图 3-118

图 3-119

图 3-120

- 路径选项：单击✿图标可设置其他形状和路径选项，通过这些选项，可在绘制形状时设置路径在屏幕上显示的宽度和颜色等属性以及约束选项。
- 不受约束：单击该按钮，可以绘制任意大小的矩形。
- 方形：单击该按钮，可以绘制出任意大小的正方形。
- 固定大小：单击该按钮，在后面的数值框中输入宽度（W）与高度（H），单击即可创建矩形，如图 3-121 所示。
- 比例：单击该按钮，在后面的数值框中输入宽度（W）与高度（H）的比例，此后创建的矩形始终保持此比例，如图 3-122 所示。

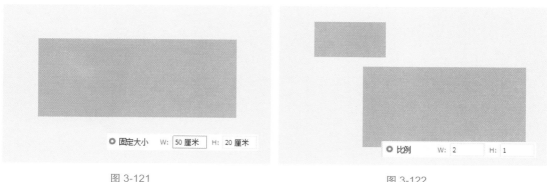

图 3-121

图 3-122

- 从中心：勾选此复选框，以上方的任何方式创建矩形时，鼠标单击的点即为矩形的中心点。
- 对齐边缘：勾选此复选框，可以使矩形的边缘与像素的边缘相重合，这样的边缘不会出现锯齿。

注意事项：

　　按住Shift键拖动鼠标可以绘制出正方形；按住Alt键可以以鼠标为中心绘制矩形；按住 Shift+Alt组合键可以以鼠标为中心绘制正方形（适用于所有形状工具组）。

3.4.2　圆角矩形工具

　　使用圆角矩形工具能绘制出带有一定圆角弧度的图形。圆角矩形工具不同于矩形工具的 是，单击"圆角矩形工具" ，在选项栏中会出现"半径"文本框，输入的数值越大，圆角 的弧度也越大。若选择"路径"模式，则绘制出矩形路径，如图3-123、图3-124所示为"形 状"模式下50像素和"路径"模式下50像素的圆角矩形。

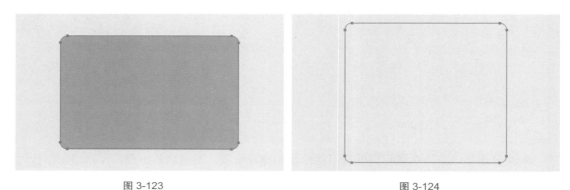

图 3-123　　　　　　　　　　　　　　　　　　图 3-124

3.4.3　椭圆工具

　　椭圆工具可以绘制椭圆形和正圆形。选择"椭圆工具" ，在选项栏中选择"路径"模 式拖动绘制椭圆路径，如图3-125所示；选择"形状"模式按住Shift键可以绘制正圆形，如图 3-126所示。

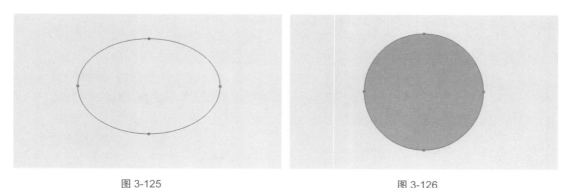

图 3-125　　　　　　　　　　　　　　　　　　图 3-126

3.4.4　多边形工具

　　多边形工具可以绘制出正多边形（最少为3边）和星形。选择"多边形工具" ，在其选 项栏中可设置其边数，单击 图标可设置其他形状和路径选项，如图3-127所示。

该拾取器中主要选项的功能介绍如下。

- 边：设置多边形的边数，输入3时，绘制出三角形；输入4时，绘制出正方形；输入5时，绘制出五边形，如图3-128所示。
- 半径：设置多边形或星形的半径长度（单位：厘米），单击即可创建。
- 平滑拐角：勾选此复选框，可创建出具有平滑拐角效果的多边形或星形。
- 星形：勾选此复选框，可创建出星形，"缩进边依据"选项主要用来设置星形边缘向中心缩进的百分比，数值越大，缩进量越大。如图3-129所示为缩进53%的星形。此选项可以搭配"平滑拐角"使用，如图3-130所示。
- 平滑缩进：勾选此复选框，可在"缩进边依据"文本框中输入缩进百分比。如图3-131所示为20%、50%、80%的星形缩进效果。

图 3-127

图 3-128

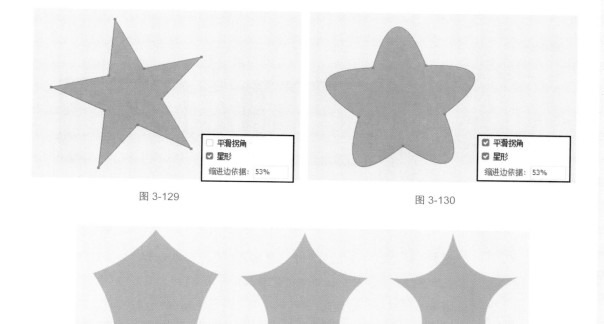

图 3-129

图 3-130

图 3-131

进阶案例：绘制老式电视机

扫一扫 看视频

本案例将练习绘制老式电视机，涉及的知识点主要是形状工具、钢笔工具、填充路径、复制、图层顺序调整以及自由变换的应用。下面将对具体的操作步骤进行介绍。

Step01 执行"文件＞新建"命令，新建20厘米×20厘米文档。选择"圆角矩形工具"，在选项栏中设置填充颜色，描边为无，图3-132所示。

Step02 在画布上单击，弹出如图3-133的"创建圆角矩形"对话框，设置相应的参数，绘制结果如图3-134所示。

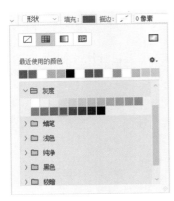

图 3-132

图 3-133

图 3-134

Step03 选择"圆角矩形工具"，在选项栏中设置填充颜色为白色，在画布上单击，在弹出的对话框中设置参数，如图3-135、图3-136所示。

Step04 选择"椭圆工具"，在画布上单击，在弹出的对话框中设置参数，如图3-137所示。

图 3-135

图 3-136

图 3-137

Step05 选择"圆角矩形工具"，在选项栏中设置填充颜色，描边为无，如图3-138所示。

Step06 在画布上单击，在弹出的对话框中设置参数，如图3-139、图3-140所示。

Step07 按住Shift键加选圆形，按住Alt键移动复制，如图3-141所示。

Step08 按Shift+T组合键自由变换调整旋转角度，如图3-142所示。

Step09 按住Alt键移动复制圆角矩形，执行"窗口＞属性"命令，在弹出的面板中更改圆角矩形高度，如图3-143、图3-144所示。

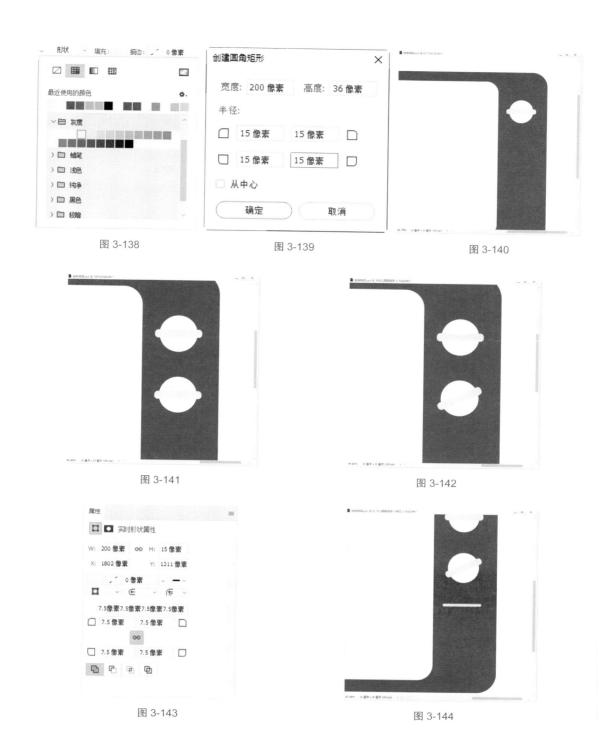

图 3-138   图 3-139   图 3-140

图 3-141   图 3-142

图 3-143   图 3-144

➡ Step10) 按住Alt键移动复制圆角矩形，间距为0.16厘米，如图3-145所示。

➡ Step11) 选择"多边形工具"，在选项栏中设置边数为5，拖动绘制多边形，如图3-146所示。

➡ Step12) 按住Alt键移动复制多边形，间距为7.02厘米，如图3-147所示。

➡ Step13) 单击背景图层，选择"椭圆工具"拖动绘制椭圆形，如图3-148所示。

➡ Step14) 选择"圆角矩形工具"，在画布上单击，在弹出的对话框中设置参数，如图 3-149、图3-150所示。

图 3-145

图 3-146

图 3-147

图 3-148

图 3-149

图 3-150

Step15 按Shift+T组合键自由变换，在选项栏中设置旋转角度–15°，调整至合适位置，如图3-151所示。

Step16 按住Alt键复制圆角矩形，按Shift+T组合键自由变换，右击鼠标，在弹出的菜单中选择"水平翻转"选项，调整至合适位置，如图3-152所示。

图 3-151

图 3-152

3.4.5 直线工具

直线工具可以绘制出直线和带有箭头的路径。选择"直线工具"✐，单击选项栏中✿图标可对其参数进行设置，如图3-153所示。该拾取器中主要选项的功能介绍如下。

图 3-153

- 起点/终点：勾选该复选框，可在起点/终点处添加箭头，可同时勾选两个复选框，则直线两端都有箭头，如图3-154所示。
- 宽度：设置箭头宽度与线条粗细的百分比，范围在10% ~ 1000%，如图3-155所示为300%和800%宽度效果。

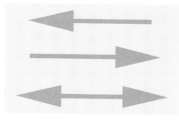

图 3-154

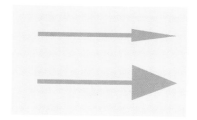

图 3-155

- 长度：设置箭头长度与线条粗细的百分比，范围在10% ~ 5000%，如图3-156所示为300%和800%长度效果。
- 凹度：将箭头凹度设为长度的百分比，范围在–50% ~ 50%。值为0时，箭头尾部平齐；值大于0，箭头尾部向内凹陷；值小于0，箭头尾部向外凸出。如图3-157所示为0、20%以及–20%凹度效果。

图 3-156

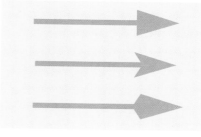

图 3-157

3.4.6 自定形状工具

图 3-158

自定形状工具可以绘制出系统自带的不同形状。选择"自定形状工具"✱，单击选项栏中✿图标可选择预设自定形状，如图3-158所示。

执行"窗口>形状"命令，弹出"形状"面板，单击"菜单"☰按钮，在弹出的菜单中选择"旧版形状及其他"选项，即可添加旧版形状，如图3-159所示。单击❯按钮即可显示具体形状组，如图3-160所示。

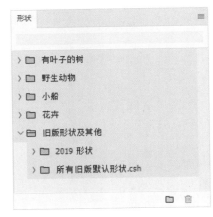

图 3-159

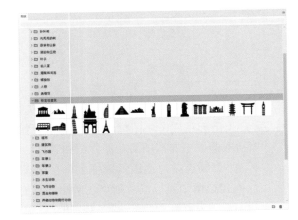

图 3-160

知识链接：

选择形状工具组中除直线工具之外的任意工具，在画布上单击即可弹出该工具的对话框，设置参数可创建出精确形状。其中，"矩形工具""圆角矩形工具"以及"椭圆工具"弹出的对话框中的选项是一样的，如图3-161所示；"多边形工具"弹出的对话框如图3-162所示，可设置边数以及其他参数；"自定形状工具"弹出的对话框中增加"保留比例"复选框，如图3-163所示。

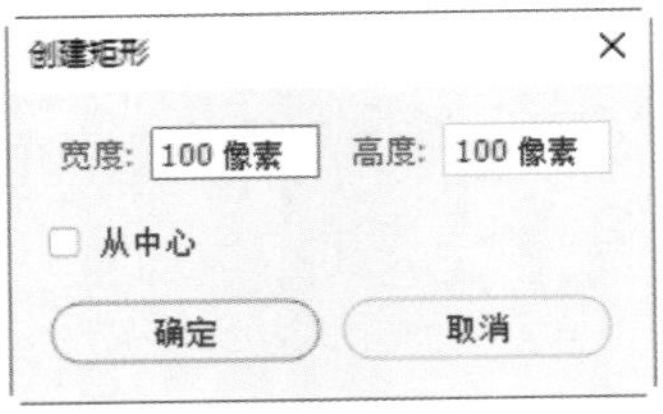

图 3-161

图 3-162

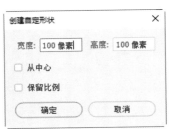

图 3-163

进阶案例：制作散落树叶画笔

扫一扫 看视频

本案例将练习制作散落树叶画笔效果，涉及的知识点主要是形状工具、定义画笔预设、画笔设置以及自由变换的应用。下面将对具体的操作步骤进行介绍。

Step01 执行"文件＞新建"命令，新建600像素×600像素透明文档，如图3-164所示。

Step02 选择"自定形状工具"，单击选项栏中✿图标可选择预设自定形状，如图3-165所示。

图 3-164

图 3-165

Step03 拖动绘制形状，如图3-166所示。

Step04 按Ctrl+T组合键自由变换旋转形状，如图3-167所示。

图 3-166

图 3-167

Step05 按住Alt键移动复制并自由变换，如图3-168所示。

Step06 框选全部形状，按Ctrl+E组合键合并图层，如图3-169所示。

图 3-168

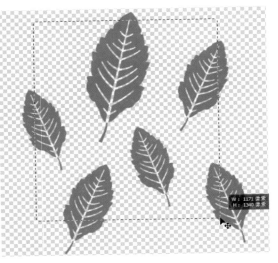

图 3-169

Step07　执行"编辑＞定义画笔预设"命令，如图3-170所示。

图 3-170

Step08　新建A4文档，在"画笔"的选项栏中显示存储的树叶画笔，更改画笔大小，如图3-171所示。

Step09　单击绘制，如图3-172所示。

图 3-171

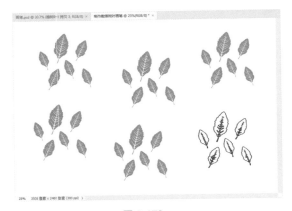

图 3-172

3.5　路径的基本操作

　　所谓路径是指在屏幕上表现为一些不可打印、不能活动的矢量形状，由锚点和连接锚点的线段或曲线构成，每个锚点还包含了两个控制柄，用于精确调整锚点及前后线段的曲度，从而匹配想要选择的边界。

3.5.1 "路径"面板

执行"窗口>路径"命令，弹出"路径"面板，如图
3-173所示。可在该面板中进行路径的新建、保存、复制、填
充以及描边等操作。

图 3-173

该面板中主要选项的功能介绍如下。

- 路径缩览图和路径层名：用于显示路径的大致形状和
  路径名称，双击名称后可为该路径重命名。
- 用前景色填充路径●：单击该按钮将使用前景色填充
  当前路径。
- 用画笔描边路径○：单击该按钮可用画笔工具和前景色为当前路径描边。
- 将路径作为选区载入：单击该按钮可将当前路径转换成选区，此时还可对选区进行
  其他编辑操作。
- 从选区生成工作路径：单击该按钮将选区转换为工作路径。
- 添加图层蒙版：单击该按钮为路径添加图层蒙版。
- 创建新路径：单击该按钮可创建新的路径图层。
- 删除当前路径：单击该按钮可删除当前路径图层。

3.5.2 路径选择工具

路径选择工具用于选择和移动整个路径。在工具箱中选择"路径选择工具"，选择目
标路径，按住鼠标左键不放拖动即可改变所选择路径的位置，如图3-174、图3-175所示。

图 3-174

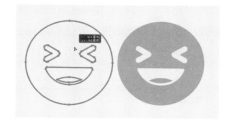

图 3-175

重点 3.5.3 直接选择工具

直接选择工具用于移动路径的部分锚点或线段，或者调整路径的方向点和方向线，而其
他未选中的锚点或线段则不被改变。选择"直接选择工具"选择目标路径，拖动即可移动，
选中的锚点显示为实心方形，未被选中的显示为空心方形，如图3-176、图3-177所示。

图 3-176

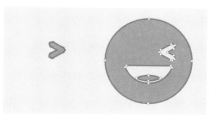

图 3-177

3.5.4 复制/删除路径

若要复制路径，只需选中目标路径图层，将其拖动至"创建新路径"按钮，即可复制路径，如图3-178所示。

若要删除路径，只需选中目标路径图层，单击"删除当前路径"🗑按钮，即可删除路径，如图3-179所示。

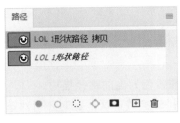

图 3-178

图 3-179

3.5.5 将路径转换为选区

将路径转换为选区有几种常见方法。
- 选中路径，右击鼠标，在弹出的菜单中选择"建立选区"选项，在弹出的"建立选区"对话框中设置羽化半径参数的设置，如图3-180所示。
- 在"路径"面板中，单击"菜单"按钮，在弹出的菜单中选择"建立选区"选项，在弹出的"建立选区"对话框中设置羽化半径参数的设置。
- 选中路径，按Ctrl+Enter组合键快速将路径转换为选区。
- 在"路径"面板中，按住Ctrl键，单击路径缩览图，如图3-181所示。
- 在"路径"面板中，单击"将路径作为选区载入"⬚按钮。

图 3-180

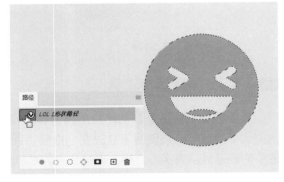

图 3-181

3.5.6 填充路径

填充路径能对路径填充前景色、背景色或其他颜色，同时还能快速为图像填充图案。若路径为线条，则会按"路径"面板中显示的选区范围进行填充。

上手实操：制作填充颜色与图案效果

扫一扫 看视频

⊃ Step01　选择"吸管工具"吸取颜色为前景色，如图3-182所示。

⊃ Step02　选择"钢笔工具"，在选项栏中选择"路径"模式，沿星球边缘绘制闭合路径，如图3-183所示。

图 3-182

图 3-183

⊃ Step03　在"路径"面板中单击"用前景色填充路径" ● 按钮，如图3-184所示。

⊃ Step04　按Ctrl+Enter组合键建立选区，按Ctrl+D组合键取消选区，如图3-185所示。

图 3-184

图 3-185

⊃ Step05　在"路径"面板中按住Alt键单击路径缩览图从选区生成路径，如图3-186、图3-187所示。

图 3-186

图 3-187

Step06 执行"窗口＞图案"命令，弹出"图案"面板，单击面板"菜单"按钮，在弹出的菜单中选择"旧版图案及其他"选项，如图3-188、图3-189所示。

图 3-188

图 3-189

Step07 右击鼠标，在弹出的菜单中选择"填充路径"选项，在弹出的"填充路径"对话框中设置参数，如图3-190所示。

Step08 单击"确定"按钮，效果如图3-191所示。

图 3-190

图 3-191

3.5.7 描边路径

图 3-192

描边就是在边缘加上边框，描边路径则是沿已有的路径为路径边缘添加画笔线条效果，画笔的笔触和颜色用户可以自定义，可使用的工具包括画笔、铅笔、橡皮擦和图章工具等，如图3-192所示。

上手实操：制作描边效果

🔵 Step01　选择"画笔工具"，在选项栏中设置参数，如图3-193所示。

🔵 Step02　在"路径"面板中单击用画笔描边路径 ○ 按钮，如图3-194所示。

图 3-193

图 3-194

🔵 Step03　应用描边效果如图3-195所示。

🔵 Step04　按Ctrl+Enter组合键建立选区，按Ctrl+D组合键取消选区，如图3-196所示。

图 3-195

图 3-196

3.5.8　定义自定形状

　　绘制路径后，右击鼠标，在弹出的菜单中选择"定义自定形状"选项，或执行"编辑＞定义自定形状"命令，在弹出的"形状名称"对话框中输入名称，单击"确定"按钮，如图3-197所示。

图 3-197

　　选择"自定形状工具" ✿，单击选项栏中 ✿.图标可选择存储的自定形状，或在"形状"面板中单击选择该自定形状，拖动绘制，如图3-198、图3-199所示。

图 3-198

图 3-199

综合实战：绘制冲锋号手卡通形象

本案例将练习制作冲锋号手卡通形象，涉及的知识点主要是颜色库、油漆桶工具、钢笔工具、描边路径、填充路径、路径设置以及形状工具的应用。下面将对具体的操作步骤进行介绍。

Step01 执行"文件＞新建"命令，新建20厘米×20厘米的文档，如图3-200所示。

Step02 单击"前景色"按钮，在弹出的"拾色器"对话框中单击"颜色库"按钮，如图3-201所示。

图 3-200

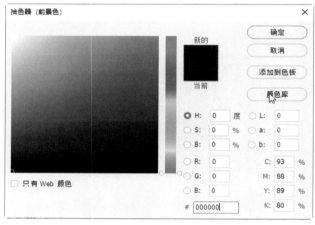

图 3-201

Step03 拖动滑块设置颜色，如图3-202所示。单击"拾色器"按钮，返回"拾色器"对话框，单击"确定"按钮即可。

Step04 选择"油漆桶工具"，单击填充，如图3-203所示。

Step05 新建图层，选择"钢笔工具"绘制闭合路径，如图3-204所示。

Step06 在选项栏中设置填充颜色（R：249、G：197、B：128）与描边参数，按Ctrl+T组合键放大图像，如图3-205所示。

Step07 在选项栏中设置操作路径为"减去顶层形状"，绘制闭合路径，如图3-206、图3-207所示。

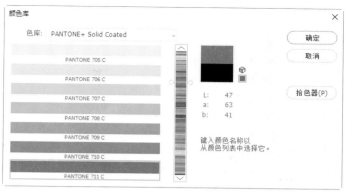

图 3-202

图 3-203　　　　　　　　　　　　　　　　　图 3-204

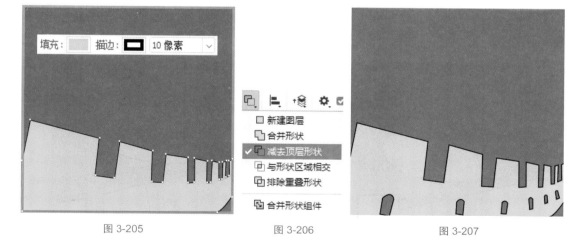

图 3-205　　　　　　　　图 3-206　　　　　　　　图 3-207

⊃ Step08　新建图层，选择"钢笔工具"绘制帽子部分，更改填充颜色为蓝色，如图
3-208、图 3-209 所示。

图 3-208

图 3-209

Step09 新建图层，选择"钢笔工具"绘制帽檐部分，如图 3-210、图 3-211 所示。

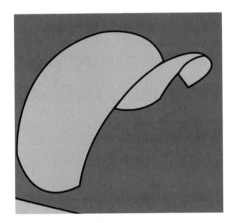

图 3-210

图 3-211

Step10 单击"形状 1"图层，新建图层，选择"钢笔工具"绘制面部，更改填充颜色，如图 3-212 所示。

Step11 新建图层，选择"钢笔工具"绘制脖子，如图 3-213 所示。

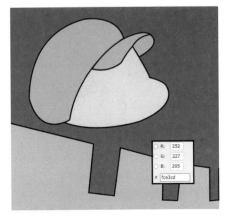

图 3-212

图 3-213

○ Step12 新建图层，选择"钢笔工具"绘制上衣部分，更改填充颜色，如图3-214所示。

○ Step13 新建图层，选择"钢笔工具"绘制裤子部分，如图3-215所示。

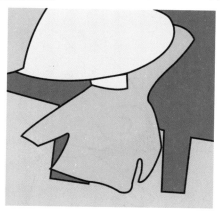

图 3-214

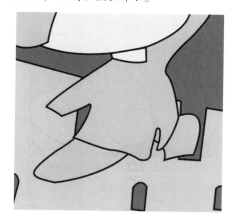

图 3-215

○ Step14 新建图层，选择"钢笔工具"绘制鞋部分，更改填充为黑色，描边为无，调整图层，如图3-216、图3-217所示。

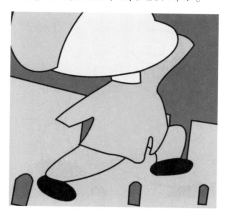

图 3-216

图 3-217

○ Step15 选择"椭圆工具"绘制眼睛和腮红，如图3-218所示。

○ Step16 新建图层，选择"钢笔工具"绘制头发部分，如图3-219所示。

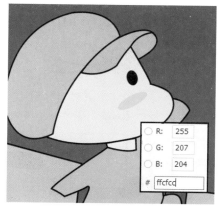

图 3-218

图 3-219

Step17 新建图层，选择"钢笔工具"绘制耳朵外轮廓，在选项栏中设置填充参数与描边参数，如图3-220所示。

Step18 新建图层，选择"钢笔工具"绘制耳朵内轮廓，如图3-221所示。

图 3-220

图 3-221

Step19 分别新建图层，选择"钢笔工具"绘制手部分，如图3-222所示。

Step20 分别新建图层，选择"钢笔工具"绘制领子部分，如图3-223所示。

图 3-222

图 3-223

Step21 新建图层，设置前景色为黑色，选择"画笔工具"，在选项栏中设置参数，绘制衣袖纹路，如图3-224、图3-225所示。

Step22 分别新建图层，选择"钢笔工具"绘制口袋部分，如图3-226所示。

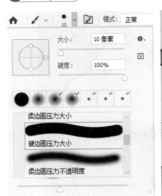

图 3-224

图 3-225

图 3-226

Step23 分别新建图层，选择"钢笔工具"绘制包包部分，如图3-227所示。

Step24 选择"画笔工具"绘制包包纹路，如图3-228所示。

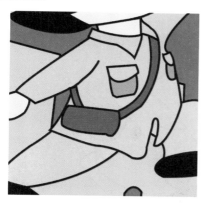

图 3-227

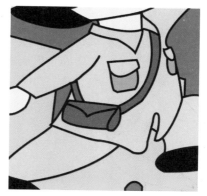

图 3-228

Step25 在包包图层下方新建图层，选择"钢笔工具"绘制腰带部分，在选项栏中更改填充参数，如图3-229、图3-230所示。

图 3-229

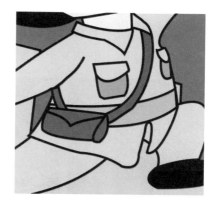

图 3-230

Step26 新建图层，选择"钢笔工具"绘制绑腿部分，在选项栏中更改填充颜色为白色，如图3-231所示。

Step27 新建图层，设置前景色为黑色，选择"画笔工具"绘制绑腿纹理，如图3-232所示。

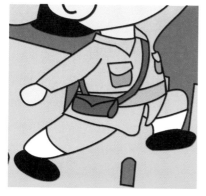

图 3-231

图 3-232

○ Step28) 新建图层，选择"钢笔工具"绘制小号主体部分，在选项栏中更改填充颜色，如图3-233所示。

○ Step29) 在选项栏中设置操作路径为"减去顶层形状"绘制闭合路径，如图3-234所示。

图 3-233

图 3-234

○ Step30) 新建图层，选择"钢笔工具"绘制小号其他部分，如图3-235所示。

○ Step31) 新建图层，选择"钢笔工具"绘制红飘带轮廓，如图3-236所示。

○ Step32) 新建图层，设置前景色为黑色，选择"画笔工具"绘制纹理，如图3-237所示。

图 3-235

图 3-236

图 3-237

第4章　图像修饰我在行

📄 内容导读：

本章主要对图像的修饰美化操作进行讲解，主要包括如何使用图章工具组、修复工具组、历史画笔工具组的工具修复图像；使用模糊工具组、色调（减淡）工具组的工具修饰图像；如何使用橡皮擦工具组的工具擦除图像。

🎯 学习目标：

● 掌握图像修复工具的使用方法
● 掌握图像修饰工具的使用方法
● 掌握图像擦除工具的使用方法

4.1 图像修复工具

Photoshop中包含多种图像修复工具，如仿制图章工具、图案图章工具、污点修复画笔工具、修复画笔工具、修补工具、内容感知移动工具、红眼工具、历史记录画笔工具以及历史记录艺术画笔工具。

重点 ### 4.1.1 仿制图章工具

仿制图章工具的作用是将取样图像应用到其他图像或同一图像的其他位置。仿制图章工具在操作前需要从图像中取样，然后将样本应用到其他图像或同一图像的其他部分。选择"仿制图章工具" ![icon]，显示其选项栏，如图4-1所示。

图 4-1

该选项栏中主要选项的功能介绍如下。

● 对齐：勾选该复选框，则可以对像素连续取样，而不会丢失当前的取样点；若取消勾选该复选框，则会在每次停止并重新开始绘画时使用初始取样点中的样本像素。

● 样本：从指定的图层中进行数据取样。若选择"当前图层"选项，只对当前图层进行取样；若选择"当前和下方图层"选项，则可以在当前图层和下方图层进行取样；若选择"所有图层"选项，则会从所有可视图层进行取样。

选择"仿制图章工具"，按住Alt键，在图像中单击取样，释放Alt键后单击即可仿制出取样处的图像，如图4-2、图4-3所示。

图 4-2

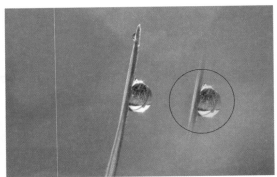

图 4-3

4.1.2 图案图章工具

图案图章工具用于复制图案，并对图案进行排列，但需要注意的是，该图案是在复制操作之前定义好的。选择"图案图章工具" ![icon]，显示其选项栏，如图4-4所示。

该选项栏中主要选项的功能介绍如下。

● 图案：单击·按钮，在弹出的下拉列表框中可以选择所需的图案样式。

图 4-4

- 对齐：单击该复选框，可保持图案与原始起点的连续性；取消该复选框，则每次单击鼠标都会重新应用图案。
- 印象派效果：勾选该复选框，绘制的图案具有印象派绘画的艺术效果。

 上手实操：应用图案图章工具

扫一扫 看视频

Step01 选择"图案图章工具"，设置画笔参数为200像素、柔边缘，如图4-5所示。

Step02 单击 按钮，在弹出的下拉列表中选择树图案，如图4-6所示。

图 4-5

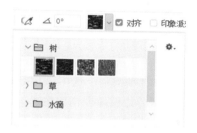

图 4-6

Step03 拖动绘制图案，如图4-7所示。

Step04 在"图层"面板中隐藏图层1，单击"创建新图层"囗按钮创建空白图层，如图4-8所示。

图 4-7

图 4-8

Step05 更改画笔为硬边缘，如图4-9所示。

Step06 勾选"印象派效果"复选框，拖动绘制图案，如图4-10所示。

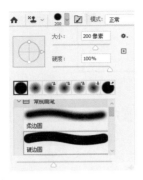

图 4-9

图 4-10

重点 4.1.3 污点修复画笔工具

污点修复画笔工具是将图像的纹理、光照和阴影等与所修复的图像进行自动匹配。该工具不需要进行取样定义样本，只要确定需要修补的图像的位置，然后在需要修补的位置单击并拖动鼠标，释放鼠标即可修复图像中的污点，快速除去图像中的瑕疵。选择"污点修复画笔工具" 🖌️，显示其选项栏，如图4-11所示。

图 4-11

该选项栏中主要选项的功能介绍如下。

- 类型-内容识别：选中该单选按钮，将使用附近的图像内容，不留痕迹地填充选区，同时保留让图像栩栩如生的关键细节，如阴影和对象边缘。
- 类型-创建纹理：选中该单选按钮，将使用选区中的所有像素创建一个用于修复该区域的纹理。
- 类型-近似匹配：选中该单选按钮，将使用选区边缘周围的像素来查找要用作选定区域修补的图像区域。
- 对所有图层取样：勾选该复选框，可使取样范围扩展到图像中所有的可见图层。

进阶案例：修复破损图像

扫一扫 看视频

本案例将练习使用仿制图章工具与污点修复画笔工具修补残缺图像，涉及的知识点主要是复制图层、仿制图章工具以及污点修复画笔工具的应用。下面将对具体的操作步骤进行介绍。

➡ Step01 将素材文件拖动至Photoshop，如图4-12所示。

➡ Step02 选择"仿制图章工具"，在选项栏中设置参数，按住Alt键在图像中单击取样，如图4-13所示。

➡ Step03 不停单击应用取样，如图4-14所示。

➡ Step04 使用相同的方法，使用"仿制图章工具"，按住Alt取样，单击遮盖破损高光部分，按[键和]键根据需要调整大小，如图4-15所示。

图 4-12

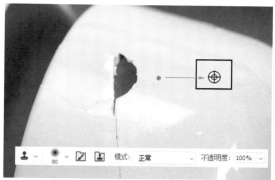

图 4-13

图 4-14

图 4-15

⟶ Step05 选择"污点修复画笔工具"，在需要修补的位置单击并拖动鼠标，如图4-16、图4-17所示。

图 4-16

图 4-17

4.1.4 修复画笔工具

修复画笔工具与污点修复画笔工具相似，最根本的区别在于在使用修复画笔工具前需要指定样本，即在无污点位置进行取样，再用取样点的样本图像来修复图像。修复画笔工具在修复时，在颜色上会与周围颜色进行一次运算，使其更好地与周围融合。选择"修复画笔工具"，显示其选项栏，如图4-18所示。

图 4-18

该选项栏中主要选项的功能介绍如下。

- 源：指定用于修复像素的源。选中"取样"可以使用当前图像的像素，而"图案"可以使用某个图案的像素。选中"图案"单选按钮可在其右侧的列表中选择已有的图案用于修复。
- 扩散：控制粘贴的区域以怎样的速度适应周围的图像。图像中如果有颗粒或精细的细节则选择较低的值，图像如果比较平滑则选择较高的值。

4.1.5　修补工具

修补工具和修复画笔工具类似，是使用图像中其他区域或图案中的像素来修复选中的区域。修补工具会将样本像素的纹理、光照和阴影与源像素进行匹配。选择"修补工具" ，显示其选项栏，如图4-19所示。

图 4-19

该选项栏中主要选项的功能介绍如下。

- 修补：设置修补方式。在该下拉列表框中可选择"正常"与"内容识别"选项。
- 源：选择该单选按钮，修补工具将从目标选区修补源选区。
- 目标：选择该单选按钮，则修补工具将从源选区修补目标选区。
- 透明：勾选该复选框，可使修补的图像与原图图像产生透明的叠加效果。

> ❝ **知识链接：**
>
> 　　修补工具的内容识别选项可合成附近的内容，以便与周围的内容无缝混合。在"修补"下拉列表框中选择"内容识别"，如图4-20所示。
>
>
>
> 图 4-20
>
> - 结构：输入 1 ~ 7 之间的值，以指定修补在反映现有图像图案时应达到的近似程度。若输入1，则修补内容将不必严格遵循现有图像的图案；若输入7，则修补内容将严格遵循现有图像的图案。
> - 颜色：输入0 ~ 10之间的值以指定Photoshop在多大程度上对修补内容应用算法颜色混合。若输入0，则将禁用颜色混合；若输入10，则将应用最大颜色混合。

♛ **进阶案例：使用修补工具"内容识别"**

扫一扫 看视频

本案例将练习使用修补工具"内容识别"修补残缺图像，涉及的知识点主要是复制图层、修补工具以及历史记录画笔工具的应用。下面将对具体的操作步骤进行介绍。

➲ Step01　将素材文件拖放至Photoshop中，打开素材图像，如图4-21所示。

Step02 选择"修补工具",在选项栏中的"修补"下拉列表框中选择"内容识别",按住鼠标绘制破损部分,如图4-22所示。

图 4-21

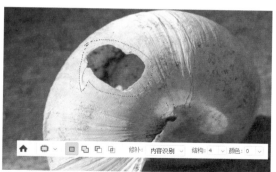

图 4-22

Step03 拖动调整位置,覆盖破损位置,如图4-23、图4-24所示。

图 4-23

图 4-24

Step04 选择"历史记录画笔工具",恢复部分图像,如图4-25所示。

Step05 使用相同的方法做细节调整,如图4-26所示。

图 4-25

图 4-26

4.1.6　内容感知移动工具

内容感知移动工具属于操作简单的智能修复工具。内容感知移动工具主要有两大功能。

● 感知移动功能:该功能主要是用来移动图片中的主体,并随意放置到合适的位置。移动后的空隙位置,软件会智能修复。

● 快速复制：选取想要复制的部分，移到其他需要的位置就可以实现复制，复制后的边缘会自动柔化处理，跟周围环境融合。

选择"内容感知工具"，显示其选项栏，如图4-27所示。

图 4-27

在"模式"选项中，若选择"移动"选项，实现"感知移动"功能；若选择"扩展"选项，则实现"快速复制"功能。

选择"内容感知移动工具"，按住鼠标左键并拖动画出选区，在选区中再按住鼠标左键拖动，移到想要放置的位置后释放鼠标后按Enter键即可，如图4-28、图4-29所示。

图 4-28

图 4-29

4.1.7　红眼工具

图 4-30

在使用闪光灯或在光线昏暗处进行人物拍摄时，拍出的照片中人物眼睛容易泛红，这种现象即我们常说的红眼现象。Photoshop提供的"红眼工具"可以去除照片中人物眼睛中红点，以恢复眼睛光感。选择"红眼工具"，显示其选项栏，如图4-30所示。

在选项栏中设置瞳孔大小及变暗程度，数值越大颜色越暗，在图像中红眼位置单击即可，如图4-31、图4-32所示。

图 4-31

图 4-32

4.1.8　历史记录画笔工具

历史记录画笔工具的主要功能是恢复图像，它与画笔工具选项栏相似，可用于设置画笔的样式、模式以及不透明度等。选择"历史记录画笔工具" ，显示其选项栏，如图4-33所示。

图 4-33

> **注意事项：**
>
> 历史记录画笔工具通常与"历史记录" 面板搭配使用。

进阶案例：还原图像部分效果

本案例将练习还原图像部分效果，涉及的知识点主要是复制图层、去色以及历史记录画笔工具的应用。下面将对具体的操作步骤进行介绍。

Step01 将素材文件拖放至Photoshop中，打开素材图像，如图4-34所示。

Step02 按Shift+Ctrl+U组合键去色，如图4-35所示。

图 4-34

图 4-35

Step03 选择"历史记录画笔工具" ，在选项栏中设置画笔参数，如图4-36所示。

Step04 单击并按住鼠标不放，同时在图像中需要恢复的位置处拖动，光标经过的位置即会恢复为上一步中为对图像进行操作的效果，而图像中未被修改过的区域将保持不变，如图4-37所示。

图 4-36

图 4-37

注意事项：

在操作过程中，画笔的大小不是一成不变的，可根据需要按 [或] 键快速调整画笔大小。

4.1.9　历史记录艺术画笔工具

使用"历史记录艺术画笔工具"恢复图像时，将产生一定的艺术笔触，常用于制作富有艺术气息的绘画图像。选择"历史记录艺术画笔工具" ，显示其选项栏，如图 4-38 所示。

图 4-38

该选项栏中主要选项的功能介绍如下。

- 样式：在其下拉列表框中选择一个选项来控制绘画描边的形状。
- 区域：输入数值指定绘画描边所覆盖的区域。数值越大，覆盖的区域就越大，描边的数量也就越多。
- 容差：输入数值以限定可应用绘画描边的区域。低容差可用于在图像中的任何地方绘制无数条描边；高容差将绘画描边限定在与源状态或快照中的颜色明显不同的区域。

选择"历史记录艺术画笔工具" ，在选项栏中设置参数，在图像上进行涂抹，如图4-39、图4-40所示。

图 4-39

图 4-40

4.2　图像修饰工具

在Photoshop中，图像修饰工具主要分为2组6个工具。模糊工具、锐化工具、涂抹工具可以对图像进行二次处理，对图像进行模糊、锐化、涂抹；减淡工具、加深工具、海绵工具可以对图像局部的明暗、饱和度进行调整。

重点 4.2.1　模糊工具

模糊工具不仅可以绘制模糊不清的效果，还可以用于修复图像中杂点或折痕，它是通过降低图像相邻像素之间的反差，使得僵硬的图像边界变得柔和，颜色过渡变得平缓，从而起到模糊图像局部的效果。选择"模糊工具" ○，显示其选项栏，如图4-41所示。

图 4-41

该选项栏中主要选项的功能介绍如下。

- 模式：用于设置像素的合成模式。
- 强度：用于控制模糊的程度。
- 对所有图层进行取样：勾选该复选框，则将模糊应用于所有可见图层；否则只应用于当前图层。

选择"模糊工具"，在选项栏中进行设置后将鼠标移动到需处理的位置，单击并拖动鼠标进行涂抹即可应用模糊效果，如图4-42、图4-43所示。

图 4-42

图 4-43

重点 4.2.2　锐化工具

锐化工具与模糊工具的使用效果正好相反，它是通过增强图像相邻像素之间的反差，使图像的边界变得明显。选择"锐化工具" △，显示其选项栏，如图4-44所示。

选择"锐化工具"，在选项栏中进行设置后将鼠标移动到需处理的位置，单击并拖动鼠标进行涂抹即可应用锐化效果，如图4-45、图4-46所示。

图 4-44

图 4-45

图 4-46

注意事项:

　　锐化工具在使用时需要适度涂抹，若过度涂抹，强度过大，可能会出现像素杂色，影响画面效果。

 上手实操：制作景深效果

扫一扫 看视频

Step01 将素材文件拖放至 Photoshop 中，打开素材图像，如图4-47所示。

Step02 选择"模糊工具"在除主体物之外的区域进行涂抹，如图4-48所示。

图 4-47

图 4-48

Step03 设置强度为50%涂抹主体边缘，如图4-49所示。

Step04 选择"锐化工具"，在选项栏中设置强度为60%，在除主体物之外的区域进行涂抹，如图4-50所示。

图 4-49

图 4-50

注意事项:

　　在调整过程中，可根据需要按[键或]键调整画笔大小。

4.2.3 涂抹工具

涂抹工具可以用于模拟在未干的绘画纸上拖动手指的动作，也可用于修复有缺憾的图像边缘。若图像中颜色与颜色之间的边界过渡强硬，则可以使用涂抹工具进行涂抹，以使边界柔和过渡。涂抹工具常常与路径结合使用，沿路径描边，制作出手绘效果。选择"涂抹工具"，显示其选项栏，如图4-51所示。

图 4-51

选择"涂抹工具"，在选项栏中进行设置后将鼠标移动到需处理的位置，单击并拖动鼠标进行涂抹即可应用涂抹柔和效果，如图4-52、图4-53所示。

图 4-52

图 4-53

注意事项：

在该选项栏中，若勾选"手指绘画"复选框，单击鼠标拖动时，则使用前景色与图像中的颜色相融合；若取消选择该复选框，则使用开始拖动时的图像颜色。

4.2.4 减淡工具

减淡工具可以对图像的暗部、中间调、亮部分别进行减淡处理。选择"减淡工具"，显示其选项栏，如图4-54所示。

图 4-54

该选项栏中主要选项的功能介绍如下。

● 范围：用于设置加深的作用范围，包括3个选项，分别为阴影、中间调和高光。"阴影"表示修改图像的暗部，如阴影区域等；"中间调"表示修改图像的中间色调区域，即介于阴影和高光之间的色调区域；"高光"表示修改图像的亮部。

● 曝光度：用于设置对图像色彩减淡的程度，取值范围为0 ～ 100%，输入的数值越大，

123

对图像减淡的效果就越明显。

- 保护色调：勾选该复选框后，使用加深或减淡工具进行操作时可以尽量保护图像原有的色调不失真。

选择"减淡工具"，在选项栏中进行设置后将鼠标移动到需处理的位置，单击并拖动鼠标进行涂抹即可应用减淡效果，如图4-55、图4-56所示。

图 4-55

图 4-56

4.2.5　加深工具

加深工具可以对图像色调进行加深处理，常用于阴影部分的处理。选择"加深工具"，显示其选项栏，如图4-57所示。

图 4-57

减淡工具和加深工具都是用于调整图像的色调，它们分别通过增加和减少图像的曝光度来变亮或变暗图像，其功能与"亮度/对比度"命令相类似。

选择"加深工具"，在选项栏中进行设置后将鼠标移动到需处理的位置，单击并拖动鼠标进行涂抹即可应用加深效果，如图4-58、图4-59所示。

图 4-58

图 4-59

4.2.6　海绵工具

海绵工具用于改变图像局部的色彩饱和度，因此对于黑白图像的处理效果很不明显。选择"海绵工具"，显示其选项栏，如图4-60所示。

图 4-60

　　"模式"选项用于选择改变饱和度的方式，其中包括"去色"和"加色"2种。在改变饱和度的过程中，流量越大效果越明显。勾选"自然饱和度"复选框，可以在增加饱和度的同时防止颜色过度饱和产生溢色现象。

　　选择"海绵工具"，在选项栏中进行设置后将鼠标移动到需处理的位置，单击并拖动鼠标进行涂抹即可应用海绵工具的去色效果，如图4-61、图4-62所示。

图 4-61

图 4-62

上手实操：增强明暗对比效果

扫一扫 看视频

Step01　将素材文件拖放至Photoshop中，打开素材图像，如图4-63所示。

Step02　选择"减淡工具"，在选项栏中设置参数，在背景处进行涂抹，如图4-64所示。

图 4-63

图 4-64

Step03　选择"加深工具"，在选项栏中设置参数，在图像上进行涂抹，如图4-65所示。

Step04　选择"减淡工具"，在选项栏中设置参数，再进行涂抹，如图4-66所示。

图 4-65

图 4-66

4.3 图像擦除工具

Photoshop提供了3种图像擦除工具：橡皮擦工具、背景橡皮擦工具和魔术橡皮擦工具，下面将对其进行详细介绍。

4.3.1 橡皮擦工具

橡皮擦工具主要用于擦除当前图像中的颜色。选择"橡皮擦工具" ，显示其选项栏，如图4-67所示。

图 4-67

该选项栏中主要选项的功能介绍如下。

- 模式：该工具可以使用画笔工具和铅笔工具的参数，包括笔刷样式、大小等。若选择"块"模式，橡皮擦工具将使用方块笔刷。
- 不透明度：若不想完全擦除图像，则可以降低不透明度。
- 抹到历史记录：在擦除图像时，可以使图像恢复到任意一个历史状态。该方法常用于恢复图像的局部到前一个状态。

橡皮擦工具在不同图层模式下有不同擦除效果，在背景图层下擦除，擦除的部分显示为背景色；在普通图层状态下擦除，擦除的部分为透明，如图4-68、图4-69所示。

图 4-68

图 4-69

重点 4.3.2 背景橡皮擦工具

背景橡皮擦工具可以用于擦除指定颜色，并将被擦除的区域以透明色填充。选择"背景橡皮擦工具" ，显示其选项栏，如图4-70所示。

图 4-70

该选项栏中主要选项的功能介绍如下。

● 取样：设置取样方式。单击"取样：连续" 按钮，拖动鼠标可以连续对颜色进行取样，出现在光标中心十字线以内的图像将被擦除；单击"取样：一次" 按钮，只擦除包含第1次单击处颜色的图像；单击"取样：背景" 按钮，只擦除包含背景色的图像。

● 限制：在该下拉列表中包含3个选项。若选择"不连续"选项，则擦除图像中所有具有取样颜色的像素；若选择"连续"选项，则擦除图像中与光标相连的具有取样颜色的像素；若选择"查找边缘"选项，则在擦除与光标相连区域的同时保留图像中物体锐利的边缘效果。

● 容差：可设置被擦除的图像颜色与取样颜色之间差异的大小，取值范围为0～100%。数值越小被擦除的图像颜色与取样颜色越接近，擦除的范围越小；数值越大则擦除的范围越大。

● 保护前景色：勾选该复选框，可防止具有前景色的图像区域被擦除。

扫一扫 看视频

进阶案例：使用背景橡皮擦工具更换背景

本案例将练习使用背景橡皮擦工具更换背景，涉及的知识点主要是背景橡皮擦工具、吸管工具以及置入图像的应用。下面将对具体的操作步骤进行介绍。

Step01 将素材文件拖放至Photoshop中，打开素材图像，如图4-71所示。

Step02 在"图层"面板中，单击"背景"图层后的"指示图层部分锁定" 按钮，解锁该图层，如图4-72所示。

图 4-71

图 4-72

Step03 选择"背景橡皮擦工具"，在选项栏中设置参数，如图4-73所示。

图 4-73

Step04 选择"吸管工具",现在蓝天的颜色为前景色,单击"切换前景色和背景色" ↰ 按钮进行切换,吸取楼房的为前景色,如图4-74所示。

Step05 单击"背景橡皮擦工具",擦除蓝天部分,如图4-75所示。

图 4-74

图 4-75

Step06 将素材图像拖动至图像编辑窗口置入图像,如图4-76所示。

Step07 调整图层顺序,如图4-77所示。

图 4-76

图 4-77

4.3.3 魔术橡皮擦工具

魔术橡皮擦工具是魔棒工具和背景橡皮擦工具的综合,它是一种根据像素颜色来擦除图像的工具,使用魔术橡皮擦工具可以一次性擦除图像或选区中颜色相同或相近的区域,从而得到透明区域。选择"魔术橡皮擦工具" ,显示其选项栏,如图4-78所示。

图 4-78

该选项栏中主要选项的功能介绍如下。

● 消除锯齿:勾选该复选框,将得到较平滑的图像边缘。

- 连续：勾选该复选框，可使擦除工具仅擦除与单击处相连接的区域。
- 对所有图层取样：勾选该复选框，将利用所有可见图层中的组合数据来采集色样，否则只对当前图层的颜色信息进行取样。

该工具能直接对背景图层进行擦除操作，而无须进行解锁。选择"魔术橡皮擦工具"单击擦除图像，如图4-79、图4-80所示。

图 4-79

图 4-80

综合实战：制作毛茸茸字体效果

扫一扫 看视频

本案例将练习制作毛茸茸字体效果，涉及的知识点主要是文字工具、栅格化文字、自由变换、杂色滤镜、模糊滤镜、涂抹工具、创建调整图层以及创建剪贴蒙版的应用。下面将对具体的操作步骤进行介绍。

Step01　将素材文件拖放至Photoshop中，打开素材图像，如图4-81所示。

Step02　选择"横排文字工具"输入D，在"字符"面板中设置参数，如图4-82所示。

图 4-81

图 4-82

Step03　在"图层"面板中，右击鼠标，在弹出的菜单中选择"栅格化文字"选项，如图4-83所示。

Step04　按Ctrl+T组合键自由变换，拖动定界框放大文字，如图4-84所示。

Step05　执行"滤镜＞杂色＞添加杂色"命令，在弹出的"添加杂色"对话框中设置参数，如图4-85、图4-86所示。

图 4-83

图 4-84

图 4-85

图 4-86

Step06 执行"滤镜＞模糊＞高斯模糊"命令，在弹出的"高斯模糊"对话框中设置参数，如图4-87所示。

Step07 执行"滤镜＞模糊＞径向模糊"命令，在弹出的"径向模糊"对话框中设置参数，如图4-88、图4-89所示。

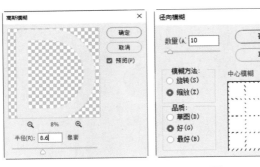

图 4-87

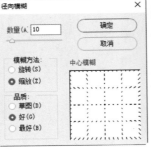

图 4-88

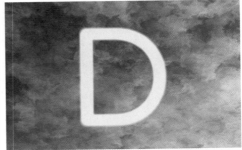

图 4-89

Step08 选择"涂抹工具"，在选项栏设置参数，如图4-90所示。

图 4-90

Step09 在边缘处进行涂抹，如图4-91、图4-92所示。

<table>
<tr><td>图 4-91</td><td>图 4-92</td></tr>
</table>

Step10　在"图层"面板，单击"创建新图层"按钮，创建新图层，按Ctrl+Alt+G组合键创建剪贴蒙版，如图4-93所示。

Step11　单击"前景色"按钮，在弹出的"拾色器"对话框中设置参数，如图4-94所示。

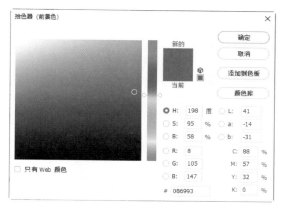

<table>
<tr><td>图 4-93</td><td>图 4-94</td></tr>
</table>

Step12　选择"画笔工具"，在选项栏中设置参数，不透明度为20%，如图4-95所示。

Step13　在D边缘处进行涂抹，如图4-96所示。

<table>
<tr><td>图 4-95</td><td>图 4-96</td></tr>
</table>

注意事项：

　　使用画笔工具时，按住Shift键可水平或垂直绘制。

第4章　图像修饰我在行

Step14 更改前景色为白色，在D中心处进行涂抹，如图4-97所示。

Step15 在"图层"面板中，单击"创建新的填充或调整图层" ◯ 按钮，在弹出的菜单中选择"亮度/对比度"选项，如图4-98所示。

图 4-97

图 4-98

Step16 在弹出的属性面板中设置参数，如图4-99、图4-100所示。

图 4-99

图 4-100

Step17 按Ctrl+Alt+G组合键创建剪贴蒙版，效果如图4-101、图4-102所示。

图 4-101

图 4-102

Step18 双击"D"图层，在弹出的"图层样式"对话框中勾选"投影"选项，设置参数，如图4-103、图4-104所示。

图 4-103

图 4-104

第5章　选区与填色不求人

内容导读：

　　本章主要对选区的编辑和颜色的设置进行讲解。选区的编辑主要包括使用选框工具组的工具创建选区，使用套索工具组、选择工具组的工具以及选区命令编辑选区；颜色设置主要包括如何使用填充工具组的工具以及相关拾色器与面板选择应用颜色。

学习目标：

- 熟悉选区命令的使用
- 掌握选区工具的操作方法
- 掌握选区的选择、修改、变换、描边以及填充方法
- 掌握颜色的吸取与应用设置

5.1 选区工具

在使用Photoshop处理图像时，经常要对图像中某区域进行单独的处理和操作，这就需要使用创建选区工具或命令把这个区域选择出来。下面将对相关的工具进行详细介绍。

重点 5.1.1 矩形选框工具

矩形选框工具可以在图像或图层中绘制出矩形或正方形选区。选择"矩形选框工具"[□]，显示其选项栏，如图5-1所示。

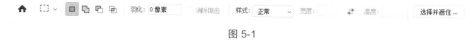

图 5-1

该选项栏中主要选项的功能介绍如下。

- 选区编辑按钮组 [□ □ □ □]：该按钮组又被称为"布尔运算"按钮组，各按钮的名称从左至右分别是新选区、添加到选区、从选区中减去及与选区交叉。
- 羽化：羽化是指通过创建选区边框内外像素的过渡来使选区边缘模糊，羽化宽度越大，则选区的边缘越模糊，此时选区的直角处也将变得圆滑。如图5-2、图5-3分别为羽化0像素、羽化20像素效果。

图 5-2

图 5-3

📖 知识链接：

当设置的"羽化"数值过大，Photoshop会弹出警示对话框，如图5-4所示。

图 5-4

- 样式：在该下拉列表中有"正常""固定比例"和"固定大小"3种选项，用于设置选区的形状。
- 选择并遮住：单击该按钮与执行"选择>选择并遮住"命令相同，在弹出的对话框中可以对选区进行平滑、羽化、对比度等处理。

知识链接：

选区编辑按钮组中各选项的具体含义介绍如下。

● 单击"新选区"■按钮，表示选择新的选区。
● 单击"添加到选区"按钮，表示可以连续选择选区，将新的选择区域添加到原来的选择区域里。
● 单击"从选区减去"按钮，表示选择范围为从原来的选择区域里减去新的选择区域。
● 单击"与选区交叉"按钮，表示选择的是新选择区域和原来的选择区域相交的部分。

上手实操：使用矩形选框工具调整图像

扫一扫 看视频

Step01 将素材文件拖放至 Photoshop 中，打开素材图像，如图 5-5 所示。

Step02 按 Ctrl+J 组合键复制图层并向上移动，如图 5-6 所示。

图 5-5

图 5-6

Step03 选择"矩形选框工具"绘制选区（沿大腿为界），如图 5-7 所示。

Step04 按 Ctrl+T 组合键自由变换，按住 Shift 键向下拖动，按 Enter 键完成变换，按 Ctrl+D 组合键取消选区，如图 5-8 所示。

图 5-7

图 5-8

重点 5.1.2 椭圆选框工具

椭圆选框工具可以在图像或图层中绘制出圆形或椭圆形选区。选择"椭圆选框工具" ○，显示其选项栏，如图 5-9 所示。

图 5-9

在选项栏中"消除锯齿"是通过柔化像素边缘像素与背景像素之间的颜色过渡效果，来使边缘变得平滑。如图 5-10、图 5-11 所示为勾选和未勾选"消除锯齿"复选框的对比图。

图 5-10

图 5-11

选择"椭圆选框工具" ○，在图像中单击并拖动光标，绘制出椭圆形的选区，如图 5-12 所示。若要绘制椭圆形的选区，则可以按住 Shift 键的同时在图像中单击并拖动光标，绘制出的选区即为正圆形，如图 5-13 所示。

图 5-12

图 5-13

5.1.3 单行 / 单列选框工具

单行 / 单列选框工具可以在图像或图层中绘制出一个像素宽的横线或竖线区域，常用来制作网格效果。

选择"单行选框工具" ▭，在图像中单击即可绘制出单行或单列选区，若连续增加选区，可以选择"添加到选区"按钮 ▢，或按住 Shift 键进行绘制，如图 5-14 所示；更改"单列选框工具" ▯，按住 Shift 键继续增加选区，如图 5-15 所示。

图 5-14   图 5-15

重点 5.1.4   套索工具

使用"套索工具" 📿 可以创建任意形状的选区，操作时只需要在图像窗口中按住鼠标进行绘制，释放鼠标后即可创建选区，按住 Shift 键增加选区，按 Alt 键减去选区，如图 5-16、图 5-17 所示。

图 5-16   图 5-17

注意事项:

如果所绘轨迹是一条闭合曲线，则选区即为该曲线所选范围；若轨迹是非闭合曲线，则套索工具会自动将该曲线的两个端点以直线连接，从而构成一个闭合选区。

重点 5.1.5   多边形套索工具

使用多边形套索工具可以创建具有直线轮廓的多边形选区。其原理是使用线段作为选区局部的边界，由鼠标连续单击生成的线段连接起来形成一个多边形的选区。

选择"多边形套索工具" 🔽，在图像中单击创建出选区的起始点，沿要创建选区的轨迹依次单击鼠标，创建出选区的其他端点，最后将光标移动到起始点，当光标变成 🔽 形状时，单击即可创建出需要的选区，如图 5-18 所示。若不回到起点，在任意位置双击鼠标也会自动在起点和终点间生成一条连线作为多边形选区的最后一条边，如图 5-19 所示。

图 5-18

图 5-19

 进阶案例：更换背景图像

扫一扫 看视频

　　本案例将练习使用多边形套索工具更换背景图像，涉及的知识点主要是多边形套索工具、置入图像以及自由变换的应用。下面将对具体的操作步骤进行介绍。

● Step01　将素材文件拖放至Photoshop中，打开素材图像，如图5-20所示。

● Step02　在"图层"面板中单击锁图标，解锁背景图层，如图5-21所示。

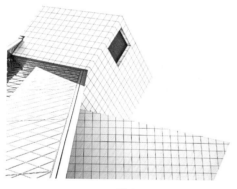

图 5-20

图 5-21

● Step03　选择"多边形套索工具"，沿建筑边缘创建选区，如图5-22、图5-23所示。

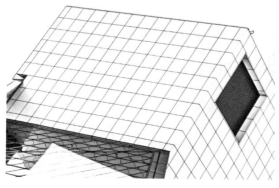

图 5-22

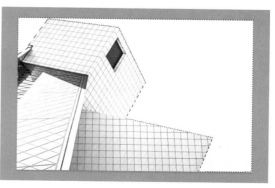

图 5-23

Step04 按Delete键删除选区，按Ctrl+D组合键取消选区，如图5-24所示。

Step05 执行"文件＞置入嵌入对象"命令，在弹出的对话框中选择目标图像置入，如图5-25所示。

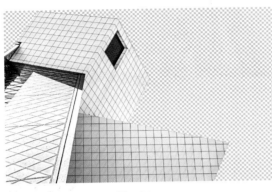

图 5-24

图 5-25

Step06 拖动定界框调整图像大小，按Enter键完成调整，如图5-26所示。

Step07 在"图层"面板中调整图层顺序，如图5-27所示。

图 5-26

图 5-27

Step08 按Shift+U组合键，在弹出的"色彩平衡"对话框中设置参数，如图5-28所示。

Step09 最终效果如图5-29所示。

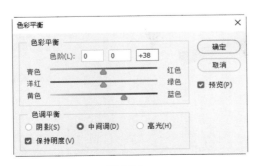

图 5-28

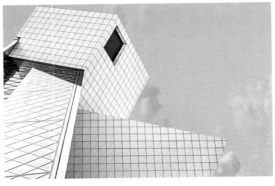

图 5-29

5.1.6 磁性套索工具

虽然使用套索工具和多边形套索工具可以创建任意形状的选区，但是很难精确定位选区边界。对于选择细节丰富的图像，可以选用磁性套索工具。

选择"磁性套索工具" 🧲，在图像窗口中需要创建选区的位置单击确定选区起始点，沿选区的轨迹拖动鼠标，系统将自动在鼠标移动的轨迹上选择对比度较大的边缘产生节点，如图5-30所示。当光标回到起始点变为 🔖 形状时单击，即可创建出精确的不规则选区，如图5-31所示。

图 5-30

图 5-31

5.1.7 对象选择工具

对象选择工具可简化在图像中选择单个对象或对象的某个部分（人物、汽车、家具、宠物、衣服等）的过程。只需在对象周围绘制矩形区域或套索，对象选择工具就会自动选择已定义区域内的对象。该工具适用于处理定义明确对象的区域。

选择"对象选择工具" 🔲，显示其选项栏，如图5-32所示。

图 5-32

该选项栏中主要选项的功能介绍如下。

● 模式：选取一种选择模式并定义对象周围的区域。可选择"矩形"或"套索"模式。
　如图5-33、图5-34所示为选择"矩形"模式定义对象周围的区域。

图 5-33

图 5-34

- 自动增强：勾选该复选框，自动增强选区边缘。
- 减去对象：勾选该复选框，在定义区域内查找并自动减去对象。
- 选择主体：单击该按钮，从图像中最突出的对象创建选区。

重点 5.1.8 快速选择工具

使用快速选择工具可以利用可调整的圆形笔尖根据颜色的差异迅速地绘制出选区。选择"快速选择工具" ，显示其选项栏，如图5-35所示。

图 5-35

使用快速选择工具创建选区时，其选取范围会随着光标移动而自动向外扩展并自动查找和跟随图像中定义的边缘，按住Shift和Alt键增减选区大小，如图5-36、图5-37所示。

图 5-36　　　　　　　　　　　　　　　　图 5-37

👑 **进阶案例：抠取部分图像**

扫一扫 看视频

本案例将练习使用快速选择工具，涉及的知识点主要是多边形套索工具、置入图像以及自由变换的应用。下面将对具体的操作步骤进行介绍。

➡ Step01 将素材文件拖放至Photoshop中，打开素材图像，如图5-38所示。

➡ Step02 选择"对象选择工具"框选蛋糕部分，如图5-39所示。

图 5-38　　　　　　　　　　　　　　　　图 5-39

Step03 软件自动为选择区域内的对象创建选区，如图5-40所示。

Step04 选择"快速选择工具"，调整蛋糕边缘部分，按住Shift和Alt键增减选区大小，如图5-41所示。

图 5-40

图 5-41

Step05 按[键和]键根据需要调整大小，最终调整效果如图5-42所示。

Step06 按Ctrl+J组合键复制选区，如图5-43所示。

图 5-42

图 5-43

Step07 单击背景图层前的"指示图层可见性" ⊙ 隐藏背景图层，如图5-44、图5-45所示。

图 5-44

图 5-45

注意事项：

在创建选区抠取图像时，可使用多个工具进行搭配使用。

重点 5.1.9 魔棒工具

魔棒工具是根据颜色的色彩范围来确定选区的工具，能够快速选择色彩差异大的图像区域。选择"魔棒工具" 💉，显示其选项栏，在选项栏中设置"容差"以辅助软件对图像边缘进行区分，一般情况下容差值设置为30px。将光标移动到需要创建选区的图像中，当其变为 💉 形状时单击即可快速创建选区，如图5-46、图5-47所示。

图 5-46

图 5-47

5.2 选区命令

选区命令可快速创建选区，主要执行"选择"命令下的子命令，例如色彩范围、焦点区域以及主体。

重点 5.2.1 色彩范围

"色彩范围"命令的原理是根据色彩范围创建选区，主要针对色彩进行操作。执行"选择>色彩范围"命令，打开"色彩范围"对话框，如图5-48所示。

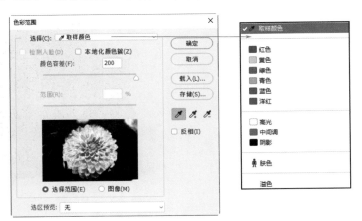
图 5-48

该对话框中主要选项的功能介绍如下。

● 选择：用于选择预设颜色。

- 颜色容差：用于设置选择颜色的范围，数值越大，选择颜色的范围越大；反之，选择颜色的范围就越小。拖动下方滑动条上的滑块可快速调整数值。
- 预览区：用于显示预览效果。选中"选择范围"单选按钮，在预览区中白色表示被选择的区域，黑色表示未被选择的区域；选中"图像"单选按钮，预览区内将显示原图像。
- 吸管工具组 🖊🖊🖊：用于在预览区中单击取样颜色，🖊和🖊工具分别用于增加和减少选择的颜色范围。

👑 进阶案例：执行"色彩范围"命令更改背景颜色

扫一扫　看视频

本案例将练习执行"色彩范围"命令更改背景颜色，涉及的知识点主要是色彩范围命令、吸管工具以及油漆桶工具的应用。下面将对具体的操作步骤进行介绍。

- Step01　将素材文件拖放至Photoshop中，打开素材图像，如图5-49所示。
- Step02　执行"选择＞色彩范围"命令，在弹出的对话框中设置参数，如图5-50所示。

图 5-49

图 5-50

- Step03　单击"确定"按钮，效果如图5-51所示。
- Step04　单击"前景色"按钮，在弹出的"拾色器"对话框中设置颜色，如图5-52所示。

图 5-51

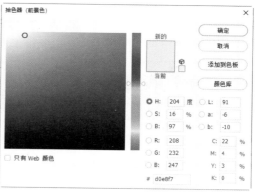

图 5-52

- Step05　选择"油漆桶工具"🪣，单击左上方填充颜色，如图5-53所示。
- Step06　单击"前景色"按钮，在弹出的"拾色器"对话框中设置颜色，如图5-54所示。

图 5-53

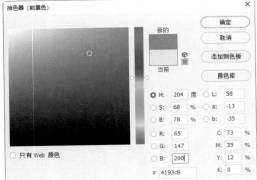

图 5-54

⮕ Step07) 选择"油漆桶工具"，单击右下方填充颜色，如图 5-55 所示。

⮕ Step08) 选择"吸管工具"吸取颜色，如图 5-56 所示。

图 5-55　　　　　　　　　　　　　　　　　图 5-56

⮕ Step09) 选择"油漆桶工具"，单击轮胎下方的矩形条填充颜色，如图 5-57 所示。

⮕ Step10) 按 Ctrl+D 组合键取消选区，如图 5-58 所示。

图 5-57　　　　　　　　　　　　　　　　　图 5-58

5.2.2　焦点区域

　　"焦点区域"命令可以轻松地选择位于焦点中的图像区域/像素。保留焦点位置的图像，删除焦点外的图像。执行"选择＞焦点区域"命令，弹出"焦点区域"对话框，如图 5-59 所示。

　　该对话框中主要选项的功能介绍如下。

- 视图：选区视图以提高可见性。按F键可循环切换视图。
- 焦点对准范围：调整以优化焦点范围。
- 图像杂色级别：在含杂色的图像中选定过多背景时增加图像级别。
- 输出到：在弹出的下拉列表框中设置输出方式。

图 5-59

 上手实操：执行"焦点区域"命令抠图

扫一扫 看视频

Step01　将素材文件拖放至Photoshop中，打开素材图像，如图5-60所示。

Step02　执行"选择＞焦点区域"命令，在弹出的对话框中设置参数，如图5-61所示。

图 5-60

图 5-61

Step03　单击"从选区减去" 按钮，在图像上单击调整，如图5-62所示。

Step04　单击"确定"按钮，如图5-63所示。

图 5-62

图 5-63

5.2.3 主体

"主体"命令可自动选择图像中最突出的主体。执行该命令的常见方式如下。

- 在编辑图像时，执行"选择＞主体"命令。
- 使用"对象选择工具""快速选择工具"或"魔棒工具"时，单击选项栏中的"选择主体"按钮。
- 使用"选择并遮住"工作区中的"对象选择工具"或"快速选择工具"时，单击选项栏中的"选择主体"按钮。

如图5-64、图5-65所示为执行"选择＞主体"命令前后效果对比图。

图 5-64

图 5-65

5.3 编辑选区

　　常见的选区基本编辑操作包括基础的全选/取消选区、反选选区、变换选区、存储选区和载入选区。除了一些基本的选区操作，还可以对其进行编辑处理，例如选择并遮住、调整选区、扩大选取、选区相似、填充选区以及描边选区。

5.3.1 全选/取消选区

全选选区即将图像整体选中。执行"选择＞全部"命令或按Ctrl+A组合键即可。
取消选区有3种方法：

- 执行"选择＞取消选择"命令。
- 按Ctrl+D组合键。
- 选择任意选区创建工具，在"新选区"模式下单击图像中任意位置即可取消选区。

5.3.2 反选选区

　　反选选区是指快速选择当前选区外的其他图像区域，而当前选区将不再被选择。反选选区有3种常见的方法：

- 执行"选择＞反向"命令。
- 单击鼠标右键，在弹出的菜单中选择"选择反向"选项。
- 按Ctrl+Shift+I组合键。

选取图像中除选区以外的其他图像区域，如图 5-66、图 5-67 所示。

图 5-66

图 5-67

5.3.3　变换选区

"变换选区"与"自由变换"比较相似，通过变换选区可以改变选区的形状，包括缩放和旋转等，变换时只是对选区进行变换，选区内的图像将保持不变。

执行"选择>变换选区"命令，或在选区上单击鼠标右键，在弹出的菜单中选择"变换选区"选项，在选区的四周出现调整控制框，移动控制框上控制点即可调整选区形状，默认情况下是等比缩放，按住 Alt 键从中心等比例缩放，也可以对选区进行旋转、缩放、斜切等操作，如图 5-68 所示。按住 Ctrl 键可以自由变化选区，如图 5-69 所示。

图 5-68

图 5-69

注意事项：

变换选区和自由变换不同，变换选区是对选区进行变化，而自由变换是对选定的图像区域进行变换。

5.3.4　存储／载入选区

对于创建好的选区，如果需要多次使用，可以将其进行存储。执行"选择>存储选区"命令，弹出"存储选区"对话框，如图 5-70 所示。设置选项参数，将当前的选区存放到一个 Alpha 通道中，以备以后使用。

图 5-70

图 5-71

该对话框中主要选项的功能介绍如下。

● 文档：设置保存选区的目标图像文件，默认为当前图像，若选择"新建"选项，则将其保存到新建的图像中。
● 通道：设置存储选区的通道。
● 名称：输入要存储选区的名称。
● 新建通道：选中该单选按钮表示为当前选区建立新的目标通道。

使用载入选区命令可以调出 Alpha 通道中存储过的选区。执行"选择>载入选区"命令，弹出"载入选区"对话框，如图 5-71 所示。在其"文档"下拉列表中选择刚才保存的选区，在"通道"下拉列表中选择存储选区的通道名称，在"操作"选项区中选择载入选区后与图像中现有选区的运算方式，完成后单击"确定"按钮即可载入选区。

重点 5.3.5 "选择并遮住"工作区

"选择并遮住"命令可以对选区的边缘、平滑、对比度等属性进行调整，从而提高选区边缘的品质，可以在不同的视图下查看创建的选区。执行该命令的常见方式有：

● 执行"选择>选择并遮住"；
● 按 Ctrl+Alt+R 组合键；
● 启用选区工具"对象选择工具""快速选择工具""魔棒工具"或"套索工具"，在选项栏中单击"选择并遮住"按钮。

执行"选择>选择并遮住"命令，弹出其工作区，如图 5-72 所示。

图 5-72

（1）工具概览

该工作区右侧有 7 种选区工具，可创建选区或对选区边缘进行微调。该选区工具分别为"快速选择工具" 、"调整边缘画笔工具" 、"画笔工具" 、"对象选择工具" 、"套索工具" 、"抓手工具" 以及"缩放工具" 。

（2）视图模式

从"视图"弹出菜单中，为选区选择以下一种视图模式，如图 5-73 所示。按 F 键可以在各个模式之间循环切换，按 X 键可以暂时禁用所有模式。

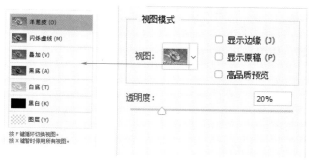

图 5-73

- 洋葱皮：将选区显示为动画样式的洋葱皮结构。
- 闪烁虚线：将选区边框显示为闪烁虚线。
- 叠加：将选区显示为透明颜色叠加。未选中区域显示为该颜色。默认颜色为红色。
- 黑底：将选区置于黑色背景上。
- 白底：将选区置于白色背景上。
- 黑白：将选区显示为黑白蒙版。
- 图层：将选区周围变成透明区域。
- 显示边缘：显示调整区域。
- 显示原始选区：显示原始选区。
- 高品质预览：渲染更改的准确预览。此选项可能会影响性能。选择此选项后，在处理图像时，按住鼠标左键（向下滑动）可以查看更高分辨率的预览。取消选择此选项后，即使向下滑动鼠标时，也会显示更低分辨率的预览。
- 透明度 / 不透明度：为"视图模式"设置透明度 / 不透明度。

（3）边缘检测

"边缘检测"选项组中有两个选项，可以轻松地抠出细密的毛发，如图 5-74 所示。

图 5-74

- 半径：确定发生边缘调整的选区边框的大小。对锐边使用较小的半径，对较柔和的边缘使用较大的半径。
- 智能半径：允许选区边缘出现宽度可变的调整区域。若选区是涉及头发和肩膀的人物肖像，则此选项会十分有用。

（4）全局调整

"全局调整"选项组中有 4 个选项，主要用来全局调整，对选区进行平滑、羽化和扩展等处理，如图 5-75 所示。

- 平滑：减少选区边界中的不规则区域（"山峰"和"低谷"）以创建较平滑的轮廓。

图 5-75

- 羽化：模糊选区与周围的像素之间的过渡效果。
- 对比度：增大时，沿选区边框的柔和边缘的过渡会变得不连贯。通常情况下，使用"智能半径"选项调整工具效果会更好。
- 移动边缘：使用负值向内移动柔化边缘的边框，或使用正值向外移动这些边框。向内移动这些边框有助于从选区边缘移去不想要的背景颜色。

（5）输出设置

"输出设置"选项组中有3个选项，主要是用来消除选区边缘杂色以及设置选区的输出方式，如图5-76所示。

图 5-76

- 净化颜色：将彩色边替换为附近完全选中的像素的颜色。颜色替换的强度与选区边缘的软化度是成比例的。调整滑块以更改净化量。默认值为 100%（最大强度）。由于此选项更改了像素颜色，因此它需要输出到新图层或文档。请保留原始图层，这样就可以在需要时恢复到原始状态。
- 输出到：决定调整后的选区是变为当前图层上的选区或蒙版，还是生成一个新图层或文档。
- 记住设置：勾选该复选框，可存储设置，用于以后的图像。设置会重新应用于以后的所有图像。

注意事项：

单击"复位工作区" 按钮，可快速进入默认的原始状态。

进阶案例：抠取边缘复杂的宠物

扫一扫 看视频

本案例将练习使用"选择并遮住"抠取复杂的动物，并为其更换背景，涉及的知识点主要是对象选择工具、选择并遮住以及置入图像的应用。下面将对具体的操作步骤进行介绍。

Step01 将素材文件拖放至Photoshop中，打开素材图像，如图5-77所示。

Step02 选择"对象选择工具"拖动框选主体物，如图5-78所示。

图 5-77

图 5-78

Step03 单击选项栏中的"选择并遮住"按钮，进入其工作区，调整"视图"为"叠加"，如图5-79、图5-80所示。

图 5-79

图 5-80

Step04 选择"调整边缘画笔工具" ✔，在选项栏中设置参数，如图5-81所示。

Step05 在未选中的毛发边缘处涂抹，如图5-82所示。

图 5-81

图 5-82

Step06 勾选"净化颜色"复选框，如图5-83、图5-84所示。

图 5-83

图 5-84

Step07 单击"确定"，效果如图5-85所示。

Step08 执行"文件＞置入嵌入对象"命令，在弹出的对话框中选择目标图像置入，如图5-86所示。

图 5-85　　　　　　　　　　　　　　　图 5-86

Step09　拖动定界框调整图像大小，按Enter键完成调整，在"图层"面板中调整图层顺序，如图5-87、图5-88所示。

图 5-87　　　　　　　　　　　　　　　图 5-88

重点 5.3.6　修改选区

创建选区后还可以对选区的大小范围进行一定的调整和修改。执行"选择>修改"命令，在弹出的子菜单中选择相应命令即可实现对应的功能，包括"边界""平滑""扩展""收缩""羽化"5种命令。

（1）边界

边界也叫扩边，即指用户可以在原有的选区上再套用一个选区，填充颜色时则只能填充两个选区中间的部分。执行"选择>修改>边界"命令，弹出"边界选区"对话框，在"宽度"文本框中输入数值，单击"确定"按钮即可。通过边界选区命令创建出的选区是带有一定模糊过渡效果的选区，填充选区即可看出，如图5-89、图5-90所示。

（2）平滑

平滑选区是指调节选区的平滑度，清除选区中杂散像素以及平滑尖角和锯齿。执行"选择>修改>平滑"命令，弹出"平滑选区"对话框，在"取值半径"文本框中输入数值，单击"确定"按钮即可，如图5-91、图5-92所示。

（3）扩展

扩展选区即按特定数量的像素扩大选择区域，通过扩展选区命令能精确扩展选区的范围。执行"选择>修改>扩展"命令，弹出"扩展选区"对话框，在"扩展量"文本框中输入数值，单击"确定"按钮即可，如图5-93、图5-94所示。

154

图 5-89

图 5-90

图 5-91

图 5-92

图 5-93

图 5-94

（4）收缩

　　收缩与扩展相反，收缩即按特定数量的像素缩小选择区域，通过收缩选区命令可去除一些图像边缘杂色，让选区变得更精确，选区的形状也没有改变。执行"选择＞修改＞收缩"命令，弹出"收缩选区"对话框，在"收缩量"文本框中输入数值，单击"确定"按钮即可，如图5-95、图5-96所示。

图 5-95 　　　　　　　　　　　　　　　　　图 5-96

（5）羽化

羽化选区的目的是使选区边缘变得柔和，从而使选区内的图像与选区外的图像自然地过渡，常用于图像合成实例中。

- 创建选区前羽化：使用选区工具创建选区前，在其对应选项栏的"羽化"文本框中输入一定数值后再创建选区，这时创建的选区将带有羽化效果。
- 创建选区后羽化：创建选区后执行"选择＞修改＞羽化"命令或按Shift+F6组合键，弹出"羽化选区"对话框，设置羽化半径，单击"确定"按钮即可完成选区的羽化操作。羽化前后对比效果图如图5-97、图5-98所示。

图 5-97 　　　　　　　　　　　　　　　　　图 5-98

> **❝ 知识链接：**
>
> 对选区内的图像进行复制、移动、填充等操作才能看到图像边缘的羽化效果。

5.3.7　扩大选区与选区相似

扩大选区是基于"魔棒工具"选项栏中"容差"范围来决定选区的扩展范围。使用"魔棒工具"在图像中单击选取部分选区，执行"选择＞扩大选区"命令，或单击鼠标右键，在弹出的菜单中选择"扩大选区"选项，系统会自动查找与选区色调相近的像素，从而扩大选区，如图5-99、图5-100所示。

图 5-99

图 5-100

选区相似与扩大选区类似，都是基于魔棒工具选项栏中"容差"范围来决定选区的扩展范围。使用"魔棒工具"在图像中单击选取部分选区，执行"选择＞选区相似"命令，或单击鼠标右键，在弹出的菜单中选择"选取显示"选项，系统会自动在整张图像中查找与选区色调相近的像素，从而扩大选区，如图5-101、图5-102所示。

图 5-101

图 5-102

5.3.8　填充选区

使用填充命令可为整个图层或图层中的一个区域进行填充，填充的方式有4种。

- 执行"编辑＞填充"命令；
- 在建立选区之后鼠标右击，在弹出的菜单中选择"填充"选项；
- 按Shift+F5组合键；
- 按Delete键。

弹出"填充"对话框，如图5-103所示。

图 5-103

注意事项：

按Alt+Delete组合键直接填充前景色；按Ctrl+Delete组合键直接填充背景色。

上手实操：使用填充中的内容识别覆盖部分图像

Step01 将素材文件拖放至Photoshop中，打开素材图像，如图5-104所示。 扫一扫 看视频

Step02 选择"矩形选框工具"，框选主体图像，如图5-105所示。

图 5-104

图 5-105

Step03 按Delete键，在弹出的"填充"对话框中设置参数，如图5-106所示。

Step04 按Ctrl+D组合键取消选区，如图5-107所示。

图 5-106

图 5-107

5.3.9 描边选区

图 5-108

描边命令和填充命令类似，使用描边命令可以在选区、路径或图层周围创建不同的边框效果，选区描边一共有3种方法。

- 执行"编辑＞描边"命令；
- 在建立选区之后鼠标右击，在弹出的菜单中选择"描边"选项；
- 按Alt+E+S组合键。

弹出"描边"对话框，如图5-108所示。

5.4 颜色设置

色彩是设计的灵魂，任何图像都离不开颜色。在Photoshop中使用画笔、文字、渐变、蒙版、填充以及描边等工具都需要设置相应的颜色。

重点 5.4.1 前景色与背景色

Photoshop使用前景色来绘画、填充和描边选区；使用背景色来生成渐变填充和在图像已抹除的区域中填充。一些特殊效果滤镜也使用前景色和背景色。在Photoshop中工具箱底部有一组前景色和背景色的设置按钮，默认前景色是黑色，默认背景色是白色，如图5-109所示。

图 5-109

- 前景色：单击该按钮，在弹出的拾色器选取一种颜色为前景色。
- 背景色：单击该按钮，在弹出的拾色器选取一种颜色为背景色。
- 切换颜色↰按钮：单击该按钮或按X键，切换前景色和背景色。
- 默认颜色▣按钮：单击该按钮或按D键，恢复默认前景色和背景色。

注意事项：

在Alpha通道中，默认前景色是白色，默认背景色是黑色。

5.4.2 拾色器

在拾色器中，可以使用4种颜色模型来选取颜色：HSB、RGB、Lab和CMYK，如图5-110所示。使用拾色器可以设置前景色、背景色和文本颜色，也可以为不同的工具、命令和选项设置目标颜色。

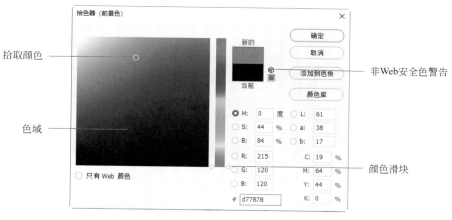

图 5-110

该对话框中主要选项的功能介绍如下。

- 色域/拾取颜色：在色域中拖动鼠标调整当前拾取颜色。
- 新的/当前："新的"颜色块中显示的是当前所设置的颜色；"当前"颜色块中显示的是上一次设置的颜色。

- 非Web安全色警告 ⬡：该警告图标表示当前设置的颜色不能在网络上准确地显示出来，单击该图标下的颜色色块，可以将颜色替换为最接近的Web安全色。
- 颜色滑块：拖动该滑块更改颜色可选范围。使用色域和颜色滑块调整颜色时，相应的数值发生相应的改变。
- 颜色值：显示当前颜色色值，可通过输入具体的数值进行设置颜色。
- 只有Web颜色：勾选该复选框，在色域中显示Web安全色，如图5-111所示。
- 颜色库：单击该按钮，弹出"颜色库"对话框，在该对话框中可根据需要选择预设颜色，如图5-112所示。

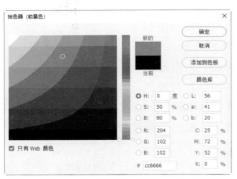

图 5-111

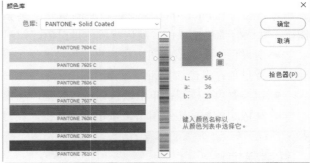

图 5-112

重点 5.4.3　吸管工具

吸管工具采集色样以指定新的前景色或背景色。选择"吸管工具" 🖋，可以从现有图像或屏幕上的任何位置采集色样拾取颜色，如图5-113所示。按住Alt键的同时单击任意位置拾取背景色，如图5-114所示。

图 5-113

图 5-114

注意事项：

　　若要拾取画布外的颜色，可单击鼠标右键拖动进行拾取颜色，如图5-115所示。

图 5-115

重点 5.4.4 油漆桶工具

油漆桶工具可以自图像中填充前景色和图案。若创建了选区，填充的区域为当前区域；若没创建选区，填充的是与鼠标吸取处颜色相近的区域。选择"油漆桶工具" ◇，显示其选项栏，如图5-116所示。

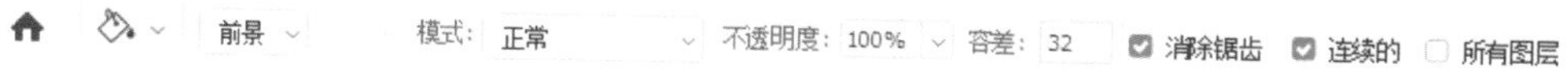

图 5-116

该选项栏中主要选项的功能介绍如下。

● 填充：可选择前景或图案两种填充。当选择图案填充时，可在后面的下拉列表中选择相应的图案。
● 不透明度：用于设置填充的颜色或图案的不透明度。
● 容差：用于设置油漆桶工具进行填充的图像区域。
● 消除锯齿：用于消除填充区域边缘的锯齿形。
● 连续的：若选择此选项，则填充的区域是和鼠标单击点相似并连续的部分；若不选择此项，则填充的区域是所有和鼠标单击点相似的像素，无论是否和鼠标单击点相连续。
● 所有图层：选择表示作用于所有图层。

新建图层选区和直接使用"油漆桶工具"对比如图5-117、图5-118所示。

图 5-117

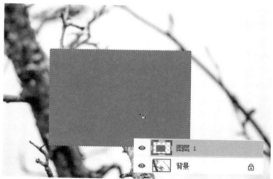

图 5-118

5.4.5 "颜色"面板

执行"窗口＞颜色"命令，弹出"颜色"面板，该面板中显示了当前前景色和背景色的颜色值。单击"菜单"按钮，可在弹出的菜单中切换不同模式的滑块与色谱，如图5-119、图5-120所示为RGB与CMYK滑块面板。拖动面板中的滑块，可以利用几种不同的颜色模型来编辑前景色和背景色，也可以从显示在面板底部的四色曲线图中的色谱中选取前景色或背景色。

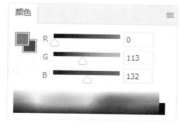

图 5-119

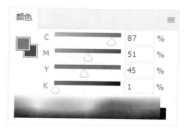

图 5-120

5.4.6 "色板"面板

执行"窗口＞色板"命令，弹出"色板"面板，如图5-121所示。单击相应的颜色即可将其设置为前景色，按住Alt键设置为背景色，如图5-122所示。

图 5-121

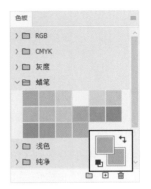

图 5-122

进阶案例：添加颜色组至色板

本案例将练习添加颜色至色板，涉及的知识点主要是吸管工具、拾色器以及色板的应用。下面将对具体的操作步骤进行介绍。

Step01 单击"色板"面板底部的"创建新组" 按钮，在弹出的对话框中设置名称"缤纷"，如图5-123所示。

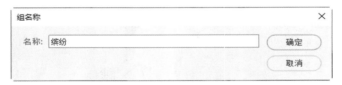

图 5-123

Step02 单击"前景色"按钮，在弹出的"拾色器"对话框中选择"吸管工具"，单击绿叶吸取颜色，如图5-124、图5-125所示。

图 5-124

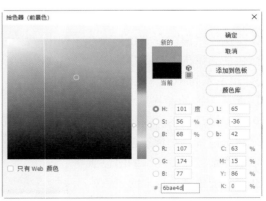

图 5-125

Step03 单击"添加到色板"按钮，在弹出的对话框中设置名称"浅系01"，如图 5-126 所示。

图 5-126

Step04 新建色板如图 5-127 所示。

Step05 使用相同的方法吸取浅系颜色并添加至色板，如图 5-128 所示。

图 5-127

图 5-128

Step06 选择"吸管工具"，单击花吸取颜色，如图 5-129 所示。

Step07 单击"添加到色板"按钮，如图 5-130 所示。

图 5-129

图 5-130

Step08 在弹出的对话框中设置名称"深系01"，如图 5-131 所示。

图 5-131

Step09 新建色板组如图 5-132 所示。

Step10 使用相同的方法添加深系颜色，如图 5-133 所示。

图 5-132

图 5-133

重点 5.4.7 渐变工具与"渐变"面板

渐变工具应用非常广泛，不仅可以填充图像，还可以填充图层蒙版、快速蒙版和通道等。渐变工具可以创建多种颜色之间的逐渐混合。选择"渐变工具" ，显示其选项栏，如图 5-134 所示。

图 5-134

该选项栏中主要选项的功能介绍如下。

● 渐变颜色条：显示当前渐变颜色，单击右侧的下拉按钮 ，可以打开"渐变"拾色器，如图 5-135 所示。单击渐变颜色条，则直接显示"渐变编辑器"对话框，在该对话框中可以进行编辑，如图 5-136 所示。

图 5-135

图 5-136

● 线性渐变：单击该按钮，可以以直线方式从不同方向创建起点到终点的渐变，如图 5-137、图 5-138 所示为从不同方向创建的渐变。

● 径向渐变：单击该按钮，可以以圆形的方式创建起点到终点的渐变，如图 5-139、图 5-140 所示为是否选择"反向"复选框创建的渐变。

图 5-137

图 5-138

图 5-139

图 5-140

- 角度渐变：单击该按钮，可以创建围绕起点以逆时针扫描方式的渐变，如图 5-141、图 5-142 所示为从不同方向创建的渐变。
- 对称渐变：单击该按钮，可以使用均衡的线性渐变在起点的任意一侧创建渐变，如图 5-143、图 5-144 所示为从不同方向创建的渐变。

图 5-141

图 5-142

图 5-143

图 5-144

● 菱形渐变：单击该按钮，可以以菱形方式从起点向外产生渐变，终点定义菱形的一个角，如图5-145、图5-146所示为是否选择"反向"复选框创建的渐变。

图 5-145

图 5-146

● 模式：设置应用渐变时的混合模式。
● 不透明度：设置应用渐变时的不透明度。
● 反向：选中该复选框，得到反方向的渐变效果。
● 仿色：选中该复选框，可以使渐变效果更加平滑，防止打印时出现条带化现象，但在显示屏上不能明显地显示出来。
● 透明区域：选中该复选框，可以创建包含透明像素的渐变。

进阶案例：使用预设渐变填充制作立体图标

扫一扫 看视频

本案例将练习制作立体图标，涉及的知识点主要是自定形状工具、渐变预设以及图层样式的应用。下面将对具体的操作步骤进行介绍。

Step01 新建20厘米×20厘米的文档，如图5-147所示。

Step02 选择"自定形状工具"，在选项栏中选择"搜索"图标，如图5-148所示。

Step03 按住Shift键拖动绘制，如图5-149所示。

图 5-147

图 5-148

图 5-149

Step04 单击选项栏中的"填色"按钮，设置渐变类型，如图5-150所示。

Step05 效果如图5-151所示。

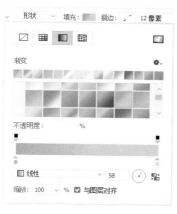

图 5-150

图 5-151

Step06 双击图层，在弹出的"图层样式"对话框中勾选"斜面与浮雕"复选框，设置参数，如图 5-152、图 5-153 所示。

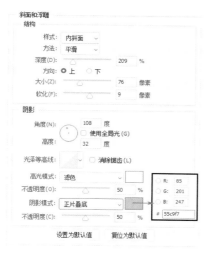

图 5-152

图 5-153

Step07 勾选"投影"复选框，设置参数，如图 5-154、图 5-155 所示。

图 5-154

图 5-155

Step08 按住 Alt 键移动复制图标，如图 5-156 所示。

Step09 在选项栏中设置填充为无，如图 5-157、图 5-158 所示。

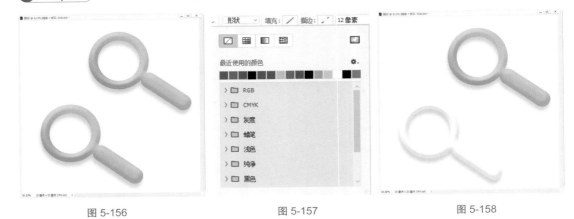

图 5-156　　　　　　　　　　图 5-157　　　　　　　　　　图 5-158

Step10 在选项栏中设置填充为无，描边为渐变，大小为 40 像素，旋转角度为 60，如图 5-159、图 5-160 所示。

图 5-159

图 5-160

Step11 双击图层，在弹出的"图层样式"对话框中更改投影参数，如图 5-161 所示。

Step12 单击"确定"，效果如图 5-162 所示。

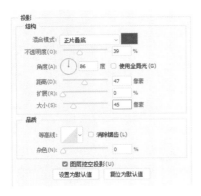

图 5-161

图 5-162

综合实战：制作线框发光文字效果

本案例将练习制作线框发光文字效果，涉及的知识点主要是渐变工具、调整图层的创建、文字工具以及图层样式的应用。下面将对具体的操作步骤进行介绍。

⮞ Step01 执行"文件 > 新建"命令，新建A4大小的文档，如图5-163所示。

⮞ Step02 选择"渐变工具"，单击渐变色条，在弹出的"渐变编辑器"中设置参数，如图5-164所示。

图 5-163

图 5-164

⮞ Step03 从上至下创建渐变，如图5-165所示。

⮞ Step04 单击"图层"面板底部的"创建新的填充或调整图层" ⬭.按钮，在弹出的菜单中选择"渐变"选项，打开"渐变填充"对话框，如图5-166所示。

图 5-165

图 5-166

⮞ Step05 单击渐变色条，在弹出的"渐变编辑器"中单击渐变色条的任意位置添加色标，如图5-167所示。

⮞ Step06 在渐变色条任意位置点按添加色标，如图5-168所示。

⮞ Step07 移动最右端光标，更改参数，如图5-169所示。

⮞ Step08 移动最左端光标（位置5%），拖动起点的黑色不透明色标至终点使其重叠，单击重叠的部分，终点恢复白色不透明色标，如图5-170所示。

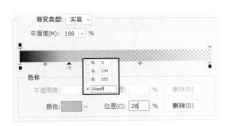

图 5-167

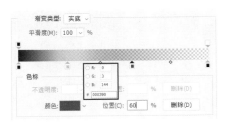

图 5-168

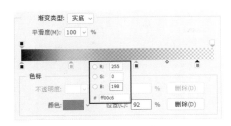

图 5-169

图 5-170

⊙ Step09 在"图层"面板中更改图层混合模式为"颜色",不透明度为30%,如图5-171、图5-172所示。

图 5-171

图 5-172

⊙ Step10 选择"横排文字工具"输入文字,在"字符"面板中设置参数,如图5-173、图5-174所示。

图 5-173

图 5-174

Step11 双击文字图层名称空白处，在弹出的"图层样式"对话框中勾选"外发光"选项设置参数，如图5-175、图5-176所示。

图 5-175

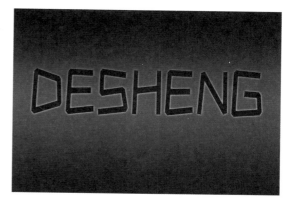

图 5-176

Step12 勾选"描边"选项设置参数，如图5-177、图5-178所示。

图 5-177

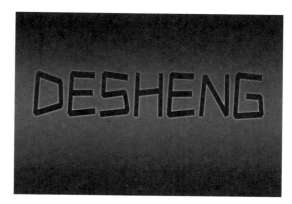

图 5-178

Step13 调整图层的混合模式为"滤色"，如图5-179、图5-180所示。

图 5-179

图 5-180

Step14 按Ctrl+J组合键复制图层，按Ctrl+T组合键旋转图层，按←键移动图层，如图5-181所示。

Step15 使用相同的方法复制旋转移动图层2次，如图5-182所示。

图 5-181

图 5-182

Step16 按住Shift键选中所有文字图层，单击面板底部的"创建新组" 按钮，双击更改组名为"文字"，如图5-183所示。

Step17 按Ctrl+J组合键复制该组，按Ctrl+T组合键，右击鼠标，在弹出的菜单中选择"垂直翻转"选项，并向下移动位置，如图5-184所示。

图 5-183

图 5-184

Step18 调整文字图层组不透明度为40%，如图5-185、图5-186所示。

图 5-185

图 5-186

Step19 单击面板底部的"添加图层蒙版" ■ 按钮，如图5-187所示。

Step20 选择"渐变工具"，在"渐变编辑器"中设置参数，如图5-188所示。

图 5-187

图 5-188

Step21 在蒙版中从上至下创建渐变，隐藏部分图像，如图5-189、图5-190所示。

图 5-189

图 5-190

Step22 执行"文件＞置入嵌入对象"命令，置入素材图像，按住Ctrl键分别单击拖动变换，如图5-191所示。

Step23 调整图层不透明度为30%，创建图层蒙版，从下至上创建渐变，隐藏部分图像，如图5-192所示。

图 5-191

图 5-192

Step24 新建图层，选择"画笔工具"，设置前景色为白色，大小为600px，如图5-193所示。

Step25 按Ctrl+T组合键自由变换，按住Shift键上下左右调整拉伸，如图5-194所示。

图 5-193

图 5-194

Step26 调整图层不透明度为80%，如图5-195、图5-196所示。

图 5-195

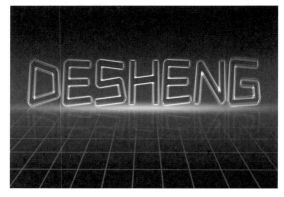

图 5-196

Step27 新建图层，从下至上创建黑白渐变，并更改图层混合模式为"正片叠底"，如图5-197、图5-198所示。

图 5-197

图 5-198

Step28 选择"画笔工具",设置不透明度50%,创建图层蒙版,涂抹调整,如图5-199、图5-200所示。

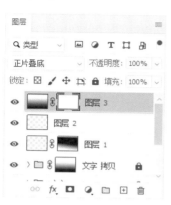

图 5-199

图 5-200

第6章　文本添加不可少

内容导读:

　　本章主要对文本的创建与编辑进行讲解，主要包括文字工具的使用方法，点文字、段落文字、路径文字以及变形文字的创建，文本与段落的格式参数设置，文本的拼写检查与文本类型之间的转换。

学习目标:

- 熟悉文字工具的工具使用方法
- 掌握点文字、段落文字、路径文字以及变形文字的创建
- 掌握文本编辑的方法

6.1 文字工具组

文字是设计中不可或缺的元素之一，它能辅助传递图像的相关信息。使用 Photoshop 对图像进行处理，若适当在图像中添加文字，则能让图像的画面感更完善。在工具箱单击选择"文字工具" T，右击弹出子菜单，可选择横排文字工具、直排文字工具、直排文字蒙版工具和横排文字蒙版工具，如图6-1所示。

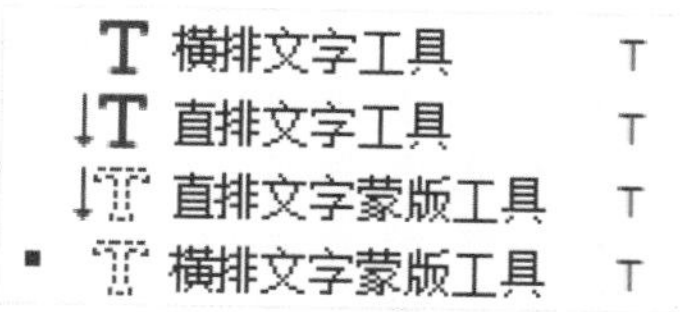

T 横排文字工具	T
↓T 直排文字工具	T
↓T 直排文字蒙版工具	T
■ T 横排文字蒙版工具	T

图 6-1

重点 6.1.1 横排/直排文字工具

"横排文字工具" T 是最基本的文字类工具之一，用于一般横排文字的处理，输入方式从左至右；"直排文字工具" ↓T 是用于直排式排列方式，输入方向由上至下。选择文字工具，显示其选项栏，如图6-2所示。

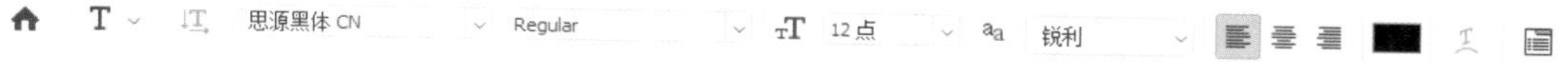

图 6-2

该选项栏中主要选项的功能介绍如下。

● 切换文本取向 ⊥ 按钮：单击该按钮，实现文字横排和直排之间的转换。
● 字体：用于设置文字字体。
● 设置字体样式选项 Regular ：用于设置文字加粗、斜体等样式。
● 设置字体大小选项 ₁T 12.43点 ：用于设文字的字体大小，默认单位为点，即像素。
● 设置消除锯齿的方法选项 ᵃₐ 锐利 ：用于设置消除文字锯齿的模式。
● 对齐按钮组 ≡ ≡ ≡：用于快速设置文字对齐方式，从左到右依次为"左对齐""居中对齐"和"右对齐"。
● 设置文本颜色色块：单击色块，将弹出"拾色器"对话框，在其中设置文本颜色。
● 创建文字变形 ⊥ 按钮：单击该按钮，将弹出"变形文字"对话框，在其中可设置其变形样式。
● 切换字符和段落面板 ▤ 按钮：单击该按钮即可快速弹出"字符"面板和"段落"面板。

6.1.2 横排/直排文字蒙版工具

"直排文字蒙版工具" ↓T 可创建出竖排的文字选区，使用该工具时图像上会出现一层红色蒙版；"横排文字蒙版工具" T 与"直排文字蒙版工具" ↓T 效果一样，只是创建出横排文字选区。在文字选区中，可以填充前景色、背景色以及渐变色等。

> **知识链接：**
>
> 在使用文字蒙版输入文字时，若要移动其位置，可将鼠标移动至文本框外时，光标变为移动状态，拖动即可移动文字蒙版的位置，如图6-3、图6-4所示。

图 6-3

图 6-4

按住Ctrl键，文字蒙版四围出现定界框，拖动同样可以移动文字蒙版的位置，如图6-5所示。按住Ctrl键，拖动文字蒙版四周周围的定界框可自由变换，如图6-6所示。

图 6-5

图 6-6

上手实操：创建渐变文字蒙版

扫一扫 看视频

Step01 将素材文件拖放至Photoshop中，打开素材图像，如图6-7所示。

Step02 选择"横排文字蒙版工具" T 输入文字，在选项栏中设置文字参数，如图6-8所示。

图 6-7

图 6-8

🔵 Step03 　单击选项栏右侧中的"提交当前编辑" ✔ 按钮，此时文本蒙版变为文字选区，如图6-9所示。

🔵 Step04 　选择"渐变工具"，在选项栏中的"渐变"拾色器中选择目标渐变，如图6-10所示。

图 6-9　　　　　　　　　　　　　　　　　图 6-10

🔵 Step05 　从左上至右下拖动创建渐变，如图6-11所示。

🔵 Step06 　按Ctrl+D组合键取消选区，如图6-12所示。

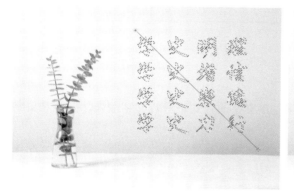

图 6-11　　　　　　　　　　　　　　　　　图 6-12

6.2　创建文字

Photoshop中创建的文字主要分为在点上创建的点文字、在段落中创建的段落文字、沿路径创建的路径文字以及变形文字等。

重点 6.2.1　点文字

点文字是一个水平或垂直文本行，在图像中单击的位置开始。当输入点文字时，每行文字都是独立的，行的长度随着编辑增加或缩短，但不会换行。输入的文字即出现在新的文字图层中。

选择"横排文字工具"，在选项栏中设置参数，在图像中从左到右输入水平方向的文字，如图6-13所示；选择"直排文字工具"在图像中输入垂直方向的文字，如图6-14所示。

图 6-13

图 6-14

注意事项：

结束文本输入主要有以下 4 种方法。

- 按 Ctrl+Enter 组合键。
- 在小键盘（数字键盘）中，单击 Enter 键。
- 单击选项栏右侧中的"提交当前编辑" ✓ 按钮。
- 单击工具箱中的任意工具。

重点 6.2.2 段落文字

若需要输入的文字内容较多，可通过创建段落文字的方式来进行文字输入，以便对文字进行管理并对格式进行设置。

选择文字工具，将鼠标指针移动到图像窗口中，当鼠标变成插入符号时，按住鼠标左键不松，拖动鼠标，此时在图像窗口中拉出一个文本框。文本插入点会自动插入到文本框前端，然后在文本框中输入文字，当文字到达文本框的边界时会自动换行。如果文字需要分段时，按 Enter 键即可，如图 6-15 所示。

也可以调整外框的大小，这将使文字在调整后的矩形内重新排列，如图 6-16 所示。可以在输入文字时或创建文字图层后调整外框。也可以使用外框来旋转、缩放和斜切文字。

图 6-15　　　　　　　　　　　　　　图 6-16

6.2.3　路径文字

　　路径文字也称沿路径绕排文字，其实质就是让文字跟随路径的轮廓形状进行自由排列，有效地将文字和路径结合，在很大程度上扩充了文字带来的图像效果。

　　选择"钢笔工具"或形状工具，在选项栏中选择"路径"模式，在图像中绘制路径，然后使用文本工具，将鼠标指针移至路径上方，当鼠标变为 工 形状时，在路径上单击鼠标，此时光标会自动吸附到路径上，即可输入文字，如图6-17、图6-18所示。

图 6-17　　　　　　　　　　　　　　　　　图 6-18

进阶案例：制作圆形徽章logo

扫一扫　看视频

　　本案例将练习制作圆形徽章logo，涉及的知识点主要是椭圆工具、渐变填充、横排文字工具、路径选择工具以及自定形状工具的应用。下面将对具体的操作步骤进行介绍。

⊃ Step01 ）新建20厘米×20厘米的文档，如图6-19所示。

⊃ Step02 ）按Ctrl+'组合键显示网格，如图6-20所示。

图 6-19　　　　　　　　　　　　　　　　　图 6-20

⊃ Step03 ）选择"椭圆工具"，按住Shift键绘制正圆，在选项栏中设置填充参数，如图6-21、图6-22所示。

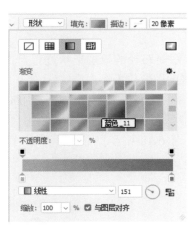

图 6-21

图 6-22

Step04
按住Shift键绘制正圆，在选项栏中设置描边参数，如图6-23、图6-24所示。

图 6-23

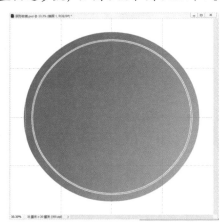

图 6-24

Step05
在"图层"面板新建空白图层，如图6-25所示。

Step06
选择"椭圆工具"在选项栏中更改为"路径"模式，按住Alt+Shift组合键从中心向外绘制正圆，如图6-26所示。

图 6-25

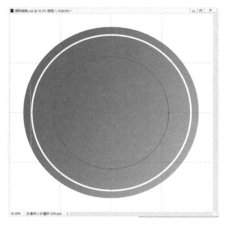

图 6-26

Step07) 选择"横排文字工具"，当鼠标变为 ⌶ 形状时，在路径上单击鼠标并输入文字按
住Ctrl+A组合键全选文字，在"字符"面板中设置参数，如图6-27、图6-28所示。

图 6-27

图 6-28

Step08) 使用"路径选择工具"在圆形路径外进行拖动，如图6-29所示。

Step09) 单击任意位置完成调整，如图6-30所示。

图 6-29

图 6-30

Step10) 选择"自定形状工具"，在选项栏中选择"剑术头盔"形状，如图6-31所示。

Step11) 按住Shift键拖动绘制，如图6-32所示。

图 6-31

图 6-32

Step12 选择"横排文字工具"输入文字，在"字符"面板中设置文字，如图6-33、图 6-34所示。

Step13 按Ctrl+A组合键全选文字，在选项栏中单击"居中对齐文本"按钮，调整位置，按Ctrl+'组合键隐藏网格，如图6-35所示。

图 6-33　　　　　　　　　　　图 6-34　　　　　　　　　　　图 6-35

6.2.4　文字变形

变形文字即对文字的水平形状和垂直形状做出调整，让文字效果更多样化。Photoshop提供了15种文字的变形样式，分别为扇形、下弧、上弧、拱形、凸起、贝壳、花冠、旗帜、波浪、鱼形、增加、鱼眼、膨胀、挤压和扭转，使用这些样式可以创建多种艺术字体。

执行"文字>文字变形"命令或在文字状态下单击栏中的"创建文字变形"按钮 ，弹出"变形文字"对话框，如图6-36所示。

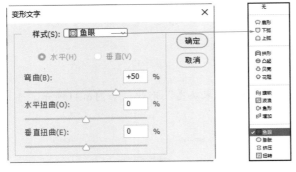

图 6-36

该对话框中主要选项的功能介绍如下。

- 样式：决定文本最终的变形效果，该下拉列表中包括各种变形的样式，选择不同的选项，文字的变形效果也各不相同。
- 水平或垂直：决定文本的变形是在水平方向还是在垂直方向上进行。
- 弯曲：设置文字的弯曲方向和弯曲程度（参数为0时无任何弯曲效果）。

- 水平扭曲：对文字应用透视变形，决定文本在水平方向上的扭曲程度。
- 垂直扭曲：对文字应用透视变形，决定文本在垂直方向上的扭曲程度。

 上手实操：制作变形文字

扫一扫 看视频

Step01 将素材文件拖放至Photoshop中，打开素材图像，如图6-37所示。

Step02 在工具箱中选择"横排文字工具"，输入文字，如图6-38所示。

春花秋月何时了

图 6-37   图 6-38

Step03　单击选项栏中的"创建文字变形"按钮，弹出"变形文字"对话框，设置参数，如图6-39所示。

Step04　单击"确定"按钮后单击选项栏右侧中的"提交当前编辑"✔按钮，效果如图6-40所示。

春花秋月何时了

图 6-39   图 6-40

注意事项：

变形文字工具只针对整个文字图层而不能单独针对某些文字。如果要制作多种文字变形混合的效果，可以通过将文字输入到不同的文字图层，然后分别设定变形的方法来实现。

6.3　编辑文字

在Photoshop中，无论是点文字、段落文字还是路径文字，都可以根据需要设置字体的类型、大小、字距、基线移动以及颜色等属性，让文字更贴近用户想表达的主题，并使整个画面的版式更具艺术性。

重点 6.3.1　"字符"面板

执行"窗口＞字符"命令，或在选项栏中单击"切换字符和段落面板"按钮，即可弹出"字符"面板，如图6-41所示。该面板中除了包括常见的字体系列、字体样式、字体大小、文字颜色和消除锯齿等设置，还包括行间距、字距等常见设置。

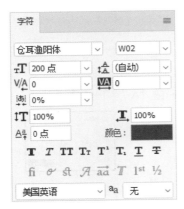

图 6-41

该面板中主要选项的功能介绍如下。

● 字体大小 T：在该下拉列表框中选择预设数值，或者输入自定义数值即可更改字符大小。

● 设置行距 A：设置输入文字行与行之间的距离。

● 字距微调 VA：设置两个字符之间的字距微调。在设置时将光标插入两个字符之间，在数值框中输入所需的字距微调数量。输入正值时，字距扩大；输入负值时，字距缩小。

● 字距调整 VA：设置文字的字符间距。输入正值时，字距扩大；输入负值时，字距缩小。

● 比例间距 ：设置文字字符间的比例间距，数值越大则字距越小。

● 垂直缩放 T：设置文字垂直方向上的缩放大小，即调整文字的高度。

● 水平缩放 T：设置文字水平方向上的缩放大小，即调整文字的宽度。

● 基线偏移 A：设置文字与文字基线之间的距离，输入正值时，文字会上移；输入负值时，文字会下移。

● 颜色：单击色块，在弹出的拾色器中选取字符颜色。

● 文字效果按钮组 T T TT Tr T' T₁ T T：设置文字的效果，依次是仿粗体、仿斜体、全部大写字母、小型大写字母、上标、下标、下划线和删除线。

● Open Type功能组 fi ⅰ st A aa T 1st ½：依次是标准连字、上下文替代字、自由连字、花饰字、替代样式、标题代替字、序数字、分数字。

● 语言设置 美国英语 选项：设置文本连字符和拼写的语言类型。

● 设置消除锯齿的方法 aa 锐利 选项：设置消除文字锯齿的模式。

6.3.2 "段落"面板

在段落面板中可设置段落格式包括设置文字的对齐方式和缩进方式等，不同的段落格式具有不同的文字效果。执行"窗口＞段落"命令，弹出"段落"面板，如图6-42所示。在面板中单击相应的按钮或输入数值即可对文字的段落格式进行调整。

该面板中主要选项的功能介绍如下。

● 对齐方式 按钮组：从左到右依次为"左对齐文本""居中对齐文本""右对齐文本""最后一行左对齐""最后一行居中对齐""最后一行右对齐""全部对齐"。

● 缩进方式按钮组："左缩进"按钮 （段落的左边距离文字区域左边界的距离）、"右缩进"按钮 （段落的右边距离文字区域右边界的距离）、"首行缩进"按钮 （每一段的第一行留空或超前的距离）。

● 添加空格按钮组："段前添加空格"按钮 （设置当前段落与上一段的距离）、"段后添加空格"按钮 （设置当前段落与下一段落的距离）。

● 避头尾法则设置 避头尾法则设置： 无 选项：避头尾字符

图 6-42

是指不能出现在每行开头或结尾的字符。Photoshop提供了基于标准JIS的宽松和严格的避头尾集，宽松的避头尾设置忽略了长元音和小平假名字符。

- 间距组合设置 间距组合设置：无 ∨ 选项：用于设置内部字符集间距。
- 连字：勾选该复选框可将文字的最后一个英文单词拆开，形成连字符号，而剩余的部分则自动换到下一行。

进阶案例：制作产品使用须知

本案例将练习制作产品使用须知，涉及的知识点主要是形状工具、渐变填充、文字工具、字符面板以及段落面板的应用。下面将对具体的操作步骤进行介绍。

→ Step01) 新建10厘米×15厘米的文档，然后选择"圆角矩形工具"，在画布上单击，在弹出的对话框中设置参数，如图6-43所示。

→ Step02) 在选项栏中设置填充为渐变，双击右边色标，在弹出的"拾色器"对话框中更改颜色，如图6-44、图6-45所示。

图 6-43

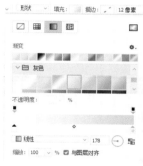

图 6-44

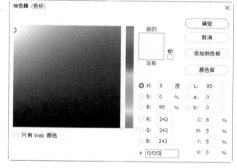

图 6-45

→ Step03) 绘制效果如图6-46所示。

→ Step04) 选择"椭圆工具"，在画布上单击，在弹出的对话框中设置参数，如图6-47所示。

图 6-46

图 6-47

→ Step05) 拖动调整圆形位置，使其和圆角矩形居中对齐，如图6-48、图6-49所示。

图 6-48

图 6-49

Step06 单击圆形，选择"椭圆工具"，在选项栏中设置填充与描边参数，如图6-50、图6-51所示。

图 6-50

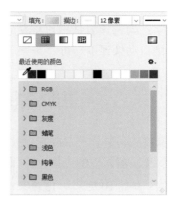

图 6-51

图 6-52

Step07 调整效果如图6-52所示。

Step08 选择"横排文字工具"输入文字，在"字符"面板中设置参数，如图6-53、图6-54所示。

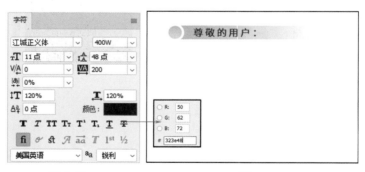

图 6-53   图 6-54

Step09 按Ctrl+'组合键显示网格，如图6-55所示。

Step10 打开相关记事本文档，选择部分文字内容，按Ctrl+C组合键复制，选择"横排文字工具"拖动创建文本框，如图6-56所示。

图 6-55

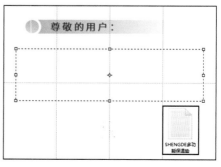

图 6-56

Step11 按Ctrl+V组合键粘贴文字，按Ctrl+A组合键全选文字，在"字符"面板中设置参数，如图6-57、图6-58所示。

图 6-57

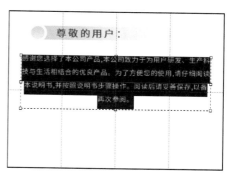

图 6-58

Step12 在"段落"面板中设置参数，如图6-59所示。

Step13 调整文本框大小，单击选项栏中的"提交当前编辑" ✔ 按钮，如图6-60所示。

图 6-59

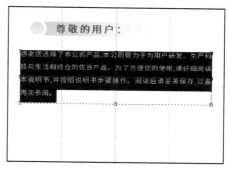

图 6-60

Step14 单击选项栏中的"提交当前编辑" ✔ 按钮，按Ctrl+R组合键显示标尺，创建参考线，如图6-61所示。

Step15 调整圆形和圆角矩形的位置，如图6-62所示。

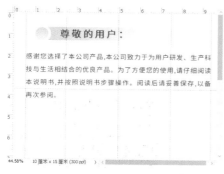

图 6-61

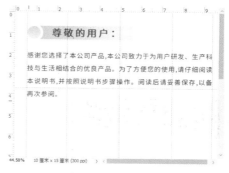

图 6-62

Step16 单击圆角矩形，按Ctrl+T组合键自由变换，按住Shift键调整圆角矩形的长度，如图6-63所示。

Step17 框选图形与文字组，按住Alt键移动复制，如图6-64所示。

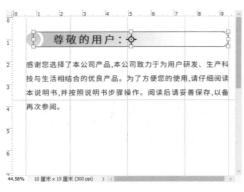

图 6-63

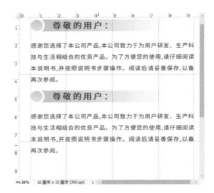

图 6-64

Step18 更改小标题，按住Shift键加选第一个小标题，在选项栏中单击"左对齐"按钮，如图 6-65、图 6-66所示。

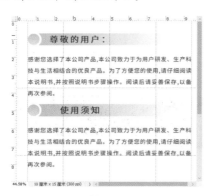

图 6-65

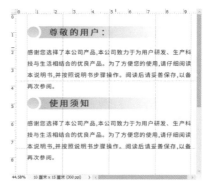

图 6-66

Step19 按Ctrl+0组合键按屏幕大小缩放，按Ctrl+R组合键隐藏标尺，调整文本框高度，按Ctrl+A组合键全选文字，如图 6-67所示。

Step20 复制记事本里剩下的文字，按Ctrl+V组合键粘贴文字，如图 6-68所示。

Step21 按Ctrl+A组合键全选文字，调整文本框大小，如图 6-69所示。

图 6-67

图 6-68

图 6-69

Step22 在"段落"面板中设置参数，按Ctrl+Enter组合键完成文字调整，如图6-70、图6-71所示。

图 6-70

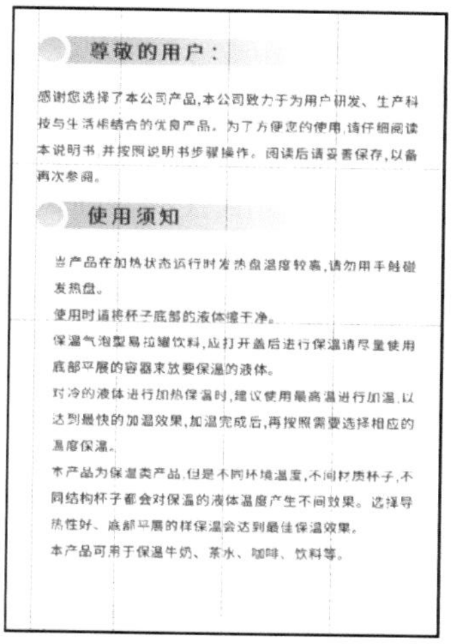

图 6-71

Step23 按住Ctrl+空格键拖动放大图像，选择"自定形状工具"，在选项栏中选择"选中复选框"形状，如图6-72所示。

Step24 按住Shift键拖动绘制，如图6-73所示。

Step25 按住Alt+Shift组合键水平移动复制，如图6-74所示。

图 6-72

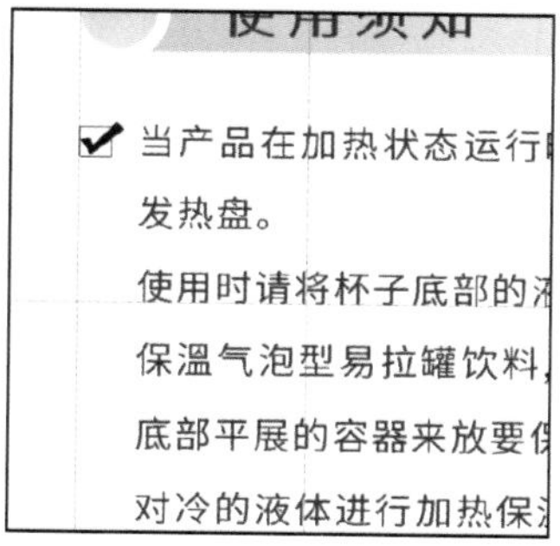

图 6-73

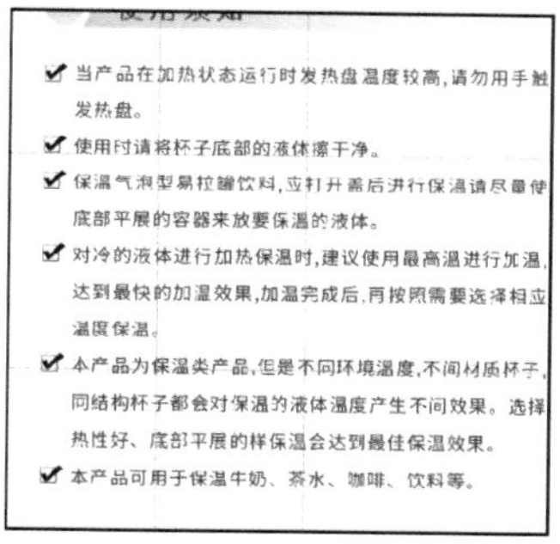

图 6-74

Step26 选择"横排文字工具"输入文字，在"字符"面板中设置参数，如图6-75、图6-76所示。

Step27 选择"圆角矩形工具"绘制圆角矩形，在画布上单击，在弹出的对话框中设置参数，如图6-77所示。

图 6-75

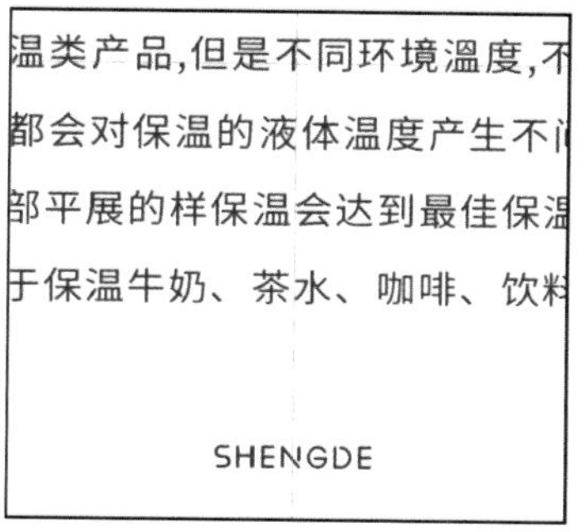

图 6-76

图 6-77

Step28 移动到合适位置，按住Alt+Shift组合键水平复制移动，如图6-78所示。

Step29 框选圆角矩形与文字，在选项栏中单击"垂直居中对齐" ▋▋ 与"水平居中分布" ▋▋ 按钮，如图6-79所示。

Step30 按Ctrl+T组合键，调整中心位置，如图6-80所示。

图 6-78   图 6-79

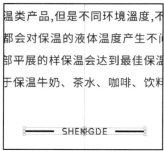

图 6-80

Step31 按Ctrl+0组合键按屏幕大小缩放，按Ctrl+'组合键隐藏网格，按Ctrl+;组合键隐藏参考线，如图6-81、图6-82所示。

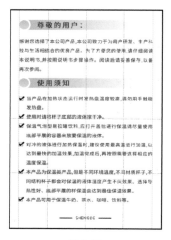

图 6-81

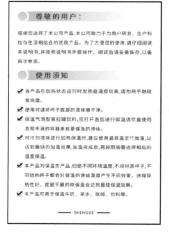

图 6-82

6.3.3 拼写检查

拼写检查选项主要是检查文本中英文单词拼写是否存在错误。执行"编辑＞拼写检查"命令，在弹出的"拼写检查"对话框，Photoshop会自动将错误的单词标注出来，如图6-83、图6-84所示。

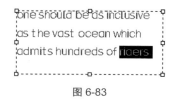

图 6-83

图 6-84

"拼写检查"对话框中主要选项的功能介绍如下。

- 不在词典中：显示错误的单词。
- 更改为/建议：在"建议"列表中选择正确单词，在"更改为"文本框中显示该单词。
- 忽略：单击该按钮，继续拼写检查而不更改文本。
- 全部忽略：单击该按钮，忽略所有略有疑问的文本。
- 更改：单击该按钮，校正拼写错误的单词。
- 更改全部：单击该按钮，校正文档中所有错误拼写。
- 添加：添加无法识别的正确单词存储在词典中，后面再次出现这个单词时，便不会被检查为拼写错误。
- 检查所有图层：勾选该复选框，可以对所有文字图层进行拼写检查。

6.3.4　转换文字类型

根据需要，可以将文字类型进行转换，例如文本系列方式的转换，点文字与段落文字之间的转换，将文字图层转换为普通图层，将文字图层转换为形状图层以及将文字转换为工作路径等。

（1）转换文本排列方式

文本的排列方式有横排文字和直排文字两种，这两种排列方式可以相互转换。首先选择要更改排列方式的文本，在选项栏中单击"切换文本取向"↳按钮，或执行"文字＞取向（水平或垂直）"命令即可实现文字横排和直排之间的转换，如图6-85、图6-86所示。

图6-85

图6-86

（2）转换为点文字与段落文字

当要输入少量的文字时，例如一个字、一行或一列文字，可以使用点文字类型，点文字是Photoshop中的一种文字输入方式。当文本较多时，选择文字工具，先拖拽一个文本框，在文本框中输入文字，这种文字称为段落文字。

若要将点文字转换为带文本框的段落文字，则只需执行"文字＞转换为段落文本"命令即可，如图6-87所示。执行"文字＞转换为点文本"命令，则可将段落文本转换为点文本，如图6-88所示。

（3）将文字图层转换为普通图层

文字图层是一种特殊的图层，它具有文字的特性，可对其文字大小、字体等进行修改，若对其应用滤镜或者变换操作，则需要将其转换为普通图层，使矢量文字变成像素图像。转换后的文字图层可以应用各种滤镜效果，文字图层以前所应用的图层样式不会因转换而受到

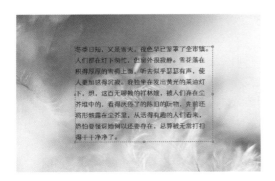

图 6-87

图 6-88

影响。要注意的是，文字图层栅格化后无法进行字体的更改。

将文字转换为普通图层主要有以下几种方法。

- 执行"图层>栅格化>文字"命令。
- 执行"文字>栅格化文字图层"命令。
- 在"图层"面板中选择文字图层，在图层名称上右击，在弹出的菜单中选择"栅格化文字"选项，如图6-89、图6-90所示。

图 6-89

图 6-90

（4）将文字图层转换为形状图层

若要将文字图层转换为带有矢量蒙版的形状图层，转换后不会保留文字图层。执行"文字>转换为形状"命令，或在"图层"面板中选择文字图层，在图层名称上右击，在弹出的菜单中选择"转换为形状"选项，如图6-91所示。选择"直接选择工具" ꜜ可单独移动变换，如图6-92所示。

图 6-91

图 6-92

（5）将文字转换为工作路径

在图像中输入文字后，选择文字图层，单击鼠标右键，从弹出的菜单中选择"创建工作路径"选项或执行"文字＞创建工作路径"命令，即可将文字转换为文字形状的路径。

转换为工作路径后，可以使用"路径选择工具"对文字路径进行移动，调整工作路径的位置。同时还能通过按Ctrl+Enter组合键将路径转换为选区，让文字在文字选区、文字型路径以及文字形状之间进行相互转换，变换出更多效果，如图6-93、图6-94所示。

图 6-93

图 6-94

 进阶案例：制作文字图像

扫一扫 看视频

本案例将练习制作文字图像，涉及的知识点主要是横排文字工具、栅格化文字图层、创建剪贴蒙版、图层样式以及渐变填充的应用。下面将对具体的操作步骤进行介绍。

◯ Step01 将素材文件拖放至Photoshop中，打开素材图像，选择"横排文字工具"输入文字，在"字符"面板中设置文字参数，如图6-95、图6-96所示。

图 6-95

图 6-96

◯ Step02 按Ctrl+J组合键复制图层，隐藏原图层，如图6-97所示。

◯ Step03 右击鼠标，在弹出的菜单中选择"栅格化文字"选项，如图6-98所示。

◯ Step04 复制背景图层，移至最顶层，如图6-99、图6-100所示。

◯ Step05 按Ctrl+Alt+G组合键创建剪贴蒙版，并调整其不透明度为70%，如图6-101、图102所示。

图 6-97

图 6-98

图 6-99

图 6-100

图 6-101

图 6-102

图 6-103

➡ **Step06** 复制文字拷贝图层，向右下方移动，如图 6-103 所示。

➡ **Step07** 双击该图层，在弹出的"图层样式"对话框中勾选"颜色叠加"复选框设置参数，如图 6-104 所示。

图 6-104

Step08 效果如图 6-105 所示。

Step09 按 Ctrl+J 组合键复制图层，向左上方移动，如图 6-106 所示。

图 6-105

图 6-106

Step10 在"图层"面板新建空白图层，如图 6-107 所示。

Step11 选择"渐变工具"，在选项栏中设置渐变颜色，如图 6-108 所示。

图 6-107

图 6-108

Step12 按住 Shift 键，从下至上创建渐变，如图 6-109、图 6-110 所示。

图 6-109

图 6-110

Step13 设置图层不透明度为 30%，如图 6-111、图 6-112 所示。

图 6-111

图 6-112

扫一扫 看视频

综合实战：制作垃圾分类宣传栏

本案例将练习制作垃圾分类宣传栏，涉及的知识点主要是渐变填充、形状工具、文字工具、字符面板、段落面板以及图层样式的应用。下面将对具体的操作步骤进行介绍。

图 6-113

图 6-114

Step01 新建2400毫米×1200毫米的文档，单击"图层"面板底部的"创建新的填充或调整图层" 按钮，在弹出的菜单中选择"渐变"选项，弹出"渐变填充"对话框，如图6-113所示。

Step02 点按 按钮，在弹出的"渐变"拾色器中选择"绿色-10"，单击"确定"按钮后设置渐变样式与缩放百分比，如图6-114所示。

Step03 在"图层"面板中设置图层不透明度为60%，如图6-115所示。

Step04 按Ctrl+'组合键显示网格，如图6-116所示。

图 6-115

图 6-116

Step05 选择"自定形状工具",在选项栏中选择"形状295",拖动绘制并设置填充颜色,如图6-117所示。

图 6-117

Step06 使用相同的方法,分别选择"形状293""形状294"拖动绘制,如图6-118、图6-119所示。

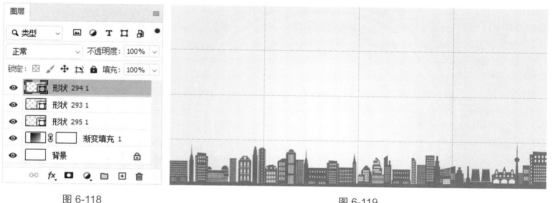

图 6-118   图 6-119

Step07 选择"圆角矩形工具",拖动绘制圆角矩形,在"属性"面板中设置参数,如图6-120、图6-121所示。

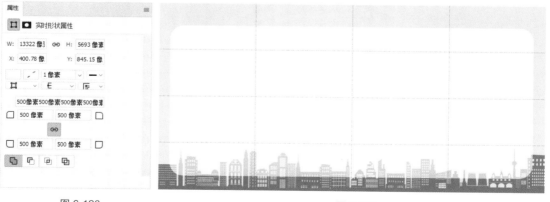

图 6-120   图 6-121

Step08 选择"横排文字工具"输入文字，在"字符"面板中设置参数，如图6-122、图6-123所示。

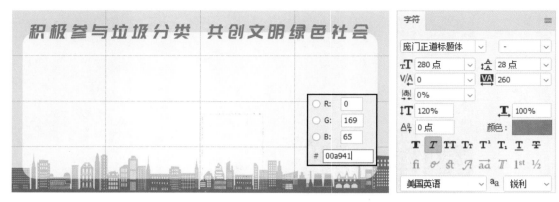

图 6-122   图 6-123

Step09 双击文字图层空白部分，在"图层样式"对话框中勾选"描边"选项设置参数，如图6-124所示。

Step10 勾选"投影"选项设置参数，如图6-125所示。

图 6-124   图 6-125

Step11 单击"确定"按钮，效果如图6-126所示。

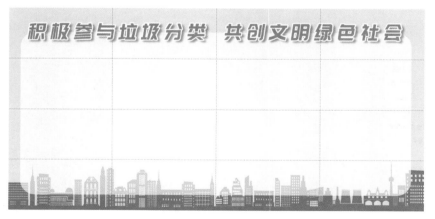

图 6-126

Step12 选择"自定形状工具",在选项栏中选择"形状426",如图6-127所示;拖动绘制并设置填充颜色,如图6-128所示。

图 6-127   图 6-128

Step13 打开相关记事本文档,选择部分文字内容,按Ctrl+C组合键复制,选择"横排文字工具",拖动创建文本框,按Ctrl+V组合键粘贴文字,按Ctrl+A组合键全选文字,在"字符"面板中设置参数,如图6-129、图6-130所示。

图 6-129   图 6-130

Step14 在"段落"面板中设置参数,单击选项栏中的"提交当前编辑" ✔ 按钮,如图6-131、图6-132所示。

图 6-131   图 6-132

Step15 选择"直排文字工具"连续输入"-",在"字符"面板中设置参数,如图6-133所示。

Step16 按住Shift+Alt组合键水平移动复制,如图6-134所示。

图 6-133

图 6-134

Step17 选择"圆角矩形工具"拖动绘制圆角矩形,在"属性"面板中设置"半径"为60像素,更改填充颜色,如图6-135、图6-136所示。

图 6-135

图 6-136

Step18 选择"横排文字工具"输入文字,在"字符"面板中设置参数,如图6-137、图6-138所示。

图 6-137

图 6-138

Step19 执行"文件>置入嵌入对象"命令，等比例缩小并旋转图像，放置于合适位置，如图6-139所示。

图 6-139

Step20 选择"横排文字工具"拖动创建文本框，输入文字，在"字符"和"段落"面板中设置参数，如图6-140～图6-142所示。

图 6-140   图 6-141   图 6-142

Step21 选择"横排文字工具"输入文字，在"字符"面板中设置参数，如图6-143、图6-144所示。

图 6-143   图 6-144

Step22 选择"横排文字工具"拖动创建文本框，输入文字，在"字符"和"段落"面板中设置参数，如图6-145～图6-147所示。

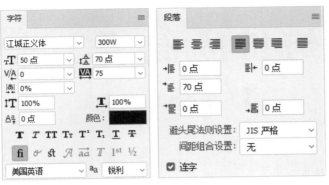

图 6-145　　　　　　　　图 6-146 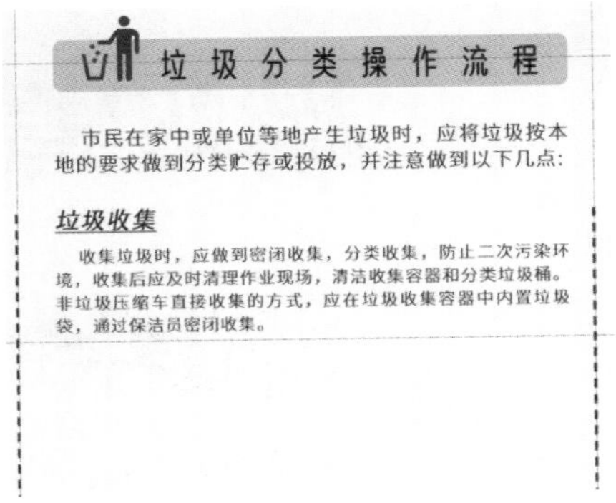　　　　　　　　图 6-147

Step23 按住Shift键选中小标题和内容图层，按住Alt键移动复制，如图6-148所示。

Step24 更改文字内容，如图6-149所示。

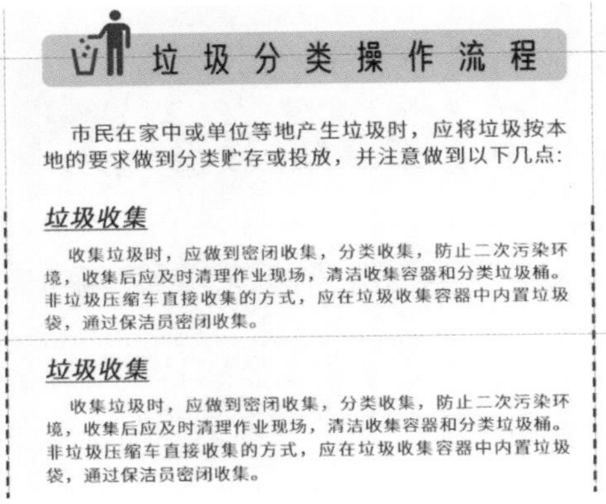

图 6-148 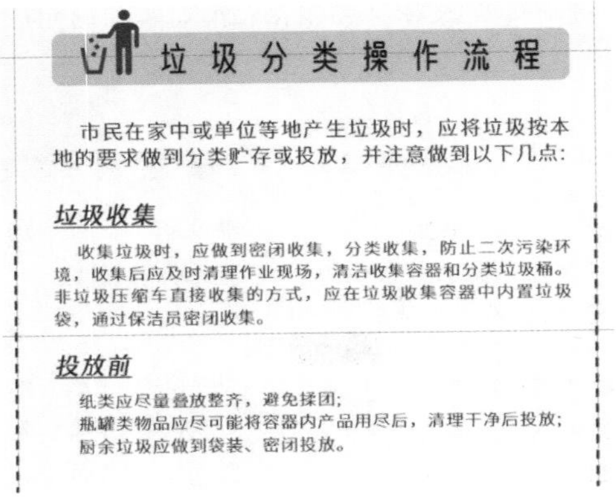　　　　　　　　　　　　　　图 6-149

Step25 使用相同的方法，移动复制并更改文字内容，如图6-150、图6-151所示。

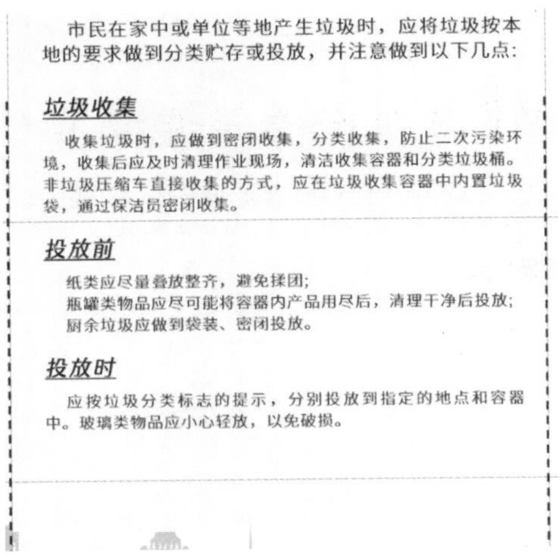

图 6-150 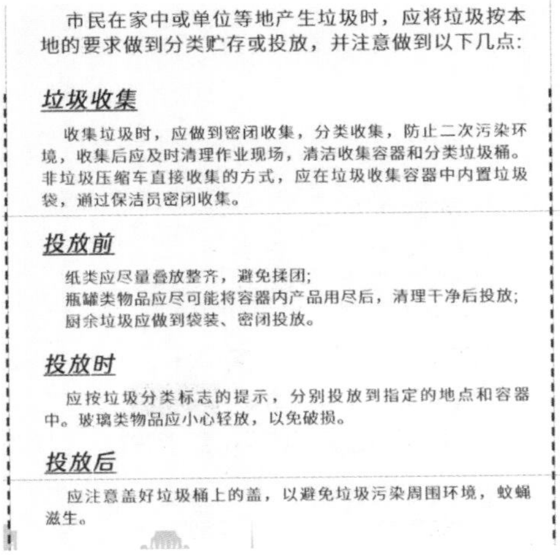　　　　　　　　　　　　　　图 6-151

Step26 按住Alt键移动复制圆角矩形，在选项栏中更改填充颜色，如图6-152所示。

图 6-152

Step27 执行"文件>置入嵌入对象"命令，等比例缩小并旋转图像，放置于合适位置，如图6-153所示。

图 6-153

Step28 选择"横排文字工具"拖动创建文本框，输入文字，在"字符"面板中设置参数，如图6-154、图6-155所示。

图 6-154

图 6-155

Step29 选中部分文字，字重更改为"500W"，如图6-156所示。

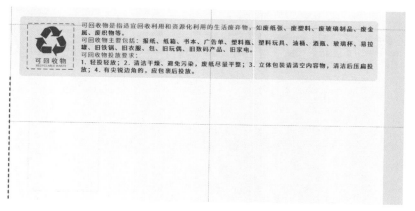

图 6-156

Step30 框选矩形框、图标和文字组，按住Alt键移动复制并更改内容：干垃圾文字颜色（R：239、G：130、B：0）、底纹颜色（R：247、G：241、B：232）；湿垃圾组文字颜色（R：6、G：136、B：65）、底纹颜色（R：234、G：250、B：241）；有害垃圾文字颜色（R：184、G：0、B：4）、底纹颜色（R：255、G：246、B：246），如图6-157所示。

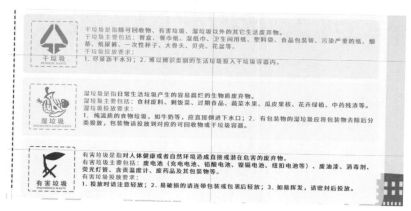

图 6-157

Step31 按Ctrl+'组合键隐藏网格，如图6-158所示。

图 6-158

第7章 图层应用显神功

📑 **内容导读:**

　　本章主要对图层的基本操作以及图层样式进行讲解。图层的基本操作主要包括图层的创建、删除、锁定、隐藏、链接以及排序等；图层样式主要包括图层的不透明度、混合模式、图层样式以及"样式"面板的设置方法。

🎯 **学习目标:**

- 了解图层与图层类型
- 熟悉"样式"面板的应用方法
- 掌握图层的基本操作方法
- 掌握图层不透明度、混合模式以及图层样式的设置

7.1 认识图层

图 7-1

图层是 Photoshop 中非常重要的概念，它是进行平面设计的创作平台。利用图层可以将不同的图像放在不同的图层上进行独立的操作，而它们之间互不影响。为了保证能够创作出最佳的图像作品，应熟悉并掌握图层的应用。

"图层"面板是用于创建、编辑和管理图层以及图层样式的一种直观的"控制器"。执行"窗口＞图层"命令，弹出"图层"面板，如图 7-1 所示。

该面板中主要选项的功能介绍如下。

- 打开面板菜单 ≡：单击该图标，可以打开"图层"面板的设置菜单。
- 图层滤镜：位于"图层"面板的顶部，显示基于名称、效果、模式、属性或颜色标签的图层的子集。使用新的过滤选项可以帮助用户快速地在复杂文档中找到关键层。
- 图层的混合模式：用于选择图层的混合模式。
- 图层整体不透明度：用于设置当前图层的不透明度。
- 图层锁定 锁定：⊠ ✓ ✛ ⊡ 🔒 ：用于对图层进行不同的锁定，包括锁定透明像素 ⊠、锁定图像像素 ✓、锁定位置 ✛、防止在画板内外自动嵌套 ⊡ 和锁定全部 🔒。
- 图层内部不透明度 填充：100% ∨：可以在当前图层中调整某个区域的不透明度。
- 指示图层可见性 👁：用于控制图层显示或者隐藏，不能编辑在隐藏状态下的图层。
- 图层缩览图：指图层图像的缩小图，方便确定调整的图层。
- 图层名称：用于定义图层的名称，若想要更改图层名称，只需双击要重命名的图层，输入名称即可。
- 图层按钮组 ∞ fx ◻ ◑ ▢ ⊞ 🗑 ：在图层面板底端的 7 个按钮分别是链接图层 ∞、添加图层样式 fx、添加图层蒙版 ◻、创建新的填充或调整图层 ◑、创建新组 ▢、创建新图层 ⊞ 和删除图层 🗑，它们是图层操作中常用的命令。

7.2 图层类型

在 Photoshop 中，常见的图层类型包括背景图层、普通图层、文本图层、蒙版图层、形状图层以及调整图层等，它们在"图层"面板中显示的状态也是不同。

（1）背景图层

背景图层即叠放于各图层最下方的一种特殊的不透明图层，它以背景色为底色。可以在背景图层中自由涂画和应用滤镜，但不能移动位置和改变叠放顺序，也不能更改其不透明度和混合模式。使用橡皮擦工具擦除背景图层时会得到背景色。

（2）普通图层

普通图层即最普通的一种图层，在 Photoshop 中显示为透明。可以根据需要在普通图层上随意添加与编辑图像。按 Ctrl+Shift+N 组合键或单击"图层"面板底部的"创建新图层" ⊞ 按钮，即可创建一个普通图层，在隐藏背景图层的情况下，图层的透明区域显示为灰白方格，如图 7-2、图 7-3 所示。

图 7-2

图 7-3

> **知识链接：**
>
> 将普通图层转换为背景图层的操作：选中该图层，然后单击"图层 > 新建 > 背景图层"命令，即可将所选图层转换为背景图层，如图 7-4、图 7-5 所示。
>
>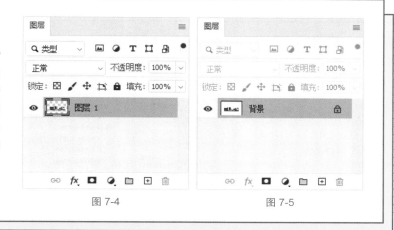
>
> 图 7-4　　　　　图 7-5

（3）文字图层与变形文字图层

文本图层主要用于输入文本内容，当用户选择"文字"工具在图像中输入文字时，系统将会自动创建一个文字图层，如图 7-6 所示。执行"文字变形"命令，生成新的变形文字图层，如图 7-7 所示。

图 7-6

图 7-7

（4）智能对象图层

智能对象是包含栅格或矢量图像中的图像数据的图层。智能对象将保留图像的源内容及其所有原始特性，对图层执行非破坏性编辑。执行"文件 > 置入嵌入对象"命令，置入的图像默认为智能对象图层，如图7-8所示。也可以选择任意图层，右击鼠标，在弹出的菜单中选择"转换为智能对象"选项，如图7-9所示为将变形文字图层转换为智能对象图层。

图 7-8

图 7-9

知识链接：

执行"编辑 > 首选项 > 常规"命令，在弹出的对话框中取消勾选"在置入时始终创建智能对象"复选框，如图7-10所示，置入的图像则为普通图层。

图 7-10

（5）形状图层

使用形状工具或钢笔工具可以创建形状图层。形状中会自动填充当前的前景色，也可以很方便地改用其他颜色、渐变或图案来进行填充，如图7-11、图7-12所示。

图 7-11

图 7-12

（6）蒙版图层/矢量蒙版/剪贴蒙版图层

蒙版是图像合成的重要手段，蒙版图层中的黑、白和灰色像素控制着图层中相应位置图像的透明程度。其中，白色表示显示的区域，黑色表示未显示的区域，灰色表示半透明区域。选中目标图层，单击"添加图层蒙版" ■ 按钮创建蒙版，单击图层蒙版缩览图，将前景色按设置为黑色，在图像中进行适当涂抹，即可隐藏显示的图像部分，如图7-13、图7-14所示。

图 7-13

图 7-14

按住Alt键的同时单击"添加图层蒙版"■按钮，以创建用于隐藏当前图层的蒙版，单击图层蒙版缩览图，将前景色按设置为白色，在图像中进行适当涂抹，即可显示隐藏的图像部分，如图7-15、图7-16所示。

图 7-15

图 7-16

剪贴蒙版是使用处于下方图层的形状来限制上方图层的显示状态。使用剪贴蒙版能够在不影响原图像的同时有效地完成剪贴制作。蒙版中的基底图层名称带下划线，上层图层的缩览图是缩进的，如图7-17、图7-18所示。

图 7-17

图 7-18

（7）调整图层/填充图层/图层样式图层

调整图层主要用于存放图像的色调与色彩，以及调节该层以下图层中图像的色调、亮度和饱和度等。它对图像的色彩调整很有帮助，该图层的引入解决了存储后图像不能再恢复到以前色彩的状况。若图像中没有任何选区，则调整图层作用于其下方所有图层，但不会改变下面图层的属性，如图7-19所示。

填充图层的填充内容可为纯色、渐变或图案，如图7-20所示。

图层样式图层为添加图层样式的图层，如图7-21所示。双击图层样式，再快速更改图层样式。

图 7-19　　　　　　　　　图 7-20　　　　　　　　　图 7-21

7.3　图层的基本操作

在 Photoshop 中，图层的操作包括新建、选择、复制/删除、锁定/解锁、合并以及盖印图层等。下面将对这些操作进行详细介绍。

重点 7.3.1　新建图层

若在当前图像中绘制新的对象时，通常需要创建新的图层，新建图层常见的方法有以下三种。

- 执行"图层＞新建＞图层"命令。
- 按 Ctrl+Shift+N 组合键，弹出"新建图层"对话框，如图7-22所示。
- 单击"图层"面板底部的"创建新图层"⊞按钮，即可在当前图层上面新建一个透明图层，新建的图层会自动成为当前图层，如图7-23所示。

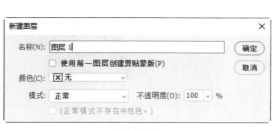

图 7-22

图 7-23

重点 7.3.2　复制/删除图层

在对图像进行编辑过程中，经常需要复制图层，或将图层中的某个部分进行复制，复制粘贴后的内容将会成为独立的新图层。

整体复制图层主要有3种方法。

● 选中目标图层，按Ctrl+J组合键。

● 选中目标图层拖动至"创建新图层"按钮，如图7-24所示。

● 选中目标图层，右击鼠标，在弹出的菜单中选择"复制图层"选项，如图7-25所示。

图 7-24

图 7-25

在图像编辑窗口中，可使用"选择工具"选中目标图像，按住Alt键，当光标变为双箭头图标▶，拖动至合适位置，释放Alt键与鼠标即可复制完成，如图7-26、图7-27所示。

图 7-26

图 7-27

为了减少图像文件占用的磁盘空间，在编辑图像时，通常会将不再使用的图层删除。删除图层主要有几种方法（针对被锁定的背景图层）。

● 选中目标图层，按Delete键。

● 选中目标图层拖动至"删除图层" 🗑 按钮，如图7-28所示。

● 选中目标图层，单击"删除图层" 🗑 按钮。

● 选中目标图层，右击鼠标，在弹出的菜单中选择"删除图层"选项，弹出提示框，单击"是"按钮即可，如图7-29所示。

图 7-28

图 7-29

7.3.3 修改图层名称与显示颜色

在图层较多的文档中，修改图层名称及其显示颜色，可快速寻找到相应的图层。

修改图层主要有以下几种方法。

- 执行"图层>重命名图层"命令。
- 选中目标图层，右击鼠标，在弹出的菜单中选择"重命名图层"选项。
- 双击目标图层，激活名称输入框，输入名称，单击Enter键即可，如图7-30、图7-31所示。

图 7-30

图 7-31

更改图层颜色可快速寻找到目标图层，选中目标图层，右击图层左侧"指示图层可见性" 👁 处，在弹出的菜单中显示多种颜色，单击任意一个颜色即可更改当前图层左侧色块效果，如图7-32、图7-33所示。

图 7-32

图 7-33

注意事项：

选中标图层，右击图层左侧"指示图层可见性" 👁 处，在弹出的菜单中选择"无颜色"选项则可去除颜色效果。

7.3.4 显示／隐藏图层

通过显示或隐藏图层，可以隔离或只查看图像的特定部分，以便于编辑。👁 图标表示图层为可见状态；🔲 图标表示隐藏状态。单击图层左侧方块区域可在隐藏和显示状态之间切换。

若选择多个图层，可执行"图层>隐藏图层"命令，将选择的多个图层隐藏，如图7-34、图7-35所示。

图 7-34

图 7-35

7.3.5 锁定/解锁图层

在"图层"面板中有多个锁定按钮，通过这些按钮组可根据需要锁定图层。完成整个图层后可单击"锁定全部" 🔒 按钮完全锁定图层，锁图标呈现实心状态，如图 7-36 所示，此时只可移动其顺序，不可对其进行操作，如图 7-37 所示。再次单击锁图标即可解锁。

图 7-36

图 7-37

单击"锁定透明像素" ⊠ 按钮，图层被部分锁定，锁图标呈现空心状态，如图 7-38 所示。锁定后可以将编辑范围限定在图层的不透明区域，图层的透明区域受到保护，在该区域可移动变换、更改颜色等，如图 7-39 所示。

图 7-38

图 7-39

7.3.6 链接图层/取消链接

通过链接各个图层，无论图层顺序是否相邻，都可以在它们之间建立联系，选择任意一个都可同时移动变换。选择多个图层，右击鼠标，在弹出的菜单中选择"链接图层"选项，如图7-40所示。如图7-41所示为移动链接的图层。

图 7-40

图 7-41

若要对链接的图层进行独立更改，可选中链接图层，右击鼠标，在弹出的菜单中选择"取消链接图层"选项即可。

7.3.7 调整图层顺序

图 7-42

图层的顺序影响着图像最终的呈现，对图层顺序的调整主要有两种方法：一种是在"图层"面板中进行拖拽调整；另一种是使用"排列"命令进行调整。

选择目标图层，执行"图层＞排列"菜单中的相应命令，即可调整图层顺序，如图7-42所示。

该菜单栏中主要选项的功能介绍如下。

● 置为顶层：将所选图层调整至最顶层。

● 前移/后移一层：将所选图层向上或向下移动一个图层顺序。

● 置为底层：将所选图层调整至最底层。

● 反向：将所选的多个图层反向排列顺序，如图7-43、图7-44所示。

图 7-43　　　　　　图 7-44

上手实操：在"图层"面板中调整图层顺序

Step01 打开目标文档，如图7-45所示。

Step02 在"图层"面板中复制背景图层，如图7-46所示。

图 7-45

图 7-46

Step03 选中"背景 拷贝"图层，按住鼠标左键拖动至"仙人掌"图层下方，释放即可完成调整，如图7-47所示。

Step04 此时将显示"背景 拷贝"上的图层，如图7-48所示。

图 7-47

图 7-48

重点 7.3.8 图层的排列与分布

在编辑图像过程中，常常需要将多个图层进行对齐或分布排列。对齐图层是指将两个或两个以上图层按一定规律进行对齐排列，以当前图层或选区为基础，在相应方向上对齐。执行"图层＞对齐"菜单中相应的命令即可，如图7-49所示。

分布图层是指将3个以上图层按一定规律在图像窗口中进行分布。选中多个图层，执行"图层＞分布"菜单中的相应的命令即可，如图7-50所示。

图 7-49

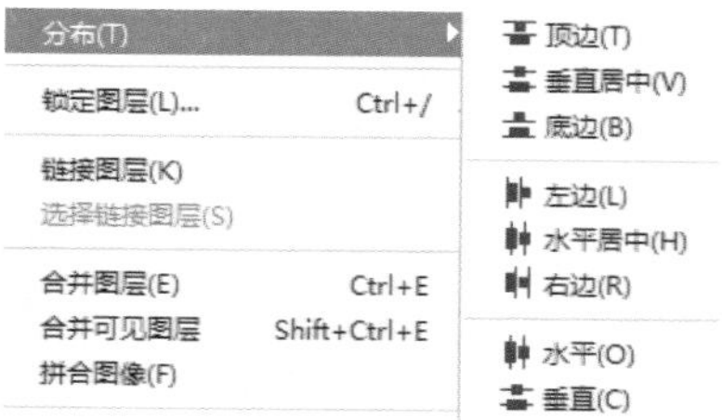

图 7-50

知识链接:

选择移动工具，在选项栏中提供了一组对齐按钮 和一组分布按钮 ，选择需要调整的图层后即可激活这些按钮，单击相应的按钮即可快速对图像进行对齐和分布。

上手实操：为仙人掌排序

Step01　打开目标文档，如图7-51所示。

Step02　选择"移动工具"，将动物从低到高依次排列，如图7-52所示。

图 7-51

图 7-52

Step03　拖动框选所有图层，如图7-53所示。

Step04　单击选项栏中的"底对齐" 按钮，如图7-54所示。

图 7-53

图 7-54

Step05　单击选项栏中的"对齐与分布" 按钮，在弹出的列表中单击"水平居中分布"按钮，如图7-55、图7-56所示。

图 7-55

图 7-56

7.3.9 合并/盖印图层

在编辑过程中，为了缩减文件内存，经常会将几个图层进行合并编辑。可根据需要对图层进行合并，从而减少图层的数量方便操作。

（1）合并图层

当需要合并两个或多个图层时，有以下几种方法。

- 执行"图层>合并图层"命令。
- 右击鼠标，在弹出的菜单中选择"合并图层"选项。
- 按Ctrl+E组合键合并图层，如图7-57、图7-58所示。

（2）合并可见图层

合并可见图层就是将图层中可见的图层合并到一个图层中，而隐藏的图像则保持不动。

- 执行"图层>合并可见图层"命令。
- 右击鼠标，在弹出的菜单中选择"合并可见图层"选项。
- 按Ctrl+Shift+E组合键即可合并可见图层，如图7-59、图7-60所示。

（3）拼合图像

拼合图像就是将所有可见图层进行合并，而丢弃隐藏的图层。执行"图层>拼合图像"命令，Photoshop会将所有处于显示的图层合并到背景图层中。若有隐藏的图层，在拼合图像时会弹出提示对话框，询问是否要扔掉隐藏的图层，单击"确定"按钮即可，如图7-61、图7-62所示。

（4）盖印图层

"盖印"图层是一种合并图层的特殊方法，可以将多个图层的内容合并到一个新的图层中，同时保持原始图层的内容不变，按Ctrl+Alt+Shift+E组合键即可。

图 7-57　　　　　　　　　　图 7-58

图 7-59　　　　　　　　　　图 7-60

图 7-61

图 7-62

7.4 不透明度和混合模式

图层混合操作包括不透明度的设置和混合模式的设置。"不透明度"和"填充"两个选项都可用于设置图层的不透明度，但作用范围是有区别的。

7.4.1 不透明度

不透明度选项控制着整个图层的透明属性，包括图层中的形状、像素以及图层样式。在默认状态下，图层的不透明度为100%，即完全不透明。调整图层的不透明度后，可以透过该图层看到其下面图层上的图像，如图7-63、图7-64所示。

图 7-63

图 7-64

填充透明度只用于设置图层的内部填充颜色，对添加到图层的外部效果（如投影）不起作用，如图7-65、图7-66所示。

图 7-65

图 7-66

进阶案例：制作平铺壁纸

本案例将练习制作平铺壁纸，涉及的知识点主要是形状工具、复制图层、图层排列与分布以及图层不透明度的应用。下面将对具体的操作步骤进行介绍。

⊃ Step01 执行"文件＞新建"命令，新建1080像素×1980像素大小的文档，如图7-67所示。

⊃ Step02 新建的空白文档，如图7-68所示。

⊃ Step03 在工具箱中单击"前景色"按钮，在弹出的"拾色器"中设置前景色，如图7-69所示。

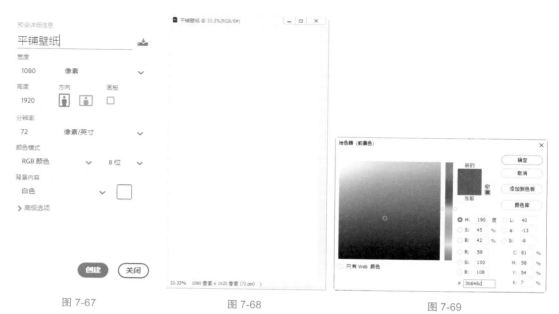

图 7-67   图 7-68   图 7-69

⊃ Step04 选择"矩形工具" ☐，单击弹出"创建矩形"对话框，创建1080像素×12像素的矩形，如图7-70所示。

⊃ Step05 移动至合适位置，按住Shift+Alt组合键向下垂直移动 150像素，如图7-71所示。

⊃ Step06 框选两个矩形，按住Alt组合键向下垂直移动 150像素，如图7-72所示。

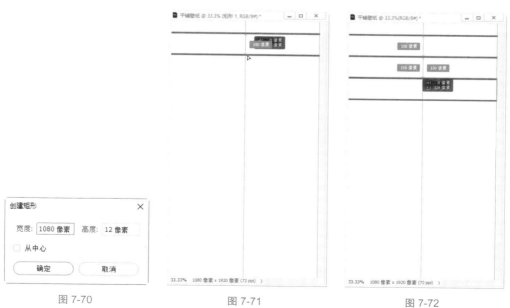

图 7-70   图 7-71   图 7-72

Step07 使用相同方法复制移动矩形，如图 7-73 所示。

Step08 选择"矩形工具" ⬜，单击弹出"创建矩形"对话框，创建12像素×1920像素的矩形，移动至合适位置，如图 7-74 所示。

Step09 按住Alt键向右连续移动 ，如图 7-75 所示。

图 7-73

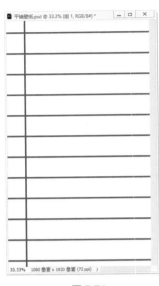
图 7-74

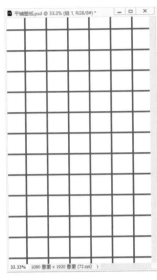
图 7-75

Step10 选择"矩形工具" ⬜，单击弹出"创建矩形"对话框，创建80像素×1920像素的矩形，移动至合适位置，如图 7-76 所示。

Step11 按住Alt键向右连续移动，如图 7-77 所示。

Step12 按住Shift键框选　Step11中的矩形，单击选项栏中的"对齐与分布" ⋯ 按钮，在弹出的列表中单击"水平居中分布" ⋕ 按钮，如图 7-78 所示。

图 7-76

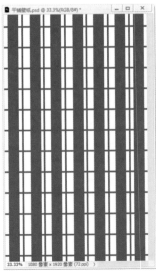
图 7-77

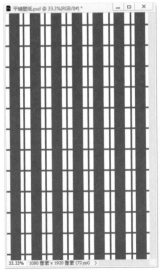
图 7-78

222

Step13 调整其不透明度为50%，如图7-79、图7-80所示。

Step14 使用相同的方法，创建1080像素×80像素的矩形，移动至合适位置并连续复制，如图7-81所示。

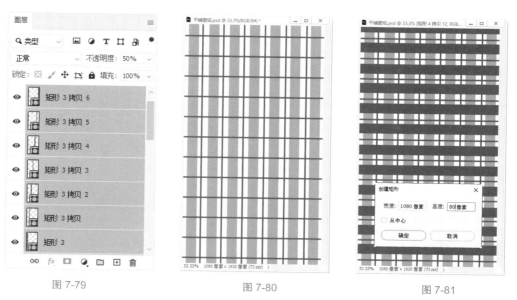

图 7-79　　　　　　　　　　图 7-80　　　　　　　　　　图 7-81

Step15 按住Shift键框选　Step14中的矩形，单击选项栏中的"对齐与分布"⋯按钮，在弹出的列表中单击"垂直居中分布"按钮，如图7-82所示。

Step16 调整其不透明度为50%，如图7-83、图7-84所示。

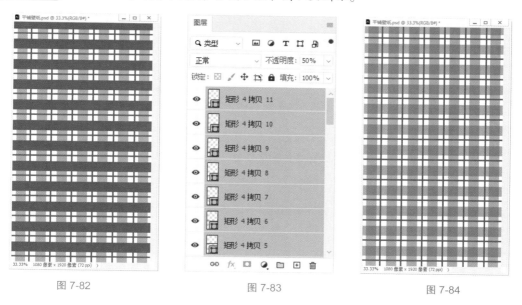

图 7-82　　　　　　　　　　图 7-83　　　　　　　　　　图 7-84

重点 7.4.2　图层混合模式

在"图层"面板中，可以很方便地设置各图层的混合模式。选择不同的混合模式将会得到不同的效果。图层混合模式及其功能介绍如表7-1所示。

表 7-1　图层混合模式及功能描述

混合模式	功能描述
正常	该模式为默认的混合模式，使用此模式时，图层之间不会发生相互作用
溶解	在图层完全不透明的情况下，溶解模式与正常模式所得到的效果是相同的。若降低图层的不透明度时，将得到颗粒化效果
变暗	查看每个通道中的颜色信息，并选择基色或混合色中较暗的颜色作为结果色。将替换比混合色亮的像素，而比混合色暗的像素保持不变
正片叠底	用于添加阴影和细节，而不会完全消除下方的图层阴影区域的颜色。其中，任何颜色与黑色混合时仍为黑色，与白色混合时没有变化
颜色加深	查看每个通道中的颜色信息，并通过增加二者之间的对比度使基色变暗以反映出混合色。与白色混合后不产生变化
线性加深	查看每个通道中的颜色信息，并通过减小亮度使基色变暗以反映混合色。与白色混合后不产生变化
深色	将比较混合色和基色的所有通道值的总和，显示值较小的颜色
变亮	查看每个通道中的颜色信息，并选择基色或混合色中较亮的颜色作为结果色。比混合色暗的像素被替换，比混合色亮的像素保持不变
滤色	查看每个通道的颜色信息，并将混合色的互补色与基色进行正片叠底，结果色总是较亮的颜色。用黑色过滤时颜色保持不变；用白色过滤将产生白色
颜色减淡	查看每个通道中的颜色信息，并通过减小二者之间的对比度使基色变亮以反映出混合色。与黑色混合则不发生变化
线性减淡（添加）	查看每个通道中的颜色信息，并通过增加亮度使基色变亮以反映混合色。与黑色混合则不发生变化
浅色	将比较混合色和基色的所有通道值的总和，显示数值较大的颜色
叠加	该模式的应用将对各图层颜色进行叠加，保留底色的高光和阴影部分，底色不被取代，而是和上方图层混合来体现原图的亮度和暗部
柔光	使颜色变暗或变亮，具体取决于混合色。如果混合色比 50% 灰色亮，则图像变亮，就像被减淡了一样。如果混合色比 50% 灰色暗，则图像变暗
强光	对颜色进行过滤，具体取决于混合色。如果混合色比 50% 灰色亮，则图像变亮，就像过滤后的效果。这对于向图像添加高光非常有用。如果混合色比 50% 灰色暗，则图像变暗
亮光	通过增大或减小对比度来加深或减淡颜色，具体取决于混合色。若混合色比 50% 灰色亮，则通过减小对比度使图像变亮；若混合色比 50% 灰色暗，则通过增大对比度使图像变暗
线性光	通过减小或增加亮度来加深或减淡颜色，具体取决于混合色。如果混合色比 50% 灰色亮，则通过增加亮度使图像变亮；如果混合色比 50% 灰色暗，则通过减小亮度使图像变暗
点光	根据混合色替换颜色。如果混合色比 50% 灰色亮，则替换比混合色暗的像素，而不改变比混合色亮的像素；如果混合色比 50% 灰色暗，则替换比混合色亮的像素，而比混合色暗的像素保持不变
实色混合	将混合颜色的红色、绿色和蓝色通道值添加到基色的 RGB 值
差值	查看每个通道中的颜色信息，并从基色中减去混合色，或从混合色中减去基色，具体取决于哪一个颜色的亮度值更大。与白色混合将反转基色值；与黑色混合则不产生变化
排除	创建一种与"差值"模式相似但对比度更低的效果。与白色混合将反转基色值；与黑色混合则不发生变化

混合模式	功能描述
减去	查看每个通道中的颜色信息，并从基色中减去混合色。在 8 位和 16 位图像中，任何生成的负片值都会剪切为零
划分	查看每个通道中的颜色信息，并从基色中划分混合色
色相	用基色的明亮度和饱和度以及混合色的色相创建结果色
饱和度	用基色的明亮度和色相以及混合色的饱和度创建结果色。在无饱和度（灰度）区域上用此模式绘画不会产生任何变化
颜色	用基色的明亮度以及混合色的色相和饱和度创建结果色。可以保留图像中的灰阶，并且对于给单色图像上色和给彩色图像着色都会非常有用
明度	用基色的色相和饱和度以及混合色的明亮度创建结果色。此模式创建与"颜色"模式相反的效果

 上手实操：使用混合模式制作墙绘

扫一扫 看视频

Step01 将素材文件拖放至 Photoshop 中，打开素材图像，执行"文件＞置入嵌入对象"命令，置入目标图像，如图 7-85 所示。

Step02 拖动定界框放大图像，移动至合适位置，如图 7-86 所示。

图 7-85

图 7-86

Step03 在"图层"面板中将混合模式更改为"线性加深"，如图 7-87 所示。

Step04 效果如图 7-88 所示。

图 7-87

图 7-88

7.5 图层样式

图层样式是Photoshop软件一个重要的功能，利用图层样式功能，可以简单快捷地为图像添加投影、内阴影、内发光、外发光、斜面和浮雕、光泽、渐变等效果。

重点 7.5.1 添加图层样式

添加图层样式主要有以下几种方法。

● 执行"图层＞图层样式"菜单中的相应的命令即可，如图7-89所示。

● 双击需要添加图层样式的图层缩览图。

● 单击"图层"面板底部的"添加图层样式"按钮，从弹出的下拉菜单中选择任意一种样式，如图7-90所示。

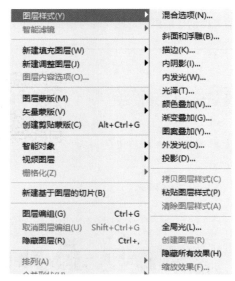

图 7-89

图 7-90

重点 7.5.2 图层样式详解

在"图层样式"对话框中，各主要选项的含义介绍如下。

（1）样式

放置预设好的图层样式，选中即可应用，如图7-91所示。

（2）混合选项

"混合选项"分为"常规混合""高级混合"和"混合颜色带"，如图7-92所示。其中，"高级混合"选项中各选项作用如下。

图 7-91

图 7-92

- ☐ 将内部效果混合成组(I)：选中该复选框，可用于控制添加内发光、光泽、颜色叠加、图案叠加、渐变叠加图层样式的图层的挖空效果。
- ☑ 将剪贴图层混合成组(P)：选中该复选框，将只对裁切组图层执行挖空效果。
- ☑ 透明形状图层(T)：当添加图层样式的图层中有透明区域时，若选中该复选框，则透明区域相当于蒙版。生成的效果若延伸到透明区域，则将被遮盖。
- ☐ 图层蒙版隐藏效果(S)：当添加图层样式的图层中有图层蒙版时，若选中该复选框，则生成的效果若延伸到蒙版区域，将被遮盖。
- ☐ 矢量蒙版隐藏效果(H)：当添加图层样式的图层中有矢量蒙版时，若选中该复选框，则生成的效果若延伸到矢量蒙版区域，将被遮盖。

进阶案例：制作错位故障效果

扫一扫 看视频

本案例将练习制作错位故障效果，涉及的知识点主要是复制图层、去色以及图层样式的应用。下面将对具体的操作步骤进行介绍。

Step01 将素材文件拖放至Photoshop中，打开素材图像，如图7-93所示。

Step02 按Shift+Ctrl+U组合键去色，如图7-94所示。

图 7-93

图 7-94

Step03 按Ctrl+J组合键复制图层，双击该图层，在弹出的"图层样式"对话框中取消勾选"B（B）"复选框，如图7-95所示。

Step04 在键盘上按←键调整，如图7-96所示。

Step05 按Ctrl+J组合键复制图层，双击该图层，在弹出的"图层样式"对话框中取消勾选"R（R）""G（G）"复选框，勾选"B（B）"复选框，如图7-97所示。

Step06 在键盘上按→键调整，如图7-98所示。

Step07 按Ctrl+J组合键复制图层，双击该图层，在弹出的"图层样式"对话框中勾选"R（R）"复选框，如图7-99所示。

Step08 在键盘上按←键调整，如图7-100所示。

图 7-95

图 7-96

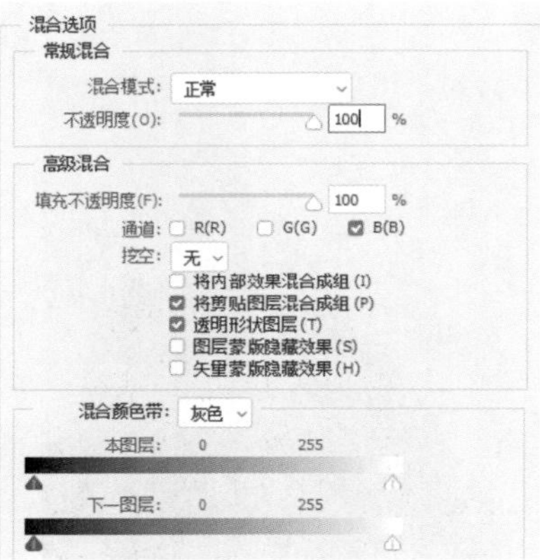

图 7-97

图 7-98

图 7-99

图 7-100

（3）斜面和浮雕

在图层中使用"斜面和浮雕"样式，可以添加不同组合方式的浮雕效果，从而增加图像的立体感。

● 斜面和浮雕：用于增加图像边缘的明暗度，并增加投影来使图像产生不同的立体感，如图 7-101 所示。

● 等高线：在浮雕创建凹凸起伏的效果，如图 7-102 所示。

● 纹理：在浮雕中创建不同的纹理效果，如图 7-103 所示。

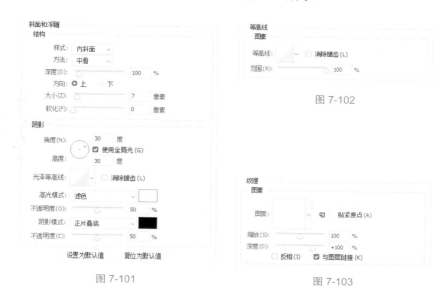

图 7-101

图 7-102

图 7-103

（4）描边

"描边"样式可以使用颜色、渐变以及图案来描绘图像的轮廓边缘，如图 7-104 ～图 7-106 所示。

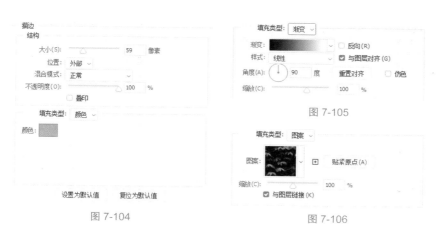

图 7-104

图 7-105

图 7-106

（5）内阴影

在紧靠图层内容的边缘向内添加阴影，使图层呈现凹陷的效果，如图 7-107 所示。

（6）内发光

沿图层内容的边缘向内创建发光效果，使对象出现些许"凸起感"，如图 7-108 所示。

图 7-107

图 7-108

👑 **进阶案例：制作金属文字**

扫一扫 看视频

　　本案例将练习制作金属文字，涉及的知识点主要是文字工具、复制图层以及图层样式的应用。下面将对具体的操作步骤进行介绍。

🔘 Step01 将素材文件拖放至Photoshop中，打开素材图像，选择"横排文字工具"输入文字，在"字符"面板中设置参数，如图7-109、图7-110所示。

图 7-109

图 7-110

图 7-111

图 7-112

🔘 Step02 按Ctrl+J组合键复制图层，如图7-111所示。

🔘 Step03 双击拷贝图层，在弹出的"图层样式"对话框中，勾选"渐变叠加"复选框，设置参数，如图7-112所示。

Step04 效果如图7-113所示。

Step05 勾选"斜面与浮雕"复选框，设置参数，如图7-114所示。

图 7-113

图 7-114

Step06 效果如图7-115所示。

Step07 勾选"内发光"复选框，设置参数，如图7-116所示。

图 7-115

图 7-116

Step08 效果如图7-117所示。

Step09 双击"德胜"图层，在弹出的"图层样式"对话框中，勾选"描边"复选框，设置参数，如图7-118所示。

图 7-117

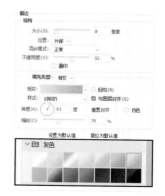

图 7-118

⊃ Step10) 效果如图7-119所示。

⊃ Step11) 勾选"斜面和浮雕"复选框，设置参数，如图7-120所示。

图 7-119

图 7-120

⊃ Step12) 效果如图7-121所示。

⊃ Step13) 勾选"等高线"复选框，设置参数，效果如图7-122所示。

图 7-121

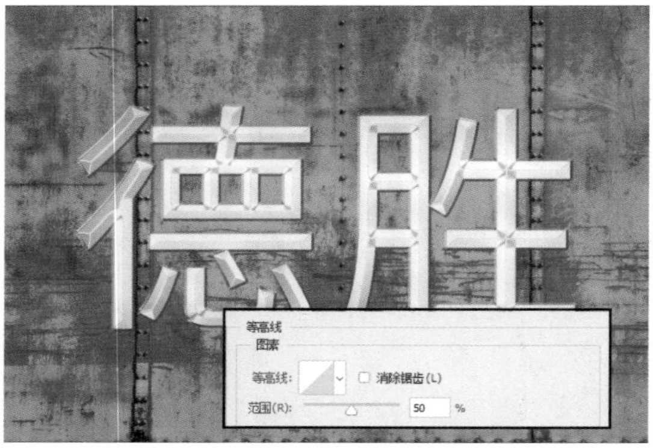

图 7-122

⊃ Step14) 勾选"投影"复选框，设置参数，如图7-123所示。

⊃ Step15) 效果如图7-124所示。

图 7-123

图 7-124

（7）光泽

为图像添加光滑的具有光泽的内部阴影，通常用来制作具有光泽质感的按钮和金属，如图7-125所示。

（8）颜色叠加

在图像上叠加指定的颜色，可以通过混合模式的修改调整图像与颜色的混合效果，如图7-126所示。

图 7-125

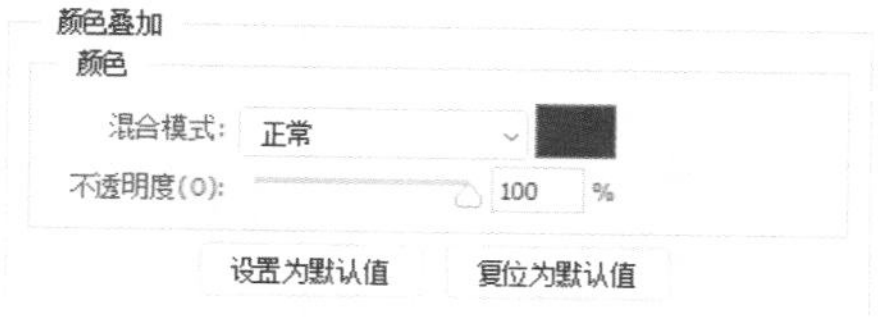

图 7-126

（9）渐变叠加

在图像上叠加指定的渐变色，不仅能制作出带有多种颜色的对象，更能通过巧妙的渐变颜色设置制作出凸起、凹陷等三维效果以及带有反光质感的效果，如图7-127所示。

（10）图案叠加

在图像上叠加图案。与"颜色叠加"和"渐变叠加"相同，可以通过混合模式的设置使叠加的"图案"与原图进行混合，如图7-128所示。

图 7-127

图 7-128

 上手实操：创建图案叠加效果

扫一扫 看视频

Step01 执行"文件＞新建"命令，新建A4大小的文档，如图7-129所示。

Step02 在"图层"面板单击锁图标，使背景图层变为普通图层，如图7-130所示。

Step03 双击该图层，在弹出的"图层样式"对话框中，勾选"图案叠加"复选框，设置参数，如图7-131所示。

Step04 效果如图7-132所示。

图 7-129

图 7-130

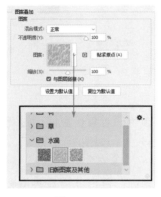

图 7-131

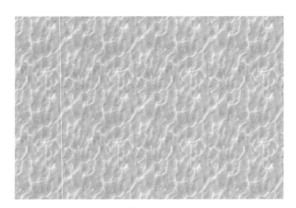

图 7-132

（11）外发光

沿图层内容的边缘向外创建发光效果，主要用于制作自发光效果以及人像或其他对象梦幻般的光晕效果，如图 7-133 所示。

（12）投影

为图层模拟出向后的投影效果，增强某部分的层次感以及立体感，常用于突显文字，如图 7-134 所示。

图 7-133

图 7-134

进阶案例：制作镂空文字

扫一扫 看视频

本案例将练习制作镂空文字，涉及的知识点主要是文字工具、图层样式以及图层不透明度的应用。下面将对具体的操作步骤进行介绍。

Step01 将素材文件拖放至Photoshop中，打开素材图像，选择"横排文字工具"输入文字，在"字符"面板中设置参数，如图7-135、图7-136所示。

图 7-135

图 7-136

Step02 双击文字图层，在弹出的"图层样式"对话框中勾选"描边"复选框，设置参数，如图7-137、图7-138所示。

图 7-137

图 7-138

Step03 勾选"投影"复选框，设置参数，如图7-139所示。

Step04 单击"确定"按钮，效果如图7-140所示。

图 7-139

图 7-140

Step05 在"图层"面板中设置填充透明度为0%，如图7-141、图7-142所示。

图 7-141

图 7-142

7.5.3 "样式"面板

在Photoshop中，可以将创建好的样式存储为独立的文件，以便于使用。执行"窗口＞样式"命令，弹出"样式"面板。单击"菜单"按钮，在弹出的菜单中选择"旧版样式及其他"选项，载入旧版样式，如图7-143、图7-144所示。

图 7-143

图 7-144

（1）创建预设样式

可以创建自定样式并将其存储为预设，可以通过"样式"面板使用此预设。在"图层"面板中选择应用图层样式的图层，在"样式"面板中单击"创建新样式"⊞按钮，如图7-145、图7-146所示。

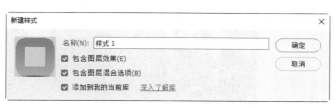

图 7-145

图 7-146

（2）删除预设样式

删除预设样式和删除图层的方式类似，主要有两种方法。

● 选中目标样式拖动至"删除样式" 🗑 按钮，如图7-147所示。

● 选中目标样式单击"删除样式" 🗑 按钮。

● 选中目标图层，右击鼠标，在弹出的菜单中选择"删除样式"选项，弹出提示框，单击"确定"按钮即可，如图7-148所示。

图 7-147

图 7-148

 上手实操：制作3D重叠样式文字

扫一扫 看视频

Step01 将素材文件拖放至Photoshop中，打开素材图像，选择"横排文字工具"输入文字，在"字符"面板中设置参数，如图7-149、图7-150所示。

图 7-149

图 7-150

Step02 在"样式"面板中单击"旧版样式及其他＞2019样式＞3D＞重叠"选项，如图7-151所示。

Step03 效果如图7-152所示。

图 7-151

图 7-152

Step04　按Ctrl+J组合键复制图层，在键盘上按←键调整，如图7-153所示。

Step05　按Ctrl+J组合键复制图层，在键盘上按→键调整，如图7-154所示。

图 7-153　　　　　　　　　　　　　　　　图 7-154

综合实战：制作剪纸风海报

扫一扫 看视频

　　本案例将练习制作剪纸风海报，涉及的知识点主要是钢笔工具、渐变工具、填充路径、图层样式以及文字工具的应用。下面将对具体的操作步骤进行介绍。

Step01　执行"文件＞新建"命令，新建A4大小的文档，如图7-155所示。

Step02　新建图层，选择"钢笔工具"绘制路径，如图7-156所示。

Step03　按Ctrl+Enter组合键创建选区，如图7-157所示。

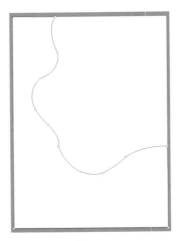
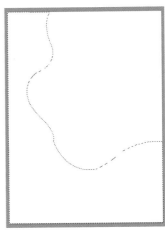

图 7-155　　　　　　　　　　图 7-156　　　　　　　　　　图 7-157

Step04　选择"渐变工具"，单击选项栏中的渐变条，在弹出的"渐变编辑器"对话框中设置颜色参数，如图7-158所示。

Step05　从右下至左上创建渐变，按Ctrl+D组合键取消选区，如图7-159、图7-160所示。

Step06　新建图层，选择"钢笔工具"绘制路径，右击鼠标，在弹出的菜单中选择"填充路径"选项，如图7-161所示。

Step07　在弹出的"填充路径"对话框中设置参数，如图7-162、图7-163所示。

图 7-158

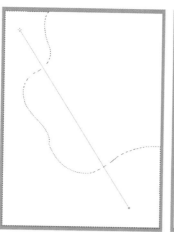

图 7-159

图 7-160

图 7-161

图 7-162

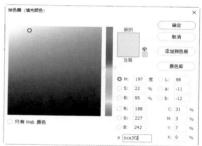

图 7-163

Step08 按Ctrl+Enter组合键创建选区，按Ctrl+D组合键取消选区，如图7-164所示。

Step09 在"图层"面板中调整图层顺序，如图7-165、图7-166所示。

图 7-164

图 7-165

图 7-166

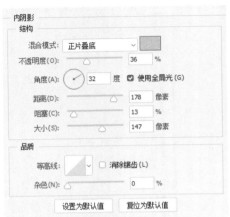

图 7-167

图 7-168

Step10 双击该图层，在弹出的"图层样式"对话框中勾选"内阴影"选项并设置参数，如图7-167、图7-168所示。

Step11 新建图层，选择"钢笔工具"绘制路径，右击鼠标，在弹出的菜单中选择"填充路径"选项，如图7-169、图7-170所示。

Step12 调整图层顺序，如图7-171所示。

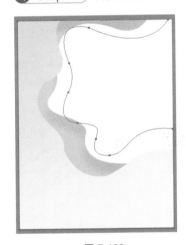

图 7-169

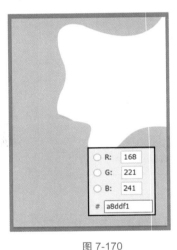

图 7-170

图 7-171

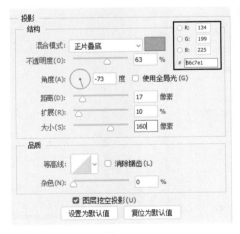

图 7-172

图 7-173

Step13 双击"图层2"，在弹出的"图层样式"对话框中勾选"投影"选项并设置参数，如图7-172、图7-173所示。

Step14 右击"图层2"，在弹出菜单中选择"拷贝图层样式"选项，如图7-174所示。

Step15 右击"图层3"，在弹出菜单中选择"粘贴图层样式"选项，如图7-175、图7-176所示。

图7-174

图7-175

图7-176

Step16 选择"矩形工具"绘制矩形，在选项栏中更改填充参数，如图7-177所示。

Step17 双击"图层3"，在弹出的"图层样式"对话框中更改"投影"参数，如图7-178、图7-179所示。

图7-177

图7-178

图7-179

Step18 双击"图层1"，在弹出的"图层样式"对话框中勾选"投影"选项并设置参数，如图7-180、图7-181所示。

Step19 执行"文件>置入嵌入对象"命令，置入目标图像，旋转缩小放置合适位置，如图7-182所示。

Step20 移动到矩形图层上方，如图7-183、图7-184所示。

Step21 双击该图层，在弹出的"图层样式"对话框中勾选"渐变叠加"选项设置参数，如图7-185、图7-186所示。

图 7-180

图 7-181

图 7-182

图 7-183

图 7-184

图 7-185

图 7-186

Step22 勾选"投影"选项设置参数，如图 7-187、图 7-188所示。

Step23 右击图层"圣诞"，在弹出菜单中选择"拷贝图层样式"选项，如图 7-189所示。

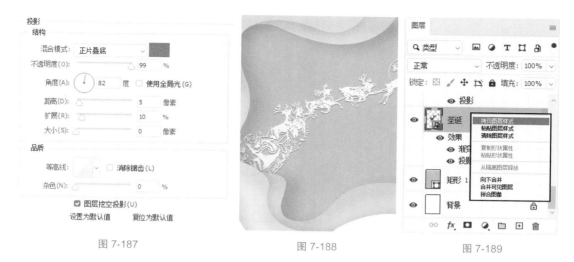

图 7-187 图 7-188 图 7-189

Step24 打开素材文件，选择"矩形选框工具"框选目标图像，如图7-190所示。

Step25 按Ctrl+X组合键剪切图像，按Ctrl+V组合键粘贴图像，右击该图层，在弹出的菜单中选择"粘贴图层样式"选项，如图7-191所示。

图 7-190

图 7-191

Step26 使用相同的方法，剪贴图像并粘贴图层样式，如图7-192所示。

Step27 双击"矩形"缩览图，在弹出的"拾色器"对话框中更改颜色，如图7-193所示。

Step28 执行"文件>置入嵌入对象"命令，等比例旋转缩小图像，右击该图层，在弹出的菜单中选择"粘贴图层样式"选项，如图7-194所示。

Step29 执行"文件>置入嵌入对象"命令，等比例旋转缩小图像，如图7-195所示。

Step30 双击该图层，在弹出的"图层样式"对话框中勾选"投影"选项设置参数，如图7-196、图7-197所示。

Step31 执行"文件>置入嵌入对象"命令，等比例缩小图像，双击该图层，在弹出的"图层样式"对话框中勾选"颜色叠加"选项填充颜色，如图7-198所示。

Step32 执行"文件>置入嵌入对象"命令，等比例缩小图像，在弹出的"图层样式"对话框中填充相同的颜色后，勾选"投影"选项设置参数，如图7-199、图7-200所示。

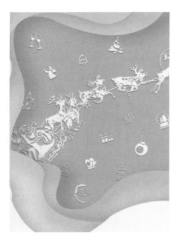

图 7-192

图 7-193

图 7-194

	R:	100
	G:	191
	B:	224
#	64bfe0	

图 7-195

图 7-196

图 7-197

图 7-198

图 7-199

图 7-200

 选择"横排文字工具"分别输入文字，在"字符"面板中设置参数，如图7-201 ~ 图 7-203 所示。

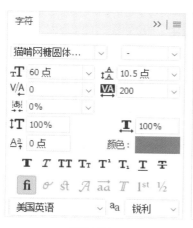

图 7-201

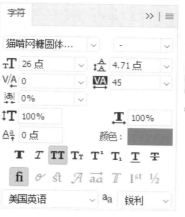

图 7-202

图 7-203

⊃ Step34) 在素材图像中选择"矩形选框工具"框选目标图像，按Ctrl+X组合键剪切图像，按Ctrl+V组合键粘贴图像，调整至合适大小，放置合适位置，如图7-204所示。

⊃ Step35) 双击该图层，在弹出的"图层样式"对话框中勾选"颜色叠加"选项填充颜色，如图7-205所示。

⊃ Step36) 整体调整，如图7-206所示。

图 7-204

图 7-205

图 7-206

第8章　调色技术要掌握

内容导读:

本章主要对调整图像的色调与色彩进行讲解,主要包括执行色阶、曲线以及亮度/对比度等命令调整图像色调;执行色彩平衡、色相/饱和度、自然饱和度、照片滤镜以及可选颜色等命令调整图像色彩;执行去色、反相以及阈值等特殊命令调整图像。

学习目标:

- 掌握图像色调的调整方法
- 掌握图像色彩的调整方法
- 掌握特殊命令的图像色调调整方法

8.1 调整图像的色调

调整图像的色调主要是指调整图像的相对明暗程度，在Photoshop中可以通过色阶、曲线、亮度/对比度以及阴影/高光来调整图像的色调。

重点 8.1.1 色阶

色阶是表示图像亮度强弱的指数标准，即色彩指数。图像的色彩丰满度和精细度是由色阶决定的。执行"图像＞调整＞色阶"命令或按Ctrl+L组合键，弹出"色阶"对话框，如图8-1所示，从中可以设置通道、输入色阶和输出色阶的参数，调整图像的效果。

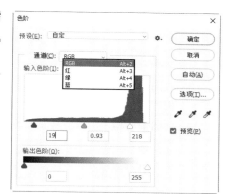

该对话框中主要选项的功能介绍如下。

- 预设：用于选择已经调整完成的色阶效果。
- 通道：用于选择要调整色调的通道。
- 输入色阶：该选项分别对应上方直方图中的三个滑块，拖动即可调整其阴影、高光以及中间调。

图 8-1

- 输出色阶：用于限定图像亮度范围，其取值范围为0～255，两个数值分别用于调整暗部色调和亮部色调。
- 自动按钮：单击该按钮，Photoshop将以0.5的比例对图像进行调整，把最亮的像素调整为白色，而把最暗的像素调整为黑色。
- 选项按钮：通过单击该按钮，可打开"自动颜色校正选项"对话框。该对话框主要用于设置"阴影"和"高光"所占比例。
- 从图像中取样以设置黑场 ✒ 按钮：单击该按钮在图像中取样，可以将单击处的像素调整为黑色，同时图像中比该单击点亮的像素也会变成黑色，如图8-2、图8-3所示。

图 8-2

图 8-3

注意事项：

　　按住Alt键，"取消"按钮会变为"复位"按钮，单击该按钮，将参数设置恢复到默认值，如图8-4、图8-5所示。

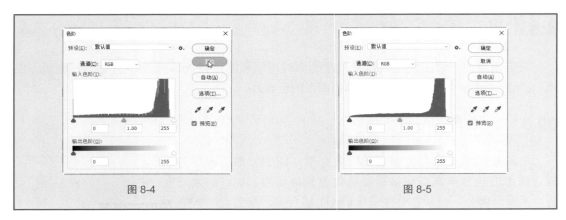

图 8-4　　　　　　　　　　　　　　　　图 8-5

- 从图像中取样以设置灰场 ✐ 按钮：单击该按钮在图像中取样，可以根据单击点设置为灰度色，从而改变图像的色调，如图8-6所示。
- 从图像中取样以设置白场 ✐ 按钮：单击该按钮在图像中取样，可以将单击处的像素调整为白色，同时图像中比该单击点亮的像素也会变成白色，如图8-7所示。

图 8-6　　　　　　　　　　　　　　　　图 8-7

上手实操：调整图像明暗对比度

扫一扫 看视频

Step01　将素材文件拖放至Photoshop中，打开素材图像，如图8-8所示。

Step02　单击"图层"面板底部的"创建新的填充或调整图层" ◐ 按钮，在弹出的菜单中选择"色阶"选项，如图8-9所示。

图 8-8　　　　　　　　　　　　　　　　图 8-9

Step03 在"属性"面板中设置参数，如图8-10所示。

Step04 效果如图8-11所示。

图 8-10

图 8-11

知识链接：

在颜色调整过程中，直接执行调色命令，这种方式一旦应用了便不可修改其参数；若是使用调整图层，便可以任意修改其参数，直至满意。

重点 8.1.2 曲线

曲线的使用不仅可以调整图像整体的色调，还可以精确地控制图像中多个色调区域的明暗度。使用"曲线"命令可以将一幅整体偏暗且模糊的图像变得清晰、色彩鲜明。执行"图像＞调整＞曲线"命令或按Ctrl+M组合键，打开"曲线"对话框，如图8-12所示。

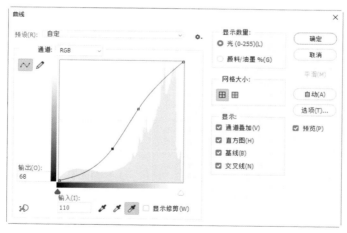

图 8-12

该对话框中主要选项的功能介绍如下。

● 预设：Photoshop已对一些特殊调整做了设定，在其中选择相应选项即可快速调整图像。

● 通道：可选择需要调整的通道。如图8-13、图8-14所示为"绿"通道调整前后对比图。

图 8-13

图 8-14

- 曲线编辑框：曲线的水平轴表示原始图像的亮度，即图像的输入值；垂直轴表示处理后新图像的亮度，即图像的输出值；曲线的斜率表示相应像素点的灰度值。在曲线上单击可创建控制点。
- 编辑点以修改曲线 ～ 按钮：表示以拖动曲线上控制点的方式来调整图像。
- 通过绘制来修改曲线 ✐ 按钮：单击该按钮后将鼠标移到曲线编辑框中，当其变为 ✐ 形状时单击并拖动，绘制需要的曲线来调整图像。
- 网格大小选项组：单击 ⊞⊞ 按钮控制曲线编辑框中曲线的网格数量。
- 显示选项区：包括"通道叠加""基线""直方图"和"交叉线"4个复选框，只有勾选这些复选框才会在曲线编辑框里显示3个通道叠加以及基线、直方图和交叉线的效果。

进阶案例：调整图像色调

扫一扫 看视频

本案例将练习调整图像色调，涉及的知识点主要是创建调整图层，在"属性"面板中对"RGB"与"绿"通道进行设置。下面将对具体的操作步骤进行介绍。

Step01 将素材文件拖放至Photoshop中，打开素材图像，如图8-15所示。

Step02 单击"图层"面板底部的"创建新的填充或调整图层" ◑ 按钮，在弹出的菜单中选择"曲线"选项，弹出"属性"面板，如图8-16所示。

图 8-15

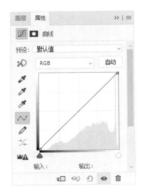

图 8-16

Step03 设置通道为"绿"，拖动创建控制点，如图8-17、图8-18所示。

Step04 设置通道为"红"，拖动创建控制点，如图8-19、图8-20所示。

Step05 设置通道为"RGB"，拖动创建控制点，如图8-21、图8-22所示。

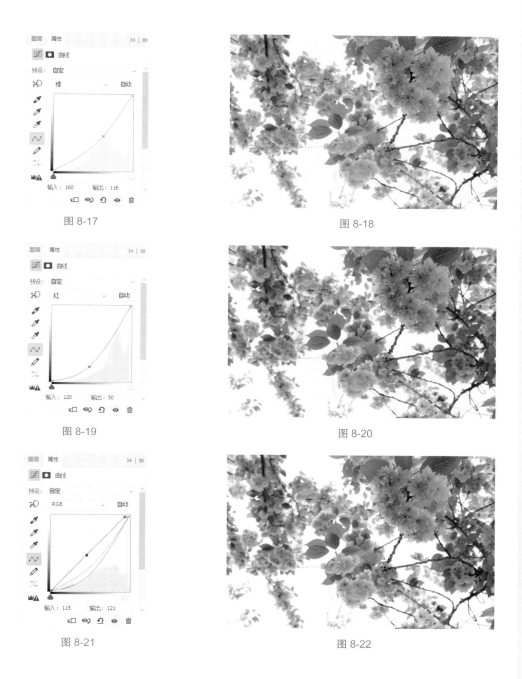

图 8-17

图 8-18

图 8-19

图 8-20

图 8-21

图 8-22

8.1.3 亮度/对比度

亮度/对比度主要用来调节图像的亮度和对比度，当打开的图像文件太暗或模糊时，可以使用"亮度/对比度"命令来增加图像的清晰度。执行"图像＞调整＞亮度/对比度"命令，弹出"亮度/对比度"对话框，如图8-23所示。

在该对话框中，可以通过拖动滑块或在文本框中输入数值（范围是–100 ~ 100）来调整图像的亮度和对比度。如图8-24、图8-25所示为使用"亮度/对比度"调整前后的对比效果。

图 8-23

251

图 8-24

图 8-25

8.1.4　阴影/高光

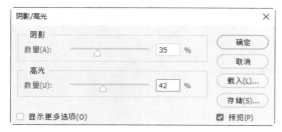

图 8-26

阴影/高光用于对曝光不足或曝光过度的照片进行修正。执行"图像＞调整＞阴影/高光"命令，弹出"阴影/高光"对话框，如图8-26所示。

在"阴影"选项区中调整阴影量，在"高光"选项区中调整高光量，单击"确定"按钮即可，如图8-27、图8-28所示。

图 8-27

图 8-28

8.2　调整图像的色彩

色彩是构成图像的重要元素之一。调整图像的色彩，图像带给人们的视觉感受和风格也会跟随着变化，图像也会呈现出全新的面貌。在Photoshop中可以通过色彩平衡、色相/饱和度、照片滤镜、通道混合器、替换颜色、匹配颜色以及可选颜色来调整图像的色彩。

重点 8.2.1　色彩平衡

色彩平衡是指调整图像整体色彩平衡，只作用于复合颜色通道，在彩色图像中改变颜色的混合，用于纠正图像中明显的偏色问题。执行"色彩平衡"命令可以在图像原色的基础上根据需要来添加其他颜色，或通过增加某种颜色的补色，以减少该颜色的数量，从而改变图像的色调。

执行"图像＞调整＞色彩平衡"命令或按Ctrl+B组合键，弹出"色彩平衡"对话框，如图8-29所示。从中可以通过设置参数或拖动滑块来控制图像色彩的平衡。

该对话框中主要选项的功能介绍如下。

- 色彩平衡：在"色阶"后的文本框中输入数值即可调整组成图像的6个不同原色的比例，也可直接鼠标拖动文本框下方3个滑块的位置来调整图像的色彩。

图 8-29

- 色调平衡：用于选择需要进行调整的色彩范围，包括阴影、中间调和高光。选中某一个单选按钮，就可对相应色调的像素进行调整。勾选"保持亮度"复选框时，调整色彩时将保持图像亮度不变。

如图8-30、图8-31所示为调整色彩平衡前后的效果。

图 8-30

图 8-31

重点 8.2.2　色相/饱和度

色相/饱和度不仅可以用于调整图像像素的色相和饱和度，还可以用于灰度图像的色彩渲染，从而为灰度图像添加颜色。执行"图像＞调整＞色相/饱和度"命令或按Ctrl+U组合键，打开"色相/饱和度"对话框，如图8-32所示。

该对话框中主要选项的功能介绍如下。

- 预设：在"预设"下拉列表框中提供了8种色相/饱和度预设，单击"预设选项" ✿.按钮，可以对当前设置的参数进行保存，或者载入一个新的预设调整文件。

- 通道 全图　ˇ：在"通道"下拉列表框中提供了7种通道，选择通道后，可以拖动下面"色相""饱和度""明

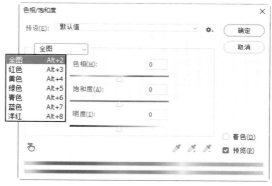

图 8-32

度"的滑块进行调整。选择"全图"选项可一次调整整幅图像中的所有颜色。若选择"全图"选项之外的选项,则色彩变化只对当前选中的颜色起作用。

● 移动工具🖑:在图像上单击并拖动可修改饱和度,按Ctrl键单击可修改色相。

● 着色复选框:选中该复选框后,图像会整体偏向于单一的红色调,则通过调整色相和饱和度,能让图像呈现多种富有质感的单色调效果。如图8-33、图8-34所示为勾选"饱和"复选框前后效果图。

图 8-33

图 8-34

扫一扫 看视频

进阶案例:创建紫色梦幻花海

本案例将练习制作紫色梦幻花海效果,涉及的知识点主要是创建调整图层,在"属性"面板中对色彩平衡、色相/饱和度以及渐变参数的设置。下面将对具体的操作步骤进行介绍。

➲ Step01 将素材文件拖放至Photoshop中,打开素材图像,如图8-35所示。

➲ Step02 单击"图层"面板底部的"创建新的填充或调整图层" 🌗 按钮,在弹出的菜单中选择"色彩平衡"选项,在弹出的"属性"面板中设置参数,如图8-36所示。

图 8-35

图 8-36

➲ Step03 效果如图8-37所示。

➲ Step04 单击"图层"面板底部的"创建新的填充或调整图层" 🌗 按钮,在弹出的菜单中选择"色相/饱和度"选项,在弹出的"属性"面板中设置参数,如图8-38所示。

图 8-37

图 8-38

⊃ Step05 效果如图8-39所示。

⊃ Step06 按D键恢复默认前景色与背景色，单击"图层"面板底部的"创建新的填充或调整图层" ⊙.按钮，在弹出的菜单中选择"渐变"选项，在弹出的"渐变填充"面板中设置参数，如图8-40所示。

图 8-39

图 8-40

⊃ Step07 效果如图8-41、图8-42所示。

图 8-41

图 8-42

⊃ Step08 选择"画笔工具"，按X键更换前景色与背景色，单击蒙版，在图像中心处进行涂抹，如图8-43、图8-44所示。

图 8-43

图 8-44

8.2.3 自然饱和度

图 8-45

自然饱和度调整饱和度以便在颜色接近最大饱和度时最大限度地减少修剪。该调整增加与已饱和的颜色相比不饱和的颜色的饱和度。自然饱和度还可防止肤色过度饱和。执行"图像>调整>自然饱和度"命令，弹出"自然饱和度"对话框，如图 8-45 所示。向左移动拖动滑块降低饱和度，向右拖动滑块增加饱和度。

如图 8-46、图 8-47 所示为调整"自然饱和度"前后的效果。

图 8-46

图 8-47

8.2.4 照片滤镜

照片滤镜主要是模拟在镜头前叠加有色滤镜片滤镜效果，使用该命令可以快速调整通过镜头传输的光的色彩平衡、色温和胶片曝光，以改变照片颜色倾向。执行"图像>调整>照片滤镜"命令，弹出"照片滤镜"对话框，如图 8-48 所示。

该对话框中主要选项的功能介绍如下。

● 滤镜：在该从下拉列表中选取一个滤镜颜色。

图 8-48

- 颜色：对于自定滤镜，选择颜色选项。单击颜色方块，在弹出的拾色器中为自定颜色滤镜指定颜色。
- 密度：调整应用于图像的颜色数量。直接输入参数或拖动滑块调整，密度越高，颜色调整幅度就越大。
- 保留明度：勾选该复选框，以保持图像中的整体色调平衡，防止图像的明度值随颜色的更改而改变。

进阶案例：调整图像色系

扫一扫 看视频

本案例将练习调整图像色系，涉及的知识点主要是照片滤镜、色彩平衡以及色阶的应用。下面将对具体的操作步骤进行介绍。

Step01 将素材文件拖放至Photoshop中，打开素材图像，如图8-49所示。

Step02 执行"图像>调整>照片滤镜"命令，在弹出的"照片滤镜"对话框中设置参数，如图8-50所示。

图 8-49

图 8-50

Step03 单击"确定"按钮，效果如图8-51所示。

Step04 按Ctrl+B组合键，在弹出的"色彩平衡"对话框中设置参数，如图8-52所示。

图 8-51

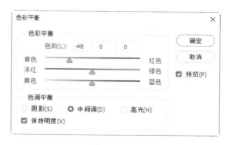

图 8-52

Step05 按Ctrl+L组合键，在弹出的"色阶"对话框中设置参数，如图8-53所示。

Step06 单击"确定"按钮，效果如图8-54所示。

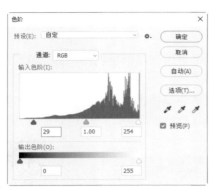

图 8-53

图 8-54

8.2.5 通道混合器

图 8-55

通道混合器可以将图像中某个通道的颜色与其他通道中的颜色进行混合，使图像产生合成效果，从而达到调整图像色彩的目的。通过对各通道彼此不同程度的替换，图像会产生戏剧性的色彩变换，赋予图像不同的画面效果与风格。

执行"图像＞调整＞通道混合器"命令，弹出"通道混合器"对话框，如图8-55所示，从中可通过设置参数或拖动滑块来控制图像色彩。

该对话框中主要选项的功能介绍如下。

● 输出通道：在该下拉列表中可以选择对某个通道进行混合。

● 源通道：拖动滑块可以减少或增加源通道在输出通道中所占的百分比，如图8-56、图8-57所示为调整前后的效果。

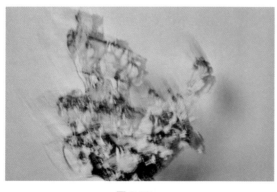

图 8-56

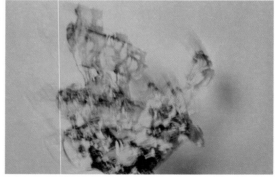

图 8-57

● 常数：该选项可将一个不透明的通道添加到输出通道，若为负值则为黑通道，正值则为白通道。

● 单色复选框：勾选该复选框后则对所有输出通道应用相同的设置，创建该色彩模式下的灰度图，也可继续调整参数让灰度图像呈现不同的质感效果。

重点 8.2.6 替换颜色

替换颜色用于替换图像中某个特定范围的颜色，来调整色相、饱和度和明度值。执行"图像＞调整＞替换颜色"命令，弹出"替换颜色"对话框，如图8-58所示。

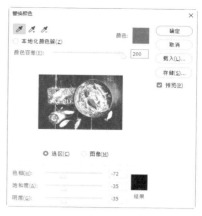

图 8-58

 上手实操：使用替换颜色替换背景颜色

Step01 将素材文件拖放至Photoshop中，打开素材图像，如图8-59所示。

Step02 执行"图像＞调整＞替换颜色"命令，弹出"替换颜色"对话框，如图8-60所示。

图 8-59

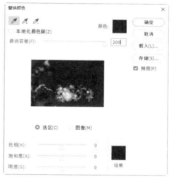

图 8-60

Step03 选择"吸管工具"在背景处单击取样，如图8-61、图8-62所示。

图 8-61

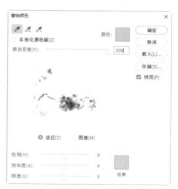

图 8-62

Step04 单击"结果"色块，弹出"拾色器"对话框，使用"吸管工具"单击花瓣取样，如图8-63、图8-64所示。

图 8-63

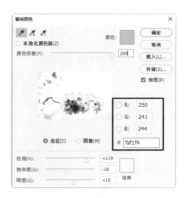

图 8-64

图 8-65

8.2.7　匹配颜色

匹配颜色是将一个图像作为源图像，另一个图像作为目标图像，以源图像的颜色与目标图像的颜色进行匹配。源图像和目标图像可以是两个独立的文件，也可以匹配同一个图像中不同图层之间的颜色。

执行"图像＞调整＞匹配颜色"命令，弹出"匹配颜色"对话框，如图8-65所示。

在使用"匹配颜色"命令对图像进行处理时，勾选"中和"复选框可以使颜色匹配的混合效果有所缓和，在最终效果中将保留一部分原先的色调，使其过渡自然，效果逼真。

 上手实操：使用匹配颜色调整图像色调

扫一扫　看视频

Step01　分别将素材文件拖放至Photoshop中，打开素材图像，如图8-66、图8-67所示。

图 8-66

图 8-67

Step02　执行"图像＞调整＞匹配颜色"命令，弹出"匹配颜色"对话框，在"源"下拉列表框中选择"11.jpg"，如图8-68所示。

Step03　单击"确定"按钮，效果如图8-69所示。

图 8-68

图 8-69

8.2.8　可选颜色

可选颜色可以校正颜色的平衡，选择某种颜色范围进行针对性的修改，在不影响其他原色的情况下修改图像中的某种原色的数量。执行"图像＞调整＞可选颜色"命令，弹出"可选颜色"对话框，如图8-70所示。可以根据需要在颜色下拉列表框中选择相应的颜色后，拖动其下的滑块对相应的比例进行调整。

在"可选颜色"对话框中，若选中"相对"单选按钮，则表示按照总量的百分比更改现有的青色、洋红、黄色或黑色的量；若选中"绝对"单选按钮，则按绝对值进行颜色值的调整。如图8-71、图8-72所示为调整可选颜色前后的对比效果。

图 8-70

图 8-71

图 8-72

8.3　特殊调色命令

在 Photoshop 中，灵活运用去色、反相、色调分离、阈值以及渐变映射等命令，可以快速地使图像产生特殊的色调效果。

8.3.1 去色

去色即去掉图像的颜色，将图像中所有颜色的饱和度变为0，使图像显示为灰度，每个像素的亮度值不会改变。执行"图像＞调整＞去色"命令或按Shift+Ctrl+U组合键即可。如图8-73、图8-74所示为图像去色前后的对比效果。

图 8-73

图 8-74

8.3.2 反相

反相可以将图像中的所有颜色替换为相应的补色，即将每个通道中的像素亮度值转换为256种颜色的相反值，以制作出负片效果，当然也可以将负片效果还原为图像原来的色彩效果。执行"图像＞调整＞反相"命令，或按Ctrl+I组合键即可。如图8-75、图8-76所示为图像反相前后对比效果图。

图 8-75

图 8-76

 进阶案例：制作手绘效果图像

扫一扫 看视频

本案例将练习制作手绘图像效果，涉及的知识点主要是去色、反相、图层混合模式、滤镜以及调整图层的应用。下面将对具体的操作步骤进行介绍。

⟳ Step01 将素材文件拖放至Photoshop中，打开素材图像，如图8-77所示。

⟳ Step02 按Ctrl+J组合键复制图层，如图8-78所示。

图 8-77

图 8-78

⟳ Step03　执行"图像＞调整＞去色"命令，将图像去色，如图8-79所示。

⟳ Step04　按Ctrl+J组合键复制图层，如图8-80所示。

图 8-79

图 8-80

⟳ Step05　执行"图像＞调整＞反相"命令，如图8-81所示。

⟳ Step06　在"图层"面板上，设置图层混合模式为"颜色减淡"，如图8-82所示。

图 8-81

图 8-82

⟳ Step07　执行"滤镜＞其他＞最小值"命令，弹出"最小值"对话框，设置参数，如图 8-83、图8-84所示。

⟳ Step08　单击"图层"面板底部的"创建新的填充或调整图层" ◑.按钮，在弹出的菜单 中选择"色阶"选项，如图8-85、图8-86所示。

图 8-83

图 8-84

图 8-85

图 8-86

Step09 单击"图层1拷贝",执行"滤镜＞模糊＞动感模糊"命令,弹出"动感模糊"对话框,设置参数,如图8-87、图8-88所示。

图 8-87

图 8-88

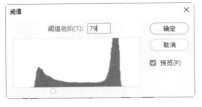

图 8-89

8.3.3 阈值

阈值可以将一幅彩色图像或灰度图像转换成只有黑白两种色调的图像。执行"图像＞调整＞阈值"命令,弹出"阈值"对话框,如图8-89所示。

在该对话框中，将图像像素的亮度值一分为二，比阈值亮的像素将转换为白色，而比阈值暗的像素将转换为黑色。如图8-90、图8-91所示为使用阈值前后的对比效果。

图 8-90

图 8-91

8.3.4 色调分离

色调分离可以将图像中有丰富色阶渐变的颜色进行简化，从而让图像呈现出木刻版画或卡通画的效果。在一般的图像调色处理中不经常使用。执行"图像＞调整＞色调分离"命令，弹出"色调分离"对话框，如图8-92所示。

图 8-92

在对话框中拖动滑块调整参数，其取值范围为2～255，数值越小，分离效果越明显。如图8-93、图8-94所示为使用色调分离前后的对比效果。

图 8-93

图 8-94

8.3.5 渐变映射

渐变映射先将图像转为灰度图像，然后将相等的图像灰度映射到指定的渐变填充色，就是将渐变色映射到图像上。执行"图像＞调整＞渐变映射"命令，弹出"渐变映射"对话框，如图8-95所示。单击渐变颜色条旁的下拉按钮，将会弹出渐变样式面板，可单击选择相应的渐变样式以确立渐变颜色。

图 8-95

渐变映射首先对所处理的图像进行分析，然后根据图像中各个像素的亮度，用所选渐变模式中的颜色进行替代。但该功能不能应用于完全透明图层，因为完全透明图层中没有任何像素。如图 8-96、图 8-97 所示为图像应用渐变映射命令前后的对比效果。

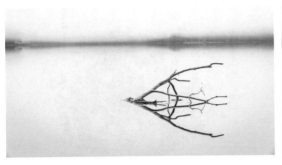

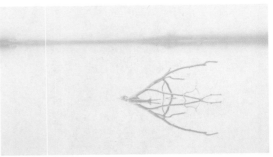

图 8-96

图 8-97

综合实战：制作科幻赛博朋克风图像

扫一扫 看视频

本案例将练习制作科幻赛博朋克效果，涉及的知识点主要是创建调整图层，在"属性"面板中对照片滤镜、色彩平衡、可选颜色、亮度/对比度的设置，以及滤镜、文字工具、图层混合模式、图层样式的应用。下面将对具体的操作步骤进行介绍。

Step01 将素材文件拖放至 Photoshop 中，打开素材图像，如图 8-98 所示。

Step02 按 Ctrl+J 组合键复制图层，单击"图层"面板底部的"创建新的填充或调整图层" 按钮，在弹出的菜单中选择"照片滤镜"选项，如图 8-99 所示。

图 8-98

图 8-99

Step03 在弹出的"属性"面板中设置参数，如图 8-100、图 8-101 所示。

Step04 单击"图层"面板底部的"创建新的填充或调整图层" 按钮，在弹出的菜单中选择"色彩平衡"选项，在弹出的"属性"面板中设置参数，如图 8-102、图 8-103 所示。

Step05 使用相同的方法创建"可选颜色"调整图层，在弹出的"属性"面板中分别选择"蓝色""洋红"设置参数，如图 8-104 ～图 8-106 所示。

Step06 创建"色彩平衡"调整图层，在弹出的"属性"面板中设置参数，如图 8-107、图 8-108 所示。

图 8-100

图 8-101

图 8-102

图 8-103

图 8-104

图 8-105

图 8-106

图 8-107

图 8-108

Step07　创建"可选颜色"调整图层，在弹出的"属性"面板中选择"青色"设置参数，如图8-109、图8-110所示。

图 8-109

图 8-110

Step08　创建"亮度/对比度"调整图层，在弹出的"属性"面板中设置参数，如图8-111、图8-112所示。

图 8-111

图 8-112

Step09　按Shift+Ctrl+Alt+E组合键创建盖印图层，如图8-113所示。

Step10　执行"滤镜>风格化>风"命令，在弹出的对话框中设置参数，如图8-114、图8-115所示。

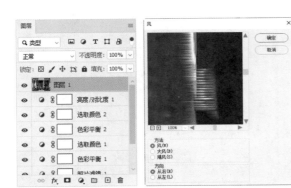

图 8-113　　　　　　　　图 8-114

图 8-115

Step11 选择"横排文字工具"输入文字，在"字符"面板中设置参数，如图8-116、图8-117所示。

图 8-116

图 8-117

Step12 按Ctrl+J组合键复制图层，右击鼠标，在弹出的菜单中选择"栅格化文字"选项，隐藏文字图层，如图8-118所示。

Step13 执行"滤镜＞风格化＞风"命令，在弹出的对话框中设置参数，如图8-119、图8-120所示。

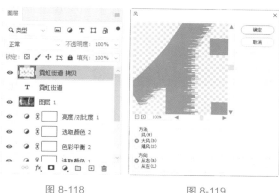

图 8-118　　　　　　　　图 8-119

图 8-120

Step14 双击该图层，在弹出的"图层样式"对话框中勾选"投影"选项，设置参数，如图8-121、图8-122所示。

图 8-121

图 8-122

Step15 勾选"外发光"选项，设置参数，如图 8-123、图 8-124 所示。

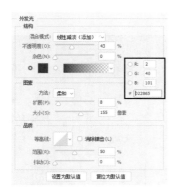

图 8-123

图 8-124

Step16 更改图层样式为"正片叠底"，如图 8-125、图 8-126 所示。

图 8-125

图 8-126

Step17 按 Ctrl+J 组合键复制图层，更改图层样式为"柔光"，如图 8-127、图 8-128 所示。

图 8-127

图 8-128

第9章　通道技术很神奇

内容导读：

Photoshop软件中的通道存储着图像的颜色信息。通过使用通道，可以做出抠图、创建精确的选区等操作，使用通道还便于设计作品的印刷出版。本章节将针对通道的类型、创建、编辑及应用等方面进行讲解，通过本章节的学习，可以帮助用户掌握通道的用法，制作出更加丰富的作品。

学习目标：

- 了解通道类型
- 学会应用通道
- 学会通道的高级操作

9.1 通道类型

通道用于存储图像颜色信息和选区信息等不同类型信息的灰度图像，可以简单理解为选择区域的映射。Photoshop软件中的通道分为颜色通道、Alpha通道、专色通道和临时通道4种。本节将针对这4种类型的通道进行介绍。

重点 9.1.1 颜色通道

颜色通道是用来描述图像色彩信息的彩色通道，图像的颜色模式决定了通道的数量。如RGB颜色模式下图像包括红、绿、蓝3个单色通道与RGB复合通道，如图9-1所示；CMYK颜色模式下图像包括青色、洋红、黄色、黑色4个单色通道与CMYK复合通道，如图9-2所示；Lab颜色模式下图像包括明度、a、b这3个单色通道与Lab复合通道，如图9-3所示。

图 9-1　　　　　　图 9-2　　　　　　图 9-3

注意事项：

只有RGB、CMYK、Lab这3种颜色模式下图像的颜色通道会生成复合通道。

查看单色通道时，图像编辑窗口中的对象显示为灰度图像，该灰度图像仅代表这个颜色的亮度变化。

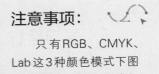

上手实操：使用通道校正偏色图像

扫一扫 看视频

 Step01　打开本章素材文件"盆.jpg"，如图9-4所示。按CTrl+J组合键复制。

Step02　在"通道"面板中选中"红"通道，按Ctrl+M组合键打开"曲线"对话框，调整曲线，如图9-5所示。

图 9-4

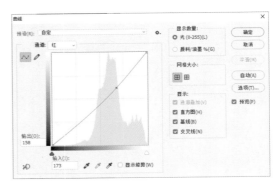

图 9-5

Step03　完成后单击"确定"按钮，单击"RGB"通道左侧的 ● 图标，显示RGB通道，效果如图9-6所示。

Step04 在"通道"面板中选中"蓝"通道，按Ctrl+M组合键打开"曲线"对话框，调整曲线，如图9-7所示。

图9-6

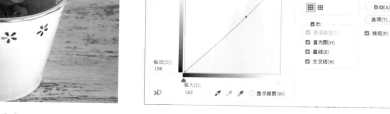

图9-7

Step05 调整后单击"确定"按钮，降低图像中的蓝色，效果如图9-8所示。

Step06 在"通道"面板中选中"绿"通道，按Ctrl+M组合键打开"曲线"对话框，调整曲线，如图9-9所示。

图9-8

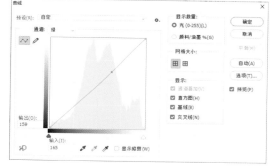

图9-9

Step07 调整后单击"确定"按钮，降低图像中的绿色，效果如图9-10所示。

Step08 在"通道"面板中选中"RGB"通道，按Ctrl+M组合键打开"曲线"对话框，调整曲线，如图9-11所示。

图9-10

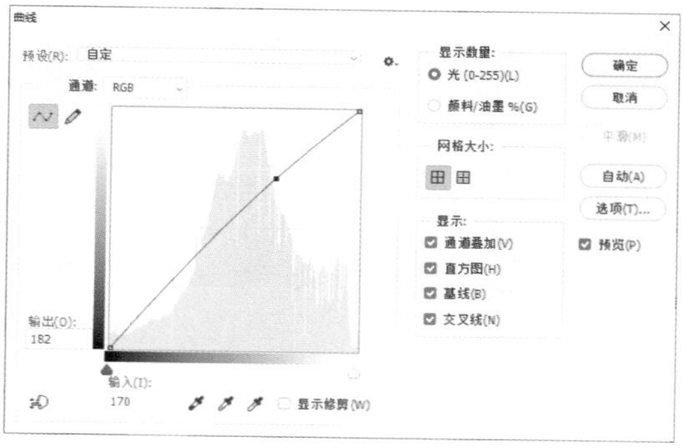

图9-11

Step09 完成后"确定"按钮，至此完成偏色图像的校正。前后效果如图9-12、图9-13所示。

图 9-12

图 9-13

9.1.2 Alpha通道

Alpha通道是为保存选择区域而专门设计的通道，相当于一个8位的灰阶图，用256级灰度来记录图像中的透明度信息，定义透明、不透明和半透明区域。用户可以添加 Alpha 通道来创建和存储蒙版，再通过这些蒙版处理或保护图像的某些部分。

 上手实操：保存选区

扫一扫 看视频

⊃ Step01 打开本章素材文件"花.jpg"，在图像中创建需要保存的选区，如图9-14所示。

⊃ Step02 在"通道"面板中单击"创建新通道" ⊞ 按钮，新建Alpha1通道，如图9-15所示。

图 9-14

图 9-15

⊃ Step03 将前景色设置为白色，按Alt+Delete组合键为选区填充前景色，如图9-16所示。

⊃ Step04 按Ctrl+D组合键取消选区，即在Alpha1通道中保存了选区，如图9-17所示。至此，完成选区的保存，可随时重新载入该选区或将该选区载入到其他图像中。

图 9-16

图 9-17

9.1.3 专色通道

专色是特殊的预混油墨，用于替代或补充印刷色油墨。在印刷带有专色的图像时，就需要创建存储这些颜色的专色通道。

单击"通道"面板中的"菜单" ≡ 按钮，在弹出的快捷菜单中选择"新建专色通道"命令，打开"新建专色通道"对话框，如图9-18所示。在"新建专色通道"对话框中设置专色通道的名称、颜色等参数，单击"确定"按钮，即可创建专色通道，如图9-19所示。

图 9-18

图 9-19

 ## 上手实操：利用专色通道修改选区颜色

扫一扫 看视频

➡ **Step01** 打开本章素材文件"插画.jpg"，在图像中创建需要修改颜色区域的选区，如图 9-20所示。

➡ **Step02** 单击"通道"面板中的"菜单" ≡ 按钮，在弹出的快捷菜单中选择"新建专色通道"命令，打开"新建专色通道"对话框，如图9-21所示。

➡ **Step03** 单击"颜色"右侧的色块，打开"拾色器"对话框，选择颜色，如图9-22所示。

➡ **Step04** 完成后单击"确定"按钮，返回"新建专色通道"对话框，设置"名称"和"密度"参数，如图9-23所示。

图 9-20

图 9-21

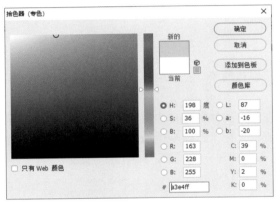

图 9-22

图 9-23

Step05 完成后单击"确定"按钮，即可新建专色通道并修改选区颜色为专色，如图 9-24、图 9-25 所示。

图 9-24

图 9-25

至此，完成选区颜色的修改。

9.1.4　临时通道

临时通道是在"通道"面板中暂时存在的通道。在创建图层蒙版或快速蒙版时，会自动在通道中生成临时蒙版。删除图层蒙版或退出快速蒙版时，"通道"面板中的临时通道也会随之消失。

进阶案例：替换婚纱照背景

本案例将练习替换婚纱照背景，涉及的知识点包括通道的复制、图像色调的调整以及盖印图层等操作。

- **Step01** 打开本章素材文件"背景.jpg"，如图9-26所示。按Ctrl+J组合键复制。
- **Step02** 执行"文件＞置入嵌入对象"命令，置入本章素材文件"婚纱照.jpg"，调整至合适大小与位置，如图9-27所示。

图 9-26

图 9-27

- **Step03** 选中"婚纱照"图层，单击"图层"面板底部的"创建新的填充或调整图层"按钮，在弹出的快捷菜单中选择"亮度/对比度"命令，新建"亮度/对比度"调整图层，如图9-28所示。
- **Step04** 选择"亮度/对比度1"图层，在"属性"面板中调整参数，如图9-29所示。

图 9-28

图 9-29

- **Step05** 调整后图像效果如图9-30所示。
- **Step06** 选中"婚纱照"图层和调整图层，按Ctrl+Alt+E组合键盖印图层，如图9-31所示。
- **Step07** 选中盖印图层，在"通道"面板中选择"蓝"通道，并将其拖拽至面板底部的"创建新通道" 田 按钮上复制，如图9-32所示。
- **Step08** 按Ctrl+L组合键打开"色阶"对话框设置参数，如图9-33所示。

图 9-30

图 9-31

图 9-32

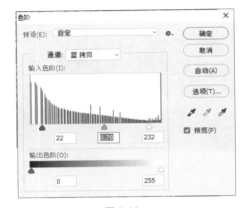

图 9-33

Step09 完成后单击"确定"按钮，增大复制通道黑白对比度，效果如图9-34所示。

Step10 使用"减淡工具" 在婚纱上涂抹，如图9-35所示。

图 9-34

图 9-35

Step11 使用"加深工具" 在人物边缘涂抹，如图9-36所示。

Step12 使用"画笔工具" 在人物主体位置填充白色，在背景处填充黑色，如图9-37所示。

Step13 按住Ctrl键单击"蓝拷贝"通道缩略图，创建选区，如图9-38所示。

Step14 单击"RGB"通道。在"图层"面板中单击"添加图层蒙版"按钮，创建图层蒙版，并隐藏调整图层和"婚纱照"图层，如图9-39所示。

图 9-36

图 9-37

图 9-38

图 9-39

⭕ Step15 即可看到婚纱照抠出效果，如图9-40所示。

⭕ Step16 按Ctrl+T组合键自由变换对象，调整图像位置和大小，如图9-41所示。

图 9-40

图 9-41

⭕ Step17 单击"图层"面板底部的"创建新的填充或调整图层"按钮，在弹出的快捷菜单中选择"色彩平衡"命令，新建"色彩平衡"调整图层，移动鼠标至"色彩平衡"图层和"色阶1合并"图层之间，按住Alt键单击，创建剪贴蒙版，如图9-42所示。

⭕ Step18 并在"属性"面板中调整参数，如图9-43所示。

图 9-42

图 9-43

Step19 调整"色彩平衡"参数后可以去除图像中的偏黄绿色，效果如图9-44所示。

Step20 使用相同的方法添加"亮度/对比度"调整图层，并调整参数，如图9-45所示。

图 9-44

图 9-45

Step21 提亮图像，效果如图9-46所示。

Step22 选中"亮度/对比度1合并"图层与其上层的调整图层，按Ctrl+Alt+D组合键盖印，并隐藏原图层，如图9-47所示。

图 9-46

图 9-47

Step23 选择"图层1"图层,执行"图像>调整>匹配颜色"命令,打开"匹配颜色"对话框,设置参数,如图9-48所示。

Step24 完成后单击"确定"按钮,效果如图9-49所示。

图 9-48

图 9-49

Step25 在最上层图层下方新建一个图层,使用"画笔工具"绘制人物阴影,如图9-50所示。

图 9-50

至此,完成婚纱照背景的替换。

9.2 通道的创建和编辑

创建通道后,可以对通道进行编辑,如重命名通道、复制和删除通道、合并和分离通道等。本节将针对如何创建与编辑通道进行介绍。

9.2.1 创建通道

Photoshop中通常新建的通道都是保存选择区域信息的Alpha通道,以便用户对图像进行编辑。常见的创建通道的方法包括创建空白通道和创建带选区的通道2种。

(1)创建空白通道

单击"通道"面板右上角的 ≡ 按钮,在弹出的快捷菜单中选择"新建通道"命令,如图9-51所示。打开"新建通道"对话框,如图9-52所示。在该对话框中设置参数,完成后单击"确定"按钮即可。

图 9-51

图 9-52

用户也可以选择单击"通道"面板底部的"创建新通道" 按钮，新建空白通道。

（2）创建带选区的通道

选区通道主要用于存储选区信息，以便用户在后面的重复操作中快速载入选区。创建选区后，单击"通道"面板底部的"创建新通道" 按钮，即可创建选区通道。

9.2.2　重命名通道

双击"通道"面板中的通道名称，使其进入可编辑状态，输入新名称即可重命名通道。

9.2.3　复制和删除通道

图 9-53

复制通道可以拷贝通道并在当前图像或其他图像中应用。而图像编辑完成后，若存储含有 Alpha 通道的图像会占用一定的磁盘空间，在存储含有 Alpha 通道的图像前，可以将不需要的 Alpha 通道删除。

在"通道"面板中选中要复制的通道，单击"通道"面板右上角的 按钮，在弹出的快捷菜单中选择"复制通道"命令，打开"复制通道"对话框，如图 9-53 所示。在该对话框中可以设置复制通道的名称及目标文档，完成后单击"确定"按钮即可按照设置复制通道。

用户也可以选中要复制的通道，拖拽至"通道"面板底部的"创建新通道" 按钮上即可将其复制。若拖拽至其他打开的文档中，可将其复制至其他文档中。

若想删除通道，选中通道，单击"通道"面板底部的"删除当前通道" 按钮或将选中通道拖拽至该按钮上，即可将其删除。

> **注意事项：**
>
> 复合通道不可复制，不可删除，也不可重命名。

9.2.4　合并和分离通道

分离通道可以保留单个通道信息，合并通道可以将多个灰度图像合并为一个图像的通道。用户可以根据需要对通道进行合并或分离。

（1）分离通道

分离通道可以将通道分离为单独的通道。通道分离后，原文件将被关闭，单个通道出现在单独的灰度图像窗口。

打开图像素材，如图9-54所示。单击"通道"面板右上角的 ≡ 按钮，在弹出的快捷菜单中选择"分离通道"命令，即可分离通道，如图9-55～图9-57所示。

图9-54　　　　　　　图9-55　　　　　　　图9-56　　　　　　　图9-57

分离通道后每个图像的灰度都与原文件中的通道灰度相同，用户可以分别存储和编辑新图像。

（2）合并通道

合并通道时，要合并的图像必须处于灰度模式，已被拼合（没有图层）且具有相同的像素尺寸，还要处于打开状态。

 上手实操：合并通道

扫一扫 看视频

→ Step01) 打开本章素材文件"灰度1.jpg""灰度2.jpg"和"灰度3.png"，如图9-58～图9-60所示。

图9-58　　　　　　　　　图9-59　　　　　　　　　图9-60

→ Step02) 单击"通道"面板右上角的 ≡ 按钮，在弹出的快捷菜单中选择"合并通道"命令，打开"合并通道"对话框，选择模式为RGB模式，如图9-61所示。

➡ **Step03** 完成后单击"确定"按钮,打开"合成RGB
通道"对话框,如图9-62所示。

➡ **Step04** 单击"确定"按钮,即可合并通道,效果如
图9-63所示。

图 9-61

图 9-62

图 9-63

至此,完成通道的合并。

9.3 通道的高级操作

除了简单的重命名通道、分离合并通道外,用户还可以对通道进行混合与计算,以达到
更加理想的图像效果。

9.3.1 混合通道

使用"应用图像"命令,可以将一个图像的图层和通道与当前图像的图层和通道混合,
从而制作特殊的效果。

打开包含2个图层的文档,如图9-64所示。执行"图像>应用图像"命令,打开"应用
图像"对话框,如图9-65所示。

图 9-64

图 9-65

在"应用图像"对话框中即可设置"源"图像与"目标"图像的混合。该对话框中部分
参数作用如下。

● 源:该选项组中可以设置参与混合的源图像。"源"可以选择混合通道的文件,选择
"合并图层"将使用源图像中所有图层;"图层"可以选择参与混合的图层;"通道"可
以选择参与混合的通道;选择"反相"复选框可以先反相通道,再进行混合。

- 目标：用于显示目标文档，即被混合的对象。
- 混合：用于设置混合的混合模式。"不透明度"可以设置混合的强度；"选择保留透明区域"复选框可以将结果只应用到目标图层的不透明区域；选择"蒙版"复选框可以通过蒙版应用混合。

如图9-66、图9-67所示为设置的参数及混合效果。

图 9-66

图 9-67

 知识链接：

在"混合"下拉列表中，除了常见的混合模式，用户还可以选择"相加"或"减去"2种混合模式。"相加"混合模式可以增加两个通道中的像素值；"减去"混合模式可以从目标通道中相应的像素上减去源通道中的像素值。

上手实操：提亮图像

扫一扫 看视频

Step01 打开本章素材文件"虎.jpg"，如图9-68所示。按Ctrl+J组合键复制。

Step02 选择复制图层，执行"图像＞应用图像"命令，打开"应用图像"对话框，如图9-69所示。

图 9-68

图 9-69

Step03 在该对话框中设置"图层"为"图层1"，混合模式为"滤色"，如图9-70所示。

Step04 完成后单击"确定"按钮，即可提亮图像，如图9-71所示。

图 9-70

图 9-71

至此，完成图像的提亮操作。

9.3.2 计算通道

"计算"命令可以混合两个来自一个或多个源图像的单个通道，制作出新的选区图像通道。与"应用图像"命令相比，"计算"命令不会对图像效果产生影响。

打开源图像，如图9-72所示。执行"图像＞计算"命令打开"计算"对话框，如图9-73所示。

图 9-72

图 9-73

在该对话框中设置参数后单击"确定"按钮，即可在"通道"面板中生成新的Alpha通道，如图9-74所示。显示"通道"面板中的所有通道，即可显示出融合后的图像效果，如图9-75所示。

图 9-74

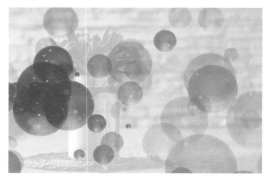

图 9-75

注意事项：

- 若使用多个源图像，源图像的像素尺寸需要一致。
- 不能对复合通道应用"计算"命令。

👑 进阶案例：使用通道提升图像细节

本案例将练习使用通道提升图像细节，涉及的知识点包括"计算"命令的应用，以及调整图层的创建与设置等。

扫一扫　看视频

➡ **Step01**　打开本章素材文件"风景.jpg"，如图9-76所示。按Ctrl+J组合键复制。

➡ **Step02**　在"通道"面板中选择图像亮部与暗部对比最强烈的"蓝"通道，拖拽至面板底部的"创建新通道" ⊞ 按钮上复制，如图9-77所示。

图 9-76

图 9-77

➡ **Step03**　执行"图像＞计算"命令打开"计算"对话框，选择"源1"选项区中的"反相"复选框，设置混合模式为"浅色"，结果为"选区"，如图9-78所示。

➡ **Step04**　完成后单击"确定"按钮，创建选区，如图9-79所示。

图 9-78

图 9-79

➡ **Step05**　选择"RGB"通道。单击"图层"面板底部的"创建新的填充或调整图层"按钮，在弹出的快捷菜单中选择"曲线"命令，新建"曲线1"调整图层，在"属性"面板中调整参数，如图9-80所示。

Step06 调整后效果如图9-81所示。可以看到暗部的一些细节显示出来。

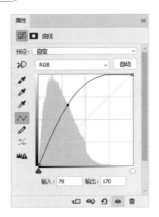

图 9-80

图 9-81

Step07 单击"图层"面板底部的"创建新的填充或调整图层"按钮，在弹出的快捷菜单中选择"色相/饱和度"命令，新建"色相/饱和度1"调整图层，选中"曲线1"调整图层的蒙版缩略图，按住Alt键拖拽至"色相/饱和度1"调整图层蒙版缩略图上，在弹出的提示对话框中单击"是"按钮，复制蒙版缩略图，如图9-82所示。

Step08 选中"色相/饱和度1"调整图层，在"属性"面板中设置参数，如图9-83所示。调整后效果如图9-84所示。至此，完成图像细节的提升。

图 9-82

图 9-83

图 9-84

 综合实战：使用通道处理人像

扫一扫 看视频

本案例将练习使用通道处理人像，主要涉及的知识点包括"计算"命令的使用、通道的复制与选区的创建等。

Step01 打开本章素材文件"女生.jpg"，如图9-85所示。按Ctrl+J组合键复制。

Step02 单击"图层"面板底部的"创建新的填充或调整图层"按钮，在弹出的快捷菜单中选择"色彩平衡"命令，新建"色彩平衡1"调整图层，在"属性"面板中调整参数，如图9-86所示。

图 9-85

图 9-86

 Step03　调整"色彩平衡"参数后即可降低图像中的偏黄色,效果如图9-87所示。

Step04　选择复制图层和调整图层,按Ctrl+E组合键合并,如图9-88所示。

图 9-87

图 9-88

Step05　在"通道"面板中选择面部斑点与皮肤差别最大的"蓝"通道,拖拽至面板底部的"创建新通道" 按钮上复制,如图9-89所示。

Step06　选中"蓝拷贝"通道,执行"滤镜>其他>高反差保留"命令,打开"高反差保留"对话框,设置参数,增大面部斑点与皮肤的差别,如图9-90所示。

图 9-89

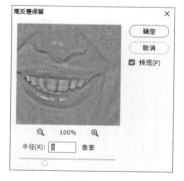

图 9-90

Step07　完成后单击"确定"按钮,添加"高反差保留"滤镜,效果如图9-91所示。

Step08　执行"图像>计算"命令,打开"计算"对话框,在该对话框中设置混合模式为"叠加",如图9-92所示。

图 9-91

图 9-92

⊃ Step09 完成后单击"确定"按钮，增大面部斑点与皮肤的差别，效果如图 9-93 所示。

⊃ Step10 重复 2 次"计算"命令，效果如图 9-94 所示。

图 9-93   图 9-94

⊃ Step11 按 Ctrl 键单击"Alpha3"通道的缩略图，创建选区，按 Ctrl+Shift+I 组合键反向选区，如图 9-95 所示。

⊃ Step12 选择"RGB"通道。单击"图层"面板底部的"创建新的填充或调整图层"按钮，在弹出的快捷菜单中选择"曲线"命令，新建"曲线 1"调整图层，在"属性"面板中调整参数，如图 9-96 所示。

图 9-95

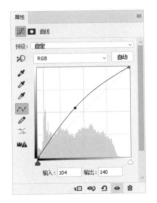

图 9-96

Step13 调整后即可降低面部斑点与正常皮肤的对比度，效果如图9-97所示。

Step14 选择"曲线1"图层蒙版缩略图，设置前景色为灰色（#818181），在图像编辑窗口中人物嘴唇、眼睛、手等处涂抹，如图9-98所示。

图 9-97

图 9-98

Step15 选择"色彩平衡1"图层，按住Alt键向上拖拽至最上层复制，执行"滤镜＞其他＞高反差保留"命令，打开"高反差保留"对话框，设置参数，如图9-99所示。

Step16 完成后单击"确定"按钮，在"图层"面板中设置"色彩平衡 1 拷贝"图层混合模式为"线性光"，不透明度为"30％"，效果如图9-100所示。

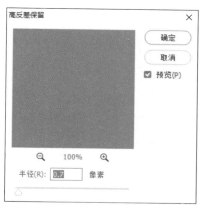

图 9-99

图 9-100

Step17 按Ctrl+Shift+Alt+E组合键盖印所有图层。使用"套索工具"绘制牙齿选区，如图9-101所示。

Step18 单击"图层"面板底部的"创建新的填充或调整图层"按钮，在弹出的快捷菜单中选择"色阶"命令，新建"色阶1"调整图层，在"属性"面板中调整参数，如图9-102所示。

Step19 至此，完成人像的处理。调整前后效果如图9-103、图9-104所示。

图 9-101

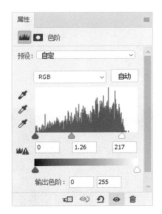

图 9-102

图 9-103

图 9-104

第10章　蒙版应用很便捷

内容导读：

蒙版是Photoshop软件中非常重要的一个功能。使用蒙版可以在不损坏图像的前提下，对图像进行编辑调整，得到需要的效果。结合Photoshop软件中其他工具使用，还可以制作出更加具有视觉冲击力的作品。

学习目标：

- 了解不同的蒙版类型
- 学会创建不同种类的蒙版
- 掌握蒙版的编辑应用

10.1 蒙版类型

蒙版是Photoshop软件中非常实用的工具，是一种非破坏性编辑。Photoshop软件中的蒙版包括快速蒙版、剪贴蒙版、图层蒙版和矢量蒙版4种。本节将针对这4种蒙版进行详细的介绍。

10.1.1 快速蒙版

图 10-1

快速蒙版是一种临时性的蒙版，用户可以使用绘画工具对快速蒙版进行编辑。当在"快速蒙版"模式中工作时，"通道"面板中将出现一个临时快速蒙版通道，如图10-1所示。

在Photoshop软件中创建快速蒙版的方式非常便捷。单击工具箱底部的"以快速蒙版模式编辑"按钮或按Q键，即可进入快速蒙版模式。选择绘画工具在图像上需要添加快速蒙版的区域涂抹，涂抹后的区域将以半透明红色显示，如图10-2所示。涂抹完成后单击工具箱底部的"以标准模式编辑"按钮或按Q键，即可退出快速蒙版模式，同时未绘制的区域将转换为选区，如图10-3所示。

图 10-2   图 10-3

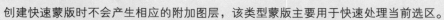

注意事项:

创建快速蒙版时不会产生相应的附加图层，该类型蒙版主要用于快速处理当前选区。

双击工具箱底部的"以快速蒙版模式编辑"按钮，打开"快速蒙版选项"对话框，如图10-4所示。在该对话框中可以对快速蒙版的色彩指示、颜色、不透明度等参数进行设置。

"快速蒙版选项"对话框中各选项作用如下。

● 色彩指示：用于设置色彩指示的区域。选择"被蒙版区域"选项，将把被蒙版区域设置为黑色（不透明），所选区域设置为白色（透明）；选择"所选区域"选项，将把被蒙版区域设置为白色（透明），所选区域设置为黑色（不透明）。默认选择"被蒙版区

图 10-4

域"选项。

- 颜色：用于设置蒙版的颜色和不透明度。该区域选项仅影响蒙版外观，不影响蒙版下方的区域。

重点 10.1.2　剪贴蒙版

剪贴蒙版是非常实用的一种蒙版，在使用时将以处于下方图层的形状来限制上方图层的显示状态。剪贴蒙版包括基底图层和内容图层两部分，如图10-5所示。基底图层定义最终图像的形状及范围，内容图层定义最终图像的内容，如图10-6所示。蒙版中的基底图层名称带下划线，上层图层的缩览图是缩进的。

图 10-5

图 10-6

（1）创建剪贴蒙版

在 Photoshop 软件中，创建剪贴蒙版有以下3种方式。

- 选中内容图层，执行"图层＞创建剪贴蒙版"命令或按 Alt+Ctrl+G 组合键，即可以其相邻的下层图层为基底图层创建剪贴蒙版，如图10-7、图10-8所示。

图 10-7

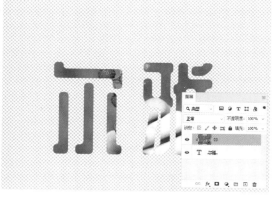

图 10-8

- 选中内容图层，在"图层"面板中右击鼠标，在弹出的快捷菜单中选择"创建剪贴蒙版"命令，即可以其相邻的下层图层为基底图层创建剪贴蒙版。
- 在"图层"面板中按住 Alt 键，移动鼠标至两图层间的分隔线上，当其变为 形状时，单击鼠标左键即可，如图10-9、图10-10所示。

第10章　蒙版应用很便捷

295

图 10-9

图 10-10

注意事项：

剪贴蒙版中，基底图层只能有一个，但是内容图层可以有连续的多个。

（2）释放剪贴蒙版

释放剪贴蒙版可以使蒙版中的图像效果恢复原始状态。与创建剪贴蒙版相对应，释放剪贴蒙版也有以下3种方式。

● 选择内容图层，执行"图层＞释放剪贴蒙版"命令或再次按Alt+Ctrl+G组合键，即可释放剪贴蒙版。

● 选择内容图层，在"图层"面板中右击鼠标，在弹出的快捷菜单中选择"释放剪贴蒙版"命令，即可将其释放。

● 在"图层"面板中按住Alt键，移动鼠标至内容图层与基底图层之间的分隔线上，待鼠标变为 状时，单击鼠标左键，即可释放剪贴蒙版。

（3）编辑剪贴蒙版

在剪贴蒙版中，对内容图层的操作不会影响基底图层。用户可以对剪贴蒙版的属性、排列顺序等进行设置。

① 调整内容图层排列属性　在剪贴蒙版中，可以有多个连续的内容图层，用户可以对多个内容图层的排列顺序进行调整，以达到理想的效果。在"图层"面板中选择内容图层，按住鼠标左键拖动调整即可，如图10-11、图10-12所示。

图 10-11

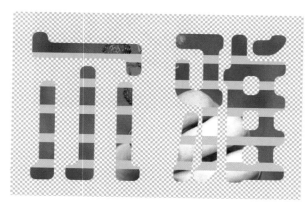

图 10-12

注意事项:

移动内容图层至基底图层下方,将释放剪贴蒙版。

② 调整图层不透明度和混合模式 创建剪贴蒙版后,用户可以在"图层"面板中对内容图层和基底图层的不透明度和混合模式进行设置。

调整内容图层的不透明度和混合模式,将只影响该图层的效果,而不影响剪贴蒙版中其他图层,如图10-13所示。调整基底图层的不透明度和混合模式,将影响整个剪贴蒙版中图层的效果,如图10-14所示。

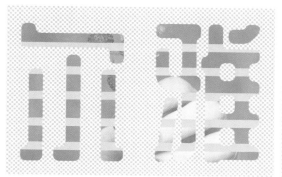

图 10-13

图 10-14

注意事项:

若想为剪贴蒙版添加图层样式,需要选择基底图层进行添加,为内容图层添加图层样式将不会显示在剪贴蒙版形状上。

进阶案例:制作镂空字效果

扫一扫 看视频

⬤ Step01 打开本章素材文件"镂空字背景.jpg",如图10-15所示。按Ctrl+J组合键复制一层。

⬤ Step02 使用"文字工具"在图像编辑窗口中合适位置输入文字,在选项栏中设置文字参数,如图10-16所示。

图 10-15

图 10-16

➲ **Step03** 在"图层"面板中调整图层顺序，使文字图层位于图层1下方，按住Alt键单击，创建剪贴蒙版，此时，文字图层名称带下划线，图像图层的缩览图向右缩进，如图10-17所示。

➲ **Step04** 双击"图层"面板中文字图层空白处，打开"图层样式"对话框，切换至"描边"选项卡，设置参数，如图10-18所示。

图 10-17

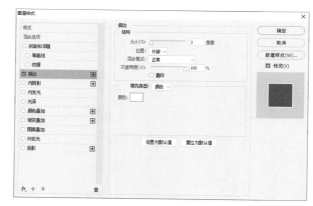

图 10-18

➲ **Step05** 在图像编辑窗口中预览效果，如图10-19所示。

➲ **Step06** 切换至"内阴影"选项卡，设置参数，添加内阴影，如图10-20所示。

图 10-19

图 10-20

➲ **Step07** 切换至"投影"选项卡，设置参数，添加投影，如图10-21所示。

➲ **Step08** 设置完成后单击"确定"按钮，添加图形样式，效果如图10-22所示。

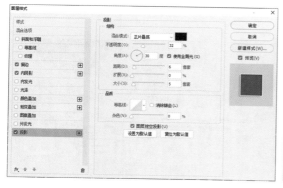

图 10-21

图 10-22

10.1.3 矢量蒙版

矢量蒙版与分辨率无关，是基于形状或路径创建的。与基于像素创建的蒙版相比，矢量蒙版会更加精确。

（1）创建矢量蒙版

用户可以使用形状或路径创建矢量蒙版。在Photoshop软件中，创建矢量蒙版有以下2种方式。

● 使用"钢笔工具" ✐或形状工具绘制路径，如图10-23所示。选中绘制的路径，执行"图层＞矢量蒙版＞当前路径"命令，即可基于当前路径创建矢量蒙版，如图10-24所示。

图 10-23

图 10-24

● 使用"钢笔工具"或形状工具绘制路径，此时路径处于选中状态，按住Ctrl键单击"图层"面板底部的"添加蒙版"按钮，如图10-25所示，即可基于当前路径创建矢量蒙版，如图10-26所示。

图 10-25

图 10-26

📖知识链接：

在"图层"面板中选择要添加矢量蒙版的图层，执行"图层＞矢量蒙版＞显示全部"命令或"图层＞矢量蒙版＞隐藏全部"命令，可以创建显示或隐藏整个图层的矢量蒙版。

（2）编辑矢量蒙版

矢量蒙版创建后，选择"图层"面板中的蒙版缩略图，使用"钢笔工具"或形状工具在图像编辑窗口中绘制路径，可以修改矢量蒙版，如图10-27、图10-28所示。

图 10-27

图 10-28

也可以使用"直接选择工具" 调整路径，从而改变矢量蒙版外形，如图10-29、图10-30所示。

图 10-29

图 10-30

注意事项：

　　将矢量蒙版栅格化后，矢量蒙版将转换为图层蒙版。选中要转换为图层蒙版的矢量蒙版，执行"图层＞栅格化＞矢量蒙版"命令，或在"图层"面板中蒙版缩略图上方右击鼠标，在弹出的快捷菜单中选择"栅格化矢量蒙版"命令，即可将矢量蒙版转换为图层蒙版。矢量蒙版栅格化后，无法再改回矢量对象。

（3）删除矢量蒙版

若想删除创建的矢量蒙版，有以下3种常用的方式。

● 在"图层"面板中选中蒙版缩略图，单击面板右下角的"删除图层" 按钮或按 Delete 键。

● 在"图层"面板中蒙版缩略图上方右击鼠标，在弹出的快捷菜单中选择"删除矢量蒙版"命令。

● 选中带有矢量蒙版的图层，执行"图层＞矢量蒙版＞删除"命令。

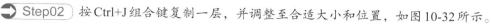

⟶ Step01 打开本章素材文件"放大镜背景.jpg"，如图10-31所示。

⟶ Step02 按Ctrl+J组合键复制一层，并调整至合适大小和位置，如图10-32所示。

图 10-31

图 10-32

⟶ Step03 执行"文件＞置入嵌入对象"命令，置入本章素材文件"放大镜.png"，并调整
　　　　　 至合适大小和位置，如图10-33所示。

⟶ Step04 选择工具箱中的"椭圆工具" ○，在选项栏中
　　　　　 设置工具模式为"路径"，在图像编辑窗口中绘制和放大
　　　　　 镜镜片等大的路径，如图10-34所示。

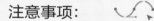
注意事项：
　　这里可以使用参考线
辅助绘制。

图 10-33

图 10-34

⟶ Step05 选择"图层"面板中的复制图
　　　　　 层，按住Ctrl键单击"图层"面板底部的
　　　　　 "添加蒙版"按钮，基于当前路径创建矢
　　　　　 量蒙版，如图10-35所示。

至此，完成放大镜效果的制作。

图 10-35

重点 **10.1.4 图层蒙版**

图层蒙版是与分辨率相关的位图图像，是一种灰度图像，用户可以使用绘图工具或选择工具编辑图层蒙版。在图层蒙版中，使用纯白色绘制的区域为可见的，使用纯黑色绘制的区域为不可见的，使用灰色绘制的区域则显示透明效果。

（1）创建图层蒙版

用户可以选择多种方式创建图层蒙版，常见的创建图层蒙版的方式有以下2种。

- 选择要创建图层蒙版的图层，执行"图层＞图层蒙版＞显示全部"命令或单击"图层"面板底部的"添加图层蒙版" ■按钮，可创建显示整个图层的蒙版，如图10-36所示；
- 选择要创建图层蒙版的图层，执行"图层＞图层蒙版＞隐藏全部"命令或按住Alt键单击"图层"面板底部的"添加图层蒙版" ■按钮，可创建隐藏整个图层的蒙版，如图10-37所示。

图 10-36

图 10-37

若创建图层蒙版时，当前图层中存在选区，如图10-38所示。单击"图层"面板底部的"添加图层蒙版" ■按钮，或执行"图层＞图层蒙版＞显示选区"命令，可创建显示选区的蒙版，如图10-39所示。

图 10-38

图 10-39

> **❝ 知识链接：**
>
> 图层蒙版也可以从图像创建。选择要创建图层蒙版的图层，单击"图层"面板底部的"添加图层蒙版" ■按钮，创建蒙版，如图10-40所示。隐藏图层1，选择背景图像，按Ctrl+A组合键全选，按Ctrl+C组合键复制，如10-41所示。

图 10-40

图 10-41

　　移动鼠标至蒙版缩略图上，按住Alt键单击，进入蒙版编辑状态，按Ctrl+V组合键复制，如图10-42所示。单击蒙版所在图层的图层缩略图，显示图像，即可观看蒙版效果，如图10-43所示。

图 10-42

图 10-43

（2）编辑图层蒙版

　　图层蒙版创建完成后，还可以使用绘画工具或选择工具对蒙版进行编辑，制作更加丰富的视觉效果。

　　选择蒙版缩略图，如图10-44所示。在工具箱中设置前景色为白色，使用"画笔工具"在图像编辑窗口中涂抹，可以看到画笔涂抹过的区域将显现出来，如图10-45所示。

图 10-44

图 10-45

（3）链接图层与蒙版

蒙版创建后，将自动与图层或组链接到一起，如图10-46所示。当移动图层或蒙版时，链接的图层和蒙版将一起移动。单击"图层"面板中的链接❸图标，将解除图层与其蒙版的链接。解除链接后，可以单独移动图层或蒙版，也可以独立于图层改变蒙版的边界，如图10-47所示。

图 10-46   图 10-47

（4）删除图层蒙版

删除图层蒙版的方式与删除矢量蒙版的方式基本一致，常用的有以下3种方式。

● 在"图层"面板中选中蒙版缩略图，单击面板右下角的"删除图层"🗑按钮或按Delete键。

● 在"图层"面板中蒙版缩略图上方右击鼠标，在弹出的快捷菜单中选择"删除图层蒙版"命令。

● 选中带有图层蒙版的图层，执行"图层＞图层蒙版＞删除"命令。

 上手实操：合成创意照片

本案例将练习合成创意照片，涉及的知识点包括图层蒙版的创建、画笔工具的应用、通道的应用等。

➲ Step01 打开本章素材文件"创意照片背景.jpg"，如图10-48所示。

➲ Step02 执行"文件＞置入嵌入对象"命令，置入本章素材文件"猫.jpg"，并调整至合适大小和位置，如图10-49所示。

图 10-48   图 10-49

Step03 打开"通道"面板，选择"绿"通道拖拽至面板底部的"创建新通道" ⊞ 按钮上复制通道，如图10-50所示。

Step04 按Ctrl+M组合键打开"曲线"对话框设置参数，如图10-51所示。

图 10-50

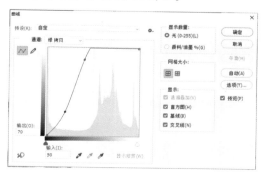

图 10-51

Step05 设置完成后单击"确定"按钮，效果如图10-52所示。

Step06 按住Ctrl键单击复制的"绿"通道的缩略图，创建选区。选择"通道"面板中的"RGB"通道。在"图层"面板中单击面板底部的"添加图层蒙版" ■ 按钮，创建图层蒙版，效果如图10-53所示。

图 10-52

图 10-53

Step07 选择"画笔工具"，设置前景色为黑色，在图像编辑窗口中涂抹，如图10-54所示。

Step08 切换前景色为白色，再次涂抹完善，如图10-55所示。

图 10-54

图 10-55

至此，完成创意照片的合成。

注意事项:

在合成创意照片时,还可以根据光线、阴影等对图像进行调整,以达到更好的视觉效果。

 进阶案例: 制作水彩画效果

扫一扫 看视频

　　本案例将利用蒙版制作水彩画效果,涉及的知识点包括图层蒙版的应用、蒙版的编辑、画笔工具的应用等。

Step01 打开本章素材文件"水彩.jpg",如图10-56所示。

Step02 按Ctrl+J组合键复制背景图层,在"图层"面板中复制图层上右击鼠标,在弹出的快捷菜单中选择"转换为智能对象"命令,将复制图层转换为智能对象,如图10-57所示。

图 10-56

图 10-57

Step03 选择图层1,执行"滤镜>滤镜库"命令,打开"滤镜库"对话框,选择"干画笔"滤镜并设置参数,如图10-58所示。完成后单击"确定"按钮。

图 10-58

Step04 选择图层1,执行"滤镜>滤镜库"命令,打开"滤镜库"对话框,选择"木刻"滤镜并设置参数,如图10-59所示。完成后单击"确定"按钮。

图 10-59

● Step05 双击"图层"面板中智能滤镜右侧上层的"双击以编辑滤镜混合选项" ≣ 按钮，打开"混合选项（滤镜库）"对话框，设置混合模式为"点光"，如图 10-60 所示。

● Step06 完成后单击"确定"按钮，效果如图 10-61 所示。

图 10-60

图 10-61

● Step07 执行"滤镜＞模糊＞特殊模糊"命令，打开"特殊模糊"对话框设置参数，如图 10-62 所示。完成后单击"确定"按钮。

● Step08 双击"图层"面板中"特殊模糊"滤镜右侧的"双击以编辑滤镜混合选项" ≣ 按钮，打开"混合选项（特殊模糊）"对话框，设置混合模式为"滤色"，如图 10-63 所示。完成后单击"确定"按钮。

图 10-62

图 10-63

Step09 执行"滤镜>风格化>查找边缘"命令，效果如图10-64所示。

Step10 双击"图层"面板中"查找边缘"滤镜右侧的"双击以编辑滤镜混合选项" ⚏ 按钮，打开"混合选项（查找边缘）"对话框，设置混合模式为"正片叠底"，如图10-65所示。完成后单击"确定"按钮。

图 10-64

图 10-65

Step11 执行"文件>置入嵌入对象"命令，置入本章素材文件"水彩背景.jpg"，并调整至合适大小和位置，如图10-66所示。

Step12 隐藏"背景"图层，设置新置入的"水彩背景"图层混合模式为"正片叠底"，选择图层1，按住Alt键，单击"图层"面板底部的"添加图层蒙版" ▢ 按钮，创建图层蒙版，如图10-67所示。

图 10-66

图 10-67

Step13 选择蒙版缩略图，设置前景色为白色，使用"画笔工具" ✐ 在画板中绘制，如图10-68所示。

注意事项：

　　使用"画笔工具" ✐ 绘制的过程中，可以选择不同的笔刷、不同的透明度绘制，制作出更加真实的画笔效果。

Step14 在"背景"图层上方新建图层，分别设置前景色为红色、蓝色、黄色，使用"画笔工具" ∕ 在图像编辑窗口中绘制，如图10-69所示。

图 10-68

图 10-69

Step15 执行"文件>置入嵌入对象"命令，置入本章素材文件"笔.png"。在"图层"面板中双击新置入图层空白处，打开"图层样式"对话框，设置"投影"参数，如图10-70所示。

Step16 完成后单击"确定"按钮，为笔添加投影效果，如图10-71所示。

图 10-70

图 10-71

至此，完成水彩画效果的制作。

进阶案例：制作撕裂照片效果

本案例将练习制作撕裂照片效果，涉及的知识点包括快速蒙版的应用、蒙版的编辑以及图层样式的应用等。

扫一扫 看视频

Step01 新建一个横向A4大小的空白文档，并为背景填充灰色渐变，如图10-72所示。

Step02 执行"文件>置入嵌入对象"命令，置入本章素材文件"照片.jpg"，并调整至合适大小和位置，如图10-73所示。

图 10-72

图 10-73

Step03 选中置入的素材图层，按Ctrl+T组合键自由变换对象，在图像编辑窗口中右击鼠标，在弹出的快捷菜单中选择"变形"命令，调整图像变形，制作照片卷曲效果，如图10-74所示。完成后按Enter键应用变换。

Step04 单击工具箱底部的"以快速蒙版模式编辑" 回按钮，进入快速蒙版模式，使用"画笔工具" 在图像上需要添加快速蒙版的区域涂抹，涂抹后的区域将以半透明红色显示，如图10-75所示。

图 10-74

图 10-75

Step05 执行"滤镜＞像素化＞晶格化"命令，打开"晶格化"对话框，设置"单元格大小"为"107"，如图10-76所示。

Step06 完成后单击"确定"按钮，为快速蒙版添加晶格化效果，如图10-77所示。

图 10-76

图 10-77

Step07 按Q键退出快速蒙版模式，此时绘制的区域将转换为选区，如图10-78所示。

> **注意事项：**
>
> 　　双击工具箱底部的"以快速蒙版模式编辑" ◻ 按钮，在打开的"快速蒙版选项"对话框中，设置"色彩指示"为"所选区域"后，即可在退出快速蒙版模式后将快速蒙版绘制的区域转换为选区。

Step08 按Ctrl+J组合键复制选区，如图10-79所示。

图 10-78

图 10-79

Step09 在"图层"面板中按Ctrl键单击图层1缩略图，创建选区，选择工具箱中的"魔棒工具" ✐，在图像编辑窗口中右击鼠标，在弹出的快捷菜单中选择"选择反向"命令，反向选区，效果如图10-80所示。

Step10 选择"照片"图层，按Ctrl+J组合键复制选区，如图10-81所示。隐藏"照片"图层。

图 10-80

图 10-81

Step11 选择"照片"图层，单击"图层"面板底部的"创建新图层"按钮，新建图层，如图10-82所示。

Step12 按住Ctrl键单击图层2的缩略图，创建选区。选择新建图层，设置前景色为白色，按Alt+Delete组合键为选区填充前景色，如图10-83所示。

图 10-82

图 10-83

Step13　选择图层3，选择工具箱中的"移动工具" ，按←键向左移动图层，如图10-84所示。

Step14　移动鼠标至图层2和图层3之间，按住Alt键单击，创建剪贴蒙版，如图10-85所示。

图 10-84

图 10-85

Step15　双击"图层"面板中图层3空白处，在弹出的"图层样式"对话框中选择"投影"选项卡，并设置参数，如图10-86所示。

Step16　完成后单击"确定"按钮，为图像添加投影效果，如图10-87所示。

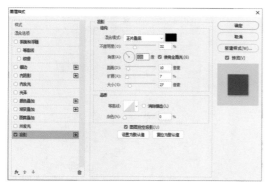

图 10-86

图 10-87

Step17　使用相同的方法，为照片的另一半添加白色选区及投影，如图10-88、图10-89所示。

图 10-88

图 10-89

⬤ Step18 选择图层1和图层4，按Ctrl+T组合键自由变换对象，并旋转一定角度，如图 10-90所示。

⬤ Step19 选择图层2和图层3，按Ctrl+T组合键自由变换对象，并旋转一定角度。调整图像位置，如图10-91所示。

图 10-90

图 10-91

至此，完成照片撕裂效果的制作。

10.2 编辑蒙版

矢量蒙版和图层蒙版创建完成后，就可以在Photoshop软件中对其进行编辑，用户可以根据需要复制蒙版、应用蒙版，也可以对蒙版的不透明度、边缘羽化效果等进行调整。下面将对此进行介绍。

（重点）10.2.1 停用和启用蒙版

停用蒙版可以显示出不带蒙版效果的图层效果。选择要停用的图层蒙版的图层，单击"属性"面板底部的"停用/启用蒙版"◉按钮，或者按住Shift键单击"图层"面板中的蒙版缩略图，即可停用蒙版。停用蒙版后，蒙版缩略图上显示一个红色的X，如图10-92所示。

单击停用蒙版的蒙版缩略图，即可重新启用蒙版，如图10-93所示。用户也可以单击"属性"面板底部的"停用/启用蒙版" 按钮，重新启用蒙版。

图 10-92

图 10-93

注意事项：

在"图层"面板中要停用或启用的图层蒙版缩略图上右击鼠标，在弹出的快捷菜单中选择相应的命令也可以停用或启用蒙版。用户也可以选择图层蒙版后，执行"图层 > 图层蒙版 > 停用"命令或"图层 > 图层蒙版 > 启用"命令，停用或启用蒙版。

10.2.2 移动和复制蒙版

蒙版可以在不同的图层间复制和移动。选中要移动的蒙版缩略图，按住鼠标左键拖动至目标图层上，即可移动蒙版，如图10-94、图10-95所示。

图 10-94

图 10-95

若需要复制蒙版，可以按住Alt键拖拽蒙版至目标图层上，即可复制蒙版。

复制蒙版和移动蒙版，可以得到不同的图像效果，如图10-96、图10-97所示分别为移动蒙版和复制蒙版的图像效果。

图 10-96

图 10-97

> **注意事项:**
>
> 　　若移动或复制蒙版时,目标图层上有蒙版,将会弹出提醒对话框,单击"是"按钮后将替换蒙版。

10.2.3　删除和应用蒙版

删除蒙版和应用蒙版都可以有效减小文件大小,但应用蒙版可以永久删除图层的隐藏部分,而删除蒙版则仅会删除图层蒙版,而不应用更改。

(1) 删除蒙版

在"图层"面板中选择要删除的蒙版缩略图,单击面板右下角的"删除图层" 🗑 按钮,在弹出的提示对话框中单击"删除"按钮,即可删除图层蒙版。删除蒙版前后效果如图10-98、图10-99所示。

图 10-98

图 10-99

用户也可以选择蒙版缩略图后,单击"属性"面板右下角的"删除蒙版" 🗑 按钮,将蒙版删除。或者在"图层"面板中蒙版缩略图上方,右击鼠标,在弹出的快捷菜单中选择"删除图层蒙版"按钮删除蒙版。

(2) 应用蒙版

应用蒙版就是将蒙版与原图像合并成一个图像,其中白色区域对应的图像保留,黑色区域对应的图像被删除,灰色区域对应的图像部分被删除,类似于合并图层的效果。

移动鼠标至"图层"面板中要应用蒙版的蒙版缩略图上，右击鼠标，在弹出的快捷菜单中选择"应用图层蒙版"命令，即可应用蒙版，应用蒙版后，原图像中被蒙版隐藏的部分将被删除，如图 10-100、图 10-101 所示。

图 10-100

图 10-101

用户也可以选择蒙版缩略图后，单击"属性"面板右下角的"应用蒙版" 按钮，应用蒙版。

10.2.4　蒙版和选区的运算

图 10-102

蒙版可以转换为选区。移动鼠标至"图层"面板中的蒙版缩略图上，右击鼠标，在弹出的快捷菜单中有3个与选区相关的命令，如图 10-102 所示。

下面将对这3个命令进行介绍。

● 选择"添加蒙版到选区"命令将在图像编辑窗口中载入图层蒙版的选区，如图 10-103 所示。若图像编辑窗口中存在选区，将会把图层蒙版的选区添加到当前选区中，如图 10-104 所示。

图 10-103

图 10-104

> **知识链接：**
>
> 用户也可以选择图层蒙版缩略图后，单击"属性"面板底部的"从蒙版中载入选区" 按钮载入图层蒙版的选区。

- 选择"从选区中减去蒙版"命令，将从当前选区中减去蒙版的选区，如图10-105所示。
- 选择"蒙版与选区交叉"命令，将保留当前选区与蒙版交叉的部分，如图10-106所示。

图 10-105

图 10-106

10.2.5　蒙版的不透明度和羽化

在"属性"面板中，可以对矢量蒙版或图层蒙版的不透明度和边缘进行调整。如图10-107所示为选择蒙版缩略图时的"属性"面板。

该面板中部分常用选项作用如下。

- 密度：用于控制蒙版不透明度，数值越低，蒙版越透明。如图10-108、图10-109所示分别是密度为50%和100%的效果。
- 羽化：用于柔化蒙版边缘。羽化蒙版边缘可以在蒙住和未蒙住区域之间创建较为柔和的过渡。羽化为30像素和80像素的效果分别如图10-110、图10-111所示。

图 10-107

图 10-108

图 10-109

图 10-110

图 10-111

● 选择并遮住：单击该选项，将进入"选择并遮住"工作区，如图10-112所示。在该工作区中可以修改蒙版边缘。

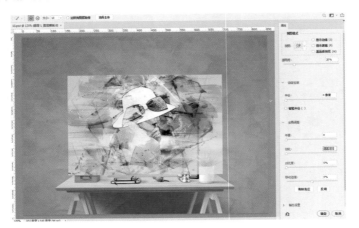

图 10-112

● 颜色范围：单击该按钮，将打开"色彩范围"对话框，用户可以在该对话框中设置参数修改蒙版边缘，如图10-113、图10-114所示。

图 10-113

图 10-114

● 反相：单击该按钮，将反相蒙版效果。

进阶案例：制作环境保护海报

本案例将练习制作环境保护海报，涉及的知识点包括通道的应用、图层蒙版的创建以及文字工具的应用等。

➲ Step01 新建一个42厘米×57厘米的空白文档，设置分辨率为150ppi，如图10-115所示。

➲ Step02 执行"文件>置入嵌入对象"命令，置入本章素材文件"背景.jpg"，并调整至合适大小和位置，如图10-116所示。

➲ Step03 打开"通道"面板，选择"红"通道，拖拽至面板底部的"创建新通道" 🗅 按钮上复制通道，如图10-117所示。

➲ Step04 按Ctrl+M组合键打开"曲线"对话框设置参数，如图10-118所示。完成后单击"确定"按钮。

图 10-115

图 10-116

图 10-117

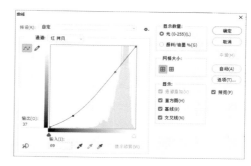

图 10-118

Step05 按Ctrl+L组合键打开"色阶"对话框设置参数，如图10-119所示。完成后单击"确定"按钮。

Step06 按住Ctrl键单击复制的"红"通道的缩略图，创建选区。选择"通道"面板中的"RGB"通道。在"图层"面板中单击面板底部的"添加图层蒙版"■按钮，创建图层蒙版，效果如图10-120所示。

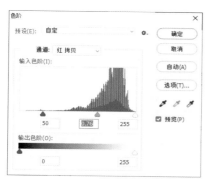

图 10-119

图 10-120

Step07 选择蒙版缩略图，设置前景色为白色，在图像编辑窗口中涂抹，效果如图10-121所示。

Step08 选择最下方的"背景"图层，执行"文件>置入嵌入对象"命令，置入本章素材文件"荒芜.jpg"，并调整至合适大小和位置，如图10-122所示。

Step09 选择最上方图层，使用"文字工具"T在图像编辑窗口中单击并输入文字，如图10-123所示。

图 10-121

图 10-122

图 10-123

Step10 选择"荒芜"图层，按住 Alt 键拖拽至最上层，如图 10-124 所示。

Step11 移动鼠标至复制图层和文字图层之间，按住 Alt 键单击，创建剪贴蒙版，如图 10-125 所示。效果如图 10-126 所示。

图 10-124　　　　　　　　　图 10-125

图 10-126

Step12 双击文字图层空白处，打开"图层样式"面板，选择"投影"选项卡并设置参数，如图 10-127 所示。完成后单击"确定"按钮，效果如图 10-128 所示。

图 10-127

图 10-128

Step13 继续使用"文字工具" **T**在图像编辑窗口中输入文字，如图10-129所示。

至此，完成环境保护海报的制作。

图 10-129

 综合实战：制作展览宣传海报

本案例将练习制作展览宣传海报，涉及的知识点包括"凸出"滤镜的应用、蒙版的应用以及文字工具的使用等。

扫一扫 看视频

Step01 新建一个42厘米×57厘米大小，分辨率为150ppi的空白文档。执行"文件＞置入嵌入对象"命令，置入本章素材文件"颜色.jpg"，并调整至合适大小，如图10-130所示。

Step02 按Ctrl+J组合键复制。使用"矩形工具"□在图像编辑窗口中绘制矩形，并填充白色，如图10-131所示。

Step03 在"图层"面板中选中"矩形1"图层和"颜色拷贝"图层，右击鼠标，在弹出的快捷菜单中选择"合并图层"命令，合并图层，如图10-132所示。

图 10-130

图 10-131

图 10-132

Step04 选择合并后的图层，执行"滤镜＞风格化＞凸出"命令，打开"凸出"对话框，设置参数，如图10-133所示。

Step05 完成后单击"确定"按钮，应用滤镜效果，如图10-134所示。

Step06 执行"选择＞色彩范围"命令，打开"色彩范围"对话框，设置参数并选取色彩范围，如图10-135所示。

🔵 **Step07** 完成后单击"确定"按钮，创建选区，如图 10-136 所示。

🔵 **Step08** 按住 Alt 键，单击"图层"面板底部的"添加图层蒙版"按钮，创建蒙版，如图 10-137 所示。

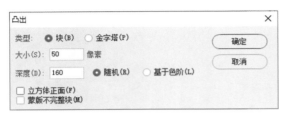

图 10-133

图 10-134

图 10-135

图 10-136

图 10-137

🔵 **Step09** 选择"颜色"图层，按 Ctrl+J 组合键复制，此时默认选中复制图层，执行"滤镜 > 风格化 > 查找边缘"命令，效果如图 10-138 所示。

🔵 **Step10** 选择"颜色拷贝"图层，在"图层"面板中设置混合模式为"强光"，效果如图 10-139 所示。

🔵 **Step11** 选中"图层"面板中最上方图层，使用"文字工具"在图像编辑窗口空白处输入文字，如图 10-140 所示。

图 10-138

图 10-139

图 10-140

Step12 选择所有文字图层，按Ctrl+Alt+E组合键盖印图层，如图10-141所示。

Step13 选择"颜色"图层，按住Alt键向上拖动复制，如图10-142所示。

Step14 移动鼠标至"颜色拷贝2"图层和盖印文字图层之间，按住Alt键单击，创建剪贴蒙版，如图10-143所示。

图 10-141

图 10-142

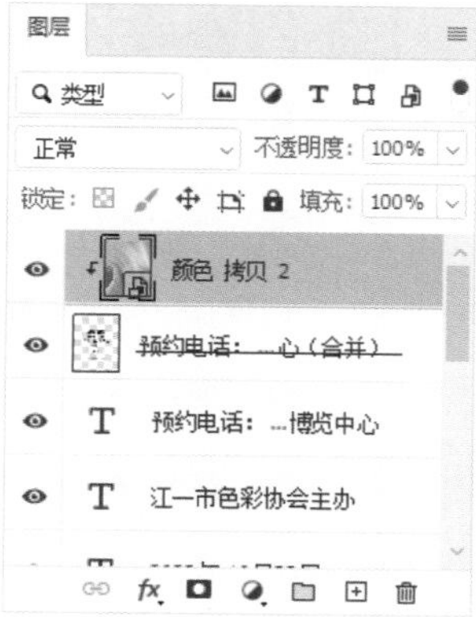

图 10-143

Step15 至此，完成展览宣传海报的制作，如图10-144所示。

图 10-144

第11章　滤镜技术作用大

内容导读：

　　滤镜可以很便捷地使图像呈现出丰富的特殊效果，从而节省操作时间，提高工作效率。用户可以使用Photoshop软件中内置的滤镜，也可以安装外挂滤镜，以满足制作需要。本章将主要针对Photoshop软件中的内置滤镜进行讲解，包括独立滤镜和种类繁多的滤镜组，通过本章节的学习，可以帮助用户了解不同滤镜的作用与效果，从而在设计作品时选择合适的滤镜进行应用。

学习目标：

- 了解滤镜
- 学会编辑应用独立滤镜
- 学会应用滤镜组中的滤镜
- 如何综合应用滤镜

11.1 滤镜的基础知识

滤镜是Photoshop软件中功能非常强大的工具，通过使用滤镜，可以对图像中像素的颜色、亮度、排列、分布等属性进行计算和处理，从而实现图像的各种特殊效果。本节将针对滤镜的基础知识进行介绍。

11.1.1 认识滤镜

Photoshop软件中的滤镜分为两种：内置滤镜和外挂滤镜。内置滤镜是Photoshop软件自带的滤镜，包括滤镜库、消失点、风格化滤镜组等，使用内置滤镜可以满足用户的大部分需要。如图11-1、图11-2所示为使用滤镜库处理图像的前后效果。

图 11-1   图 11-2

外挂滤镜是需要用户自行下载安装的滤镜。随着Photoshop软件的发展，第三方公司开发出大量适用于Photoshop软件的滤镜，使用这些滤镜，可以满足用户更多的需要，制作出丰富的图像效果。常见的外挂滤镜包括KPT、PhotoTools、Eye Candy、Xenofex、Ulead effect等。

11.1.2 应用滤镜

滤镜的应用非常简单便捷，用户可以执行相应的滤镜命令应用滤镜，也可以对滤镜效果进行设置。下面将对此进行介绍。

（1）滤镜的应用范围

滤镜既可以应用于图层，也可以应用于智能对象。当图层中存在选区时，默认滤镜应用于选区，如图11-3所示为在选区中应用"晶格化"滤镜的效果；若图像中没有选区，将默认滤镜应用于整个图层，如图11-4所示在图层中应用"晶格化"滤镜的效果。

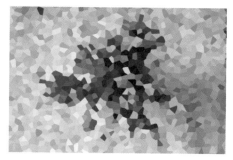

图 11-3   图 11-4

66 知识链接:

应用于智能对象的任何滤镜都是智能滤镜,智能滤镜是一种非破坏性的滤镜。用户可以在
"图层"面板中编辑调整智能滤镜,如图 11-5 所示。

单击智能滤镜名称左侧的眼睛 ● 图标,可以隐藏智能滤镜;双击智能滤镜名称,可以打开
相应的设置面板重新设置滤镜选项;双击智能滤镜右侧的"双击以编辑滤镜混合选项" ≒ 按钮,
可以打开相应的"混合选项"对话框,设置智能滤镜的混合模式,如图 11-6 所示。

图 11-5

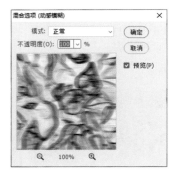

图 11-6

(2)应用滤镜

选择要添加滤镜的图层,在"滤镜"菜单中的子菜单中选择滤镜,在弹出的对话框或滤
镜库中设置参数后单击"确定"即可在图层上应用滤镜。

注意事项:

有的滤镜不需要设置,执行相应的命令后即可应用效果,如"彩块化"滤镜、"分层云彩"
滤镜等。

---

(3)渐隐滤镜效果

"渐隐"命令可以改变滤镜效果的混合模式和不透明度。为图层添加滤镜效果后,执行
"编辑>渐隐"命令,或按 Shift+Ctrl+F 组合键,打开"渐隐"对话框,如图 11-7 所示。在该
对话框中可以对滤镜的不透明度和混合模式进行设置。

图 11-7

注意事项:

"渐隐"命令将只作用于最后一个滤镜效果,若在添
加滤镜效果后执行了其他操作,则"渐隐"命令将会发生
相应的改变或无法使用。

11.1.3 认识滤镜菜单

单击菜单栏中的"滤镜"菜单,弹出其子菜单,如图 11-8 所示。Photoshop 软件中内置滤
镜都可以在该菜单中找到。

其中，第一栏显示最近使用的滤镜，便于用户快速地添加重复的滤镜；第二栏中的"转换为智能滤镜"选项可以将选中的图层转换为智能对象，从而添加智能滤镜；第三栏中的滤镜为独立滤镜，单击即可使用；第四栏显示了多个滤镜组，每个滤镜组中又包括不同的滤镜，用户根据需要依次选择即可。

波浪	Alt+Ctrl+F
转换为智能滤镜(S)	
滤镜库(G)...	
自适应广角(A)...	Alt+Shift+Ctrl+A
Camera Raw 滤镜(C)...	Shift+Ctrl+A
镜头校正(R)...	Shift+Ctrl+R
液化(L)...	Shift+Ctrl+X
消失点(V)...	Alt+Ctrl+V
3D	▶
风格化	▶
模糊	▶
模糊画廊	▶
扭曲	▶
锐化	▶
视频	▶
像素化	▶
渲染	▶
杂色	▶
其它	▶

注意事项：

安装外挂滤镜后，外挂滤镜将位于第四栏滤镜组下方，用户根据需要选择使用即可。

图 11-8

11.2 独立滤镜

独立滤镜是指不包括子菜单、单独存在的滤镜。Photoshop软件中的独立滤镜包括"液化"滤镜、"自适应广角"滤镜、Camera Raw滤镜、"镜头校正"滤镜、"消失点"滤镜、"滤镜库"等。下面将对这些独立滤镜进行介绍。

重点 11.2.1 "液化"滤镜

"液化"滤镜是Photoshop软件中非常重要的一款滤镜。使用"液化"滤镜可以对图像的任意区域进行推拉、旋转、反射、折叠或膨胀等操作。其工作原理是将图像以液体形式进行流动变化，让图像在适当的范围内用其他部分的像素图像替代原来的图像像素，常用于处理人像素材。

图 11-9

执行"滤镜>液化"命令，打开"液化"对话框，如图11-9所示。在该对话框中即可对图像进行调整。

"液化"对话框中各工具作用如下。

● 向前变形工具 ：使用该工具可以移动图像中的像素，得到变形的效果。
● 重建工具 ：使用该工具在变形的区域单击鼠标或拖动鼠标进行涂抹，可以使变形区域的图像恢复到原始状态。
● 平滑工具 ：用于平滑调整后的图像边缘。
● 顺时针旋转扭曲工具 ：使用该工具在图像中单击鼠标或移动鼠标时，图像会被顺时针旋转扭曲；当按住 Alt 键单击鼠标时，图像则会被逆时针旋转扭曲。

- 褶皱工具 ：使用该工具在图像中单击鼠标或移动鼠标时，可以使像素向画笔中间区域的中心移动，使图像产生收缩的效果。
- 膨胀工具 ：使用该工具在图像中单击鼠标或移动鼠标时，可以使像素向画笔中心区域以外的方向移动，使图像产生膨胀的效果。
- 左推工具 ：使用该工具可以使图像产生挤压变形的效果。
- 冻结蒙版工具 ：使用该工具可以在预览窗口绘制出冻结区域，在调整时，冻结区域内的图像不会受到变形工具的影响。
- 解冻蒙版工具 ：使用该工具涂抹冻结区域能够解除该区域的冻结。
- 脸部工具 ：选择该工具后软件将会自动识别人脸，当鼠标置于脸部时，图像脸部周围将显示直观的屏幕控件，调整控件可对脸部做出调整。
- 抓手工具 ：用于在放大图像的显示比例后移动图像。
- 缩放工具 ：用于调整图像的显示比例。选择该工具在预览区域中单击可放大图像的显示比例；按 Alt 键在该区域中单击，则会缩小图像的显示比例。

使用"液化"滤镜调整图像前后效果如图 11-10、图 11-11 所示。

图 11-10

图 11-11

知识链接：

在"液化"对话框中调整图像时，可以选择"视图选项"区域中的"显示网格"选项。通过网格可以帮助用户查看扭曲，如图 11-12 所示。

图 11-12

上手实操：萌化小鸟

Step01 打开本章素材文件"鸟.jpg"，如图 11-13 所示。按 Ctrl+J 组合键复制一层。

Step02 单击"图层"面板底部的"创建新的填充或调整图层"⬤按钮，在弹出的快捷菜单中选择"曲线"命令，添加"曲线"调整图层，如图 11-14 所示。

图 11-13

图 11-14

Step03 在"属性"面板中调整曲线，如图 11-15 所示。调整后图像效果如图 11-16 所示。

图 11-15

图 11-16

Step04 使用相同的方法，添加"色阶"调整图层并调整，如图 11-17 所示。效果如图 11-18 所示。

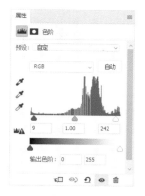

图 11-17

图 11-18

图 11-19

Step05 选择图层1，执行"滤镜＞液化"命令，打开"液化"对话框，使用"冻结蒙版工具" ☞绘制冻结区域，如图11-19所示。

图 11-20

Step06 使用"向前变形工具" ☞在鸟身体处涂抹，使其变形，如图11-20所示。

图 11-21

Step07 使用"解冻蒙版工具" ☞在冻结区域涂抹去除蒙版，如图11-21所示。

Step08 完成后单击"确定"按钮应用滤镜效果。调整前后效果如图11-22、图11-23所示。

图 11-22

图 11-23

至此，完成萌化小鸟的制作。

进阶案例：优化人物五官

扫一扫 看视频

本案例将利用"液化"滤镜美化人物五官，涉及的知识点包括"液化"滤镜的应用、"液化"对话框的应用等。

Step01 打开本章素材文件"女生.jpg"，如图11-24所示。

Step02 按Ctrl+J组合键复制，如图11-25所示。

图 11-24

图 11-25

Step03 执行"滤镜＞液化"命令，打开"液化"对话框，选择"向前变形工具"，设置"画笔大小"为400，"画笔密度"为50，"压力"为100，在人物手臂处涂抹，使其瘦身，效果如图11-26所示。

图 11-26

Step04 选择"脸部工具"，移动鼠标至人物面部，调整下巴宽度，如图11-27所示。

图 11-27

图 11-28

Step05 继续调整面部宽度，如图 11-28 所示。

图 11-29

Step06 调整额头高度，如图 11-29 所示。

图 11-30

Step07 调整鼻子宽度与右眼高度，如图 11-30 所示。

图 11-31

Step08 设置"画笔大小"为 125，"画笔密度"为 50，"压力"为 100，在人物头发处涂抹，调整其发型，效果如图 11-31 所示。

Step09 完成后单击"确定"按钮应用滤镜效果。调整前后效果如图11-32、图11-33所示。

图 11-32

图 11-33

至此,完成人物五官的优化。

11.2.2 "自适应广角"滤镜

"自适应广角"滤镜可以校正由于使用广角镜头而造成的镜头扭曲。执行"滤镜>自适应广角"命令,或按Alt+Shift+Ctrl+A组合键打开"自适应广角"对话框,如图11-34所示。

"自适应广角"对话框中部分重要选项作用如下。

图 11-34

- 约束工具 ⛰:用于绘制线条拉直图像。选择该工具后单击图像或拖动端点即可添加或编辑约束。按住Shift键单击可添加水平或垂直约束;按住Alt键单击可删除约束。
- 多边形约束工具 ⬦:用于绘制多边形拉直图像。
- 移动工具 ✛:用于移动图像位置。
- 抓手工具 ✋:用于移动画面以显示需要的区域。
- 缩放工具 🔍:用于缩放窗口的显示比例。单击可放大,按住Alt键单击可缩小。
- 校正:用于选择校正的类型,包括鱼眼、透视、自动、完整球面等。其中,选择"鱼眼"选项可以校正由鱼眼镜头引起的极度弯度;选择"透视"选项可以校正由视角和相机倾斜角所引起的会聚线;选择"自动"选项将自动检测合适的校正;选择"完整球面"选项可以校正360°全景图,全景图的长宽比必须为2:1。
- 缩放:用于设置缩放比例。
- 焦距:用于指定镜头的焦距。

● 裁剪因子：用于设定参数值以确定如何裁剪最终图像。

使用"自适应广角"滤镜可以快速拉直在全景图或采用鱼眼镜头和广角镜头拍摄的照片中看起来弯曲的线条，如图11-35、图11-36所示。

图 11-35

图 11-36

11.2.3 "镜头校正"滤镜

图 11-37

"镜头校正"滤镜可以校正失真变形的图像，修复常见的镜头瑕疵。执行"滤镜>镜头校正"命令或按Shift+Ctrl+R组合键，打开"镜头校正"对话框，如图11-37所示。

"镜头校正"对话框中部分选项作用如下。

● 移去扭曲工具 ：向中心拖动或脱离中心以校正失真，如桶形失真、枕形失真等。

● 拉直工具 ：绘制一条线以将图形拉直到新的横轴或纵轴。

● 移动网格工具 ：拖动以移动对齐网络。

● 抓手工具 ：拖动以在窗口中移动图像。

● 缩放工具 ：用于缩放图像大小。

● 几何扭曲：用于校正镜头桶形失真或枕形失真等，即校正图像的凸起或凹陷。

● 色差：用于校正色边。

● 晕影：用于校正由于镜头缺陷或镜头遮光处理不当而导致的边缘较暗的图像。

● 变换：用于校正图像透视错误。

使用"镜头校正"滤镜调整图像前后效果如图11-38、图11-39所示。

图 11-38

图 11-39

11.2.4　Camera Raw滤镜

Camera Raw滤镜的功能非常强大，用户可以通过该滤镜调整图像颜色，也可以用来校正图像。执行"滤镜＞Camera Raw滤镜"命令或按Shift+Ctrl+A组合键，打开"Camera Raw"对话框，如图11-40所示。

"Camera Raw"对话框中部分工具作用如下。

图 11-40

- 白平衡工具 ✗：使用该工具在白色或灰色的图像内容上单击，可以校正照片的白平衡。
- 颜色取样器工具 ✗：使用该工具在图像中单击，可以建立颜色取样点，对话框顶部会显示取样像素的颜色值，以便在调整时观察颜色的变化情况。
- 目标调整工具 ✗按钮：长按此按钮，在弹出的菜单中可以选择"参数曲线""色相""饱和度""明亮度"和"黑白混合"五个选项，选择后在图像中拖动鼠标即可应用调整。
- 变换工具 ▯：调整水平方向和差值方向平衡和透视平衡的工具。
- 污点去除 ✗：去除不要的污点杂质，在图像上单击后将出现两个圆圈，可以修复和仿制。
- 红眼去除 ✗：与Photoshop中"红眼工具"相同，用于去除红眼。
- 调整画笔 ✗：用于调整图像的色温、色调、颜色、对比度、饱和度、杂色等参数。
- 渐变滤镜 ▭：以线性渐变的方式用于图像局部调整。
- 径向滤镜 ○：以径向渐变的方式用于图像局部调整。

选择不同的工具后，"Camera Raw"对话框右侧的选项区也会发生相应的变化。用户可以在右侧的选项区中设置参数，以得到需要的效果。

使用"Camera Raw"滤镜调整图像前后效果如图11-41、图11-42所示。

图 11-41

图 11-42

扫一扫 看视频

进阶案例：人像调色

Step01　打开本章素材文件"人.jpg"，如图11-43所示。按Ctrl+J组合键复制。

Step02　执行"滤镜＞Camera Raw滤镜"命令，打开"Camera Raw"对话框，在该对话框右侧的选项区中设置白平衡为"自动"，并调整其他参数，如图11-44所示。

图 11-43

图 11-44

Step03　选择右侧选项区中的"色调曲线"按钮，调整色调曲线，如图11-45所示。

Step04　选择右侧选项区中的"细节"按钮，调整锐化和杂色，如图11-46所示。

Step05　选择右侧选项区中的"HSL调整"按钮，调整饱和度和明亮度参数，如图11-47所示。

Step06　选择右侧选项区中的"校准"按钮，调整参数，如图11-48所示。

Step07　完成后单击"确定"按钮，应用效果。调整前后效果如图11-49、图11-50所示。

336

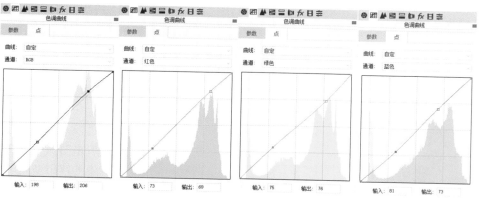

图 11-45

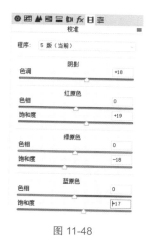

图 11-46

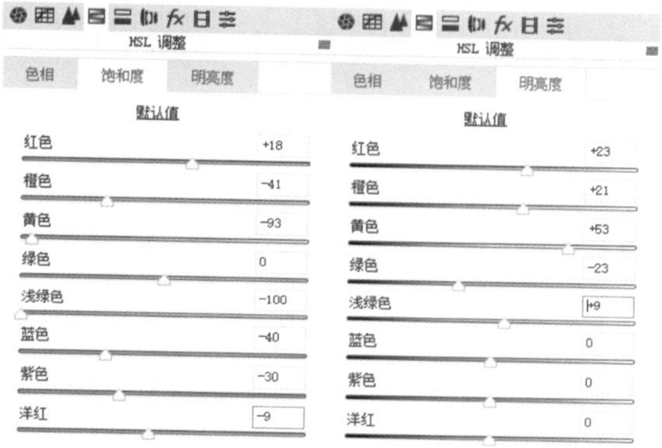

图 11-47

图 11-48

图 11-49

图 11-50

至此，完成人像颜色的调整。

11.2.5 "消失点"滤镜

"消失点"滤镜可以在不改变图像透视角度的同时，绘制、仿制、复制、粘贴或变换图像。执行"滤镜＞消失点"命令或按Alt+Ctrl+V组合键，打开"消失点"对话框，如图11-51所示。

图 11-51

"消失点"对话框中部分工具作用如下。

- 编辑平面工具 ▶：用于选择、编辑、移动平面和调整平面的大小。
- 创建平面工具 ▦：用于创建透视平面。选择该工具后单击图像中透视平面或对象的四个角即可创建平面，还可以从现有的平面伸展节点拖出垂直平面。
- 选框工具 ⬚：用于在透视平面中绘制选区，同时移动或仿制选区。按住Alt键拖移选区可将区域复制到新目标；按住Ctrl键拖移选区可用源图像填充该区域。
- 图章工具 ▲：单击该工具按钮，按住Alt键在透视平面内单击设置取样点，在其他区域拖拽复制即可仿制图像。按住Shift键单击可将描边扩展到上一次单击处。
- 画笔工具 ✏：用于在平面中绘画。选择该工具后在平面中单击并拖动即可。在对话框顶端设置"修复"为"明亮度"选项可将绘画调整为适应阴影或纹理。
- 变换工具 ⬚：用于缩放、旋转和翻转当前浮动选区。
- 吸管工具 ✐：选择颜色用于绘画。
- 测量工具 ▭：用于测量平面中项目的距离和角度。

使用"消失点"滤镜调整图像前后效果如图 11-52、图 11-53 所示。

图 11-52

图 11-53

进阶案例：替换书籍封面

扫一扫 看视频

本案例将练习替换书籍封面，涉及的知识点包括图形的复制与粘贴、"消失点"滤镜的应用等。

➜ Step01　打开本章素材文件"封面.jpg"，按Ctrl+A组合键选择全部，按Ctrl+C组合键复制对象，如图 11-54 所示。

🌀 Step02 打开本章素材文件"书.jpg"，如图 11-55 所示。按 Ctrl+J 组合键复制。

图 11-54

图 11-55

🌀 Step03 执行"滤镜＞消失点"命令，打开"消失点"对话框，如图 11-56 所示。

🌀 Step04 使用"创建平面工具" ⊞ 在蓝色书皮的四个角单击，创建透视平面，如图 11-57 所示。

图 11-56

图 11-57

🌀 Step05 按 Ctrl+V 粘贴复制对象，如图 11-58 所示。

🌀 Step06 按 T 键自由变换复制对象，调整至合适大小，如图 11-59 所示。

图 11-58

图 11-59

Step07　拖拽复制对象至透视平面中，调整位置与大小，如图11-60所示。

Step08　完成后单击"确定"按钮应用滤镜效果，如图11-61所示。

图 11-60

图 11-61

Step09　使用"多边形套索工具" 选择其余书面蓝色部分，单击"图层"面板底部的"创建新的填充或调整图层" 按钮，在弹出的快捷菜单中选择"色相/饱和度"命令。创建"色相/饱和度"调整图层，并在"属性"面板中设置参数，如图11-62所示。

Step10　调整后图像效果如图11-63所示。

图 11-62

图 11-63

至此，完成替换书籍封面的操作。

重点　11.2.6　滤镜库

滤镜库包括多组滤镜效果，在滤镜库中，用户可以很方便地查找添加滤镜效果。下面将对此进行介绍。

（1）认识"滤镜库"对话框

执行"滤镜>滤镜库"命令，即可打开"滤镜库"对话框，如图11-64所示。

"滤镜库"对话框中各区域作用如下。

● 预览框：可预览图像的变化效果，单击底部的 按钮，可缩小或放大预览框中的图像。

● 滤镜组：该区域中显示了"风格化""画笔描边""扭曲""素描""纹理"和"艺术效

果"6组滤镜，单击每组
滤镜前面的三角形图标展
开该滤镜组，即可看到该
组中所包含的具体滤镜。

- "显示/隐藏滤镜缩览图"
  ⊡按钮：单击该按钮可隐
  藏或显示滤镜缩览图。
- "滤镜"弹出式菜单与参
  数设置区：在"滤镜"弹
  出式菜单中可以选择所需
  滤镜，在其下方区域中可
  设置当前所应用滤镜的
  各种参数值和选项，如图
  11-65所示。
- 滤镜列表：滤镜列表位于
  "滤镜库"对话框右下角。
  单击某一个滤镜效果图
  层，显示选择该滤镜；剩
  下的属于已应用但未选择
  的滤镜。

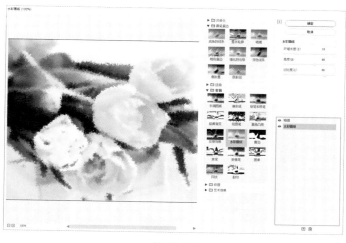

图 11-64

图 11-65　　　　　　　　图 11-66

- "隐藏滤镜" ◉ 按钮：单
  击效果图层前面的 ◉ 图
  标，隐藏滤镜效果，再单击，将显示被隐藏的效果，如图11-66所示。
- "新建效果图层" 🗋 按钮：若要同时使用多个滤镜，可以单击该按钮，即可新建一个效
  果图层，从而实现多滤镜的叠加使用。
- "删除效果图层" 🗑 按钮：选择一个效果图层后，单击该按钮即可将其删除。

注意事项：

　　滤镜的排列顺序影响最终效果。用户可以在"滤镜库"对话框的滤镜列表中调整滤镜的排列
顺序，观察不同顺序下的图像效果，如图11-67、图11-68所示分别为"海绵"效果和"撕边"
效果不同排列顺序下的图像效果。

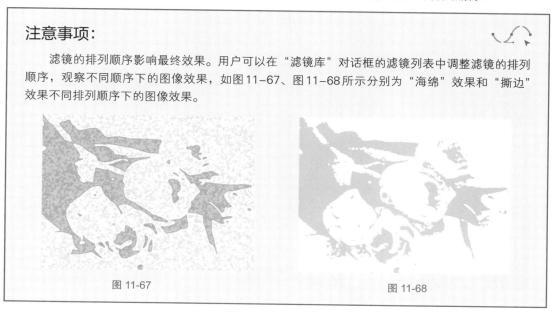

图 11-67　　　　　　　　　　　　　　　　图 11-68

(2)"风格化"滤镜组

"滤镜库"对话框中的"风格化"滤镜组中仅包括"照亮边缘"一种滤镜,该滤镜可以让图像产生比较明亮的轮廓线。如图11-69、图11-70所示分别为使用"查找边缘"滤镜前后的效果。

图 11-69

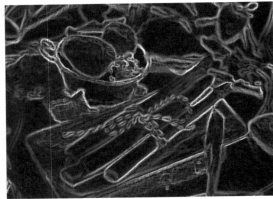

图 11-70

(3)"画笔描边"滤镜组

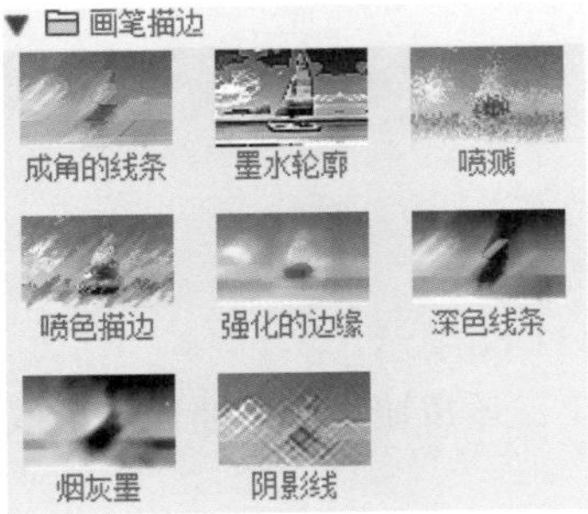

"滤镜库"对话框中的"画笔描边"滤镜组中包括"成角的线条""墨水轮廓""喷溅""喷色描边""强化的边缘""深色线条""烟灰墨"和"阴影线"8种滤镜,如图11-71所示。该滤镜组中的滤镜可以模拟不同的画笔或油墨笔刷勾画图像,产生手绘效果。

"画笔描边"滤镜组中各滤镜作用如下。

图 11-71

- 成角的线条:该滤镜将使用倾斜的线条重新绘制图像,产生斜画笔风格的图像,效果较为好看,添加该滤镜的前后效果如图11-72、图11-73所示。

- 墨水轮廓:该滤镜将以钢笔画的风格在图像颜色边界处模拟油墨绘制图像轮廓。

- 喷溅:该滤镜可以使图像产生一种按一定方向喷洒水花的效果,画面看起来像被雨水冲刷过一样。效果如图11-74所示。

图 11-72

图 11-73

图 11-74

- 喷色描边：该滤镜效果与"喷溅"滤镜效果类似，但"喷色描边"滤镜还可以产生斜纹飞溅的效果。
- 强化的边缘：该滤镜可以强化图像边缘。设置高的边缘亮度控制值时，强化效果类似白色粉笔；设置低的边缘亮度控制值时，强化效果类似黑色油墨。效果如图11-75所示。
- 深色线条：该滤镜使用短而密的线条绘制暗部、长而白的线条绘制亮部，产生强烈黑色阴影效果。
- 烟灰墨：该滤镜可以模拟蘸满油墨的画笔在宣纸上绘画的效果。如图11-76所示。
- 阴影线：该滤镜可以保留原始图像的细节和特征，同时使用模拟的铅笔阴影线添加纹理，并使彩色区域的边缘变粗糙，产生具有十字交叉线网格风格的图像。效果如图11-77所示。

图 11-75 图 11-76 图 11-77

（4）"扭曲"滤镜组

"滤镜库"对话框中的"扭曲"滤镜组中包括"玻璃""海洋波纹"和"扩散亮光"3种滤镜，如图11-78所示。该滤镜组中的滤镜可以几何扭曲图像，制作出特殊的图像效果。

该滤镜组中各滤镜效果作用如下。

图 11-78

- 玻璃：该滤镜可模拟透过玻璃观看图像的效果，添加该滤镜的前后效果如图11-79、图11-80所示。

图 11-79

图 11-80

343

● 海洋波纹：该滤镜可以在图像表面添加随机分隔的波纹，模拟出海洋表面的波纹效果，如图11-81所示。

● 扩散亮光：该滤镜可以使图像产生光热弥漫的效果，如图11-82所示。

图 11-81

图 11-82

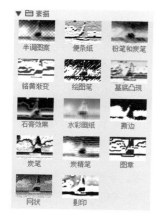

图 11-83

（5）"素描"滤镜组

"滤镜库"对话框中的"素描"滤镜组中包括"半调图案""便条纸""粉笔和炭笔""铬黄渐变""绘图笔""基底凸现""水彩画纸""撕边""石膏效果""炭笔""炭精笔""图章""网状"和"影印"14种滤镜，如图11-83所示。该滤镜组中的滤镜可以根据图像中高色调、半色调和低色调的分布情况，使用前景色和背景色按特定的运算方式将纹理添加到图像上，使图像产生素描、速写、3D等效果。

该滤镜组中各滤镜效果作用如下。

● 半调图案：该滤镜可以在保持连续的色调范围的同时，模拟半调网屏的效果。添加该滤镜的前后效果如图11-84、图11-85所示。

● 便条纸：该滤镜可以使图像以前景色和背景色混合产生凹凸不平的草纸画效果，其中前景色作为凹陷部分，而背景色作为凸出部分，如图11-86所示。

图 11-84

图 11-85

图 11-86

- 粉笔和炭笔：该滤镜可以重绘高光和中间调，并使用粗糙粉笔绘制纯中间调的灰色背景。阴影区域用黑色对角炭笔线条替换。炭笔用前景色绘制，粉笔用背景色绘制，如图11-87所示。
- 铬黄渐变：该滤镜可以模拟液态金属效果。
- 绘图笔：该滤镜可以模拟钢笔画素描效果，如图11-88所示。
- 基底凸现：该滤镜可以使用光照强调表面变化的效果，模拟出粗糙的浮雕效果。
- 石膏效果：该滤镜可以模拟立体石膏压模成像的效果，如图11-89所示。

图 11-87

图 11-88

图 11-89

- 水彩画纸：该滤镜可以利用有污点的、像画在潮湿的纤维纸上的涂抹，使颜色流动并混合，如图11-90所示。
- 撕边：该滤镜可以模拟粗糙、撕破的纸片效果，然后使用前景色和背景色为图片上色，如图11-91所示。
- 炭笔：该滤镜可以制作出色调分离的涂抹效果，主要边缘以粗线条绘制，中间色调用对角细线条素描。炭笔是前景色，纸张颜色是背景色。如图11-92所示。

图 11-90

图 11-91

图 11-92

- 炭精笔：该滤镜可以在图像上模拟浓黑和纯白的炭精笔纹理。
- 图章：该滤镜可以简化图像，模拟出用橡皮或木制图章创建的效果，如图11-93所示，适用于黑白图像。

● 网状：该滤镜使用前景色和背景色填充图像，在图像中产生一种网眼覆盖的效果，如图11-94所示。

● 影印：该滤镜可以模拟影印图像的效果，计算机会去除图像原有的色彩，如图11-95所示。

图 11-93

图 11-94

图 11-95

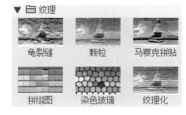

图 11-96

（6）"纹理"滤镜组

"滤镜库"对话框中的"纹理"滤镜组中包括"龟裂缝""颗粒""马赛克拼贴""拼缀图""染色玻璃"和"纹理化"6种滤镜，如图11-96所示。该滤镜组中的滤镜可以为图像添加纹理，制作更有质感的图像效果。

该滤镜组中各滤镜效果作用如下。

● 龟裂缝：该滤镜可以使图像产生网状裂缝，制作出具有浮雕样式的立体图像效果。添加该滤镜的前后效果如图11-97、图11-98所示。

● 颗粒：该滤镜可以模拟出不同种类的颗粒添加在图像中，如图11-99所示。

图 11-97

图 11-98

图 11-99

● 马赛克：该滤镜可以模拟马赛克拼贴图像的效果。

● 拼缀图：该滤镜可以模拟类似正方形瓷砖拼贴图像的效果，如图11-100所示。

- 染色玻璃：该滤镜将图像分割为多个不规则的多边形色块，并使用前景色勾画轮廓，产生彩色玻璃的效果，如图11-101所示。
- 纹理化：该滤镜可以为图像添加多种类型的纹理，使图像更具质感，如图11-102所示。

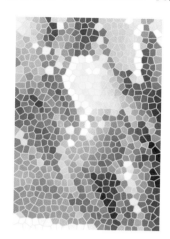

图 11-100

图 11-101

图 11-102

（7）"艺术效果"滤镜组

"滤镜库"对话框中的"艺术效果"滤镜组中包括"壁画""干画笔""绘画涂抹"等14种滤镜，如图11-103所示。该滤镜组中的滤镜可以制作出更具艺术风格的图像效果。

该滤镜组中各滤镜效果作用如下。

- 壁画：该滤镜可以模拟出壁画的粗犷效果。
- 彩色铅笔：该滤镜可以模拟使用彩色铅笔在纯色背景上绘制图像的效果。
- 粗糙蜡笔：该滤镜可以模拟蜡笔在纹理背景上绘图的效果。使用该滤镜前后效果如图11-104、图11-105所示。
- 底纹效果：该滤镜可以根据所选的纹理类型使图像产生相应的底纹效果，如图11-106所示。

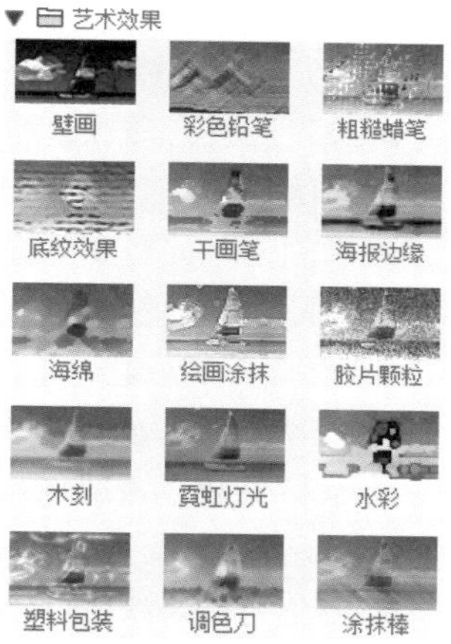

图 11-103

图 11-104

图 11-105

图 11-106

- 干画笔：该滤镜可以模拟颜色快用完的毛笔的绘图效果，如图11-107所示。
- 海报边缘：该滤镜可以增加图像对比度并沿边缘的细微层次加上黑色，产生招贴画边缘效果的图像，如图11-108所示。
- 海绵：该滤镜可以模拟海绵浸湿后绘画的效果。
- 绘画涂抹：该滤镜可以模拟手指在不同类型的画笔绘制的画纸上涂抹的效果，如图11-109所示。

图 11-107　　　　　　　　　　图 11-108　　　　　　　　　　图 11-109

- 胶片颗粒：该滤镜可以将平滑图案应用于阴影和中间色调，使图像产生胶片颗粒状纹理的效果。
- 木刻：该滤镜使图像产生由粗糙剪切的彩纸组成的效果，高对比度图像看起来像黑色剪影，而彩色图像看起来像由几层彩纸构成，如图11-110所示。
- 霓虹灯光：该滤镜可以产生负片图像或与此类似的颜色奇特的图像效果。
- 水彩：该滤镜可以模拟水彩绘图的效果。
- 塑料包装：该滤镜可以模拟塑料光泽效果，强调表面细节并具有立体感，如图11-111所示。
- 调色刀：该滤镜可以减少图像中的细节，使图像的写意效果更强，如图11-112所示。

图 11-110　　　　　　　　　　图 11-111　　　　　　　　　　图 11-112

- 涂抹棒：该滤镜可以产生使用粗糙物体在图像进行涂抹的效果，能够模拟在纸上涂抹粉笔画或蜡笔画的效果。

上手实操：照片抽丝效果

Step01 打开本章素材文件，如图11-113所示。

Step02 按Ctrl+J组合键复制。选中复制图层，右击鼠标，在弹出的快捷菜单中选择"转换为智能对象"命令，将复制图层转换为智能对象，如图11-114所示。

图 11-113

图 11-114

Step03 设置前景色#c1b397。执行"滤镜>滤镜库"命令，打开"素描"对话框，选择"素描"滤镜组中的"半调图案"滤镜，并在参数设置区中设置参数，如图11-115所示。

Step04 完成后单击"确定"按钮，应用滤镜库效果，如图11-116所示。

图 11-115

Step05 选中复制图层，在"图层"面板中设置其混合模式为"柔光"，效果如图11-117所示。

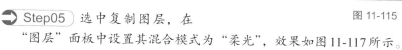

图 11-116

图 11-117

至此，完成照片抽丝效果的制作。

进阶案例：制作励志卡片

本案例将练习制作励志卡片，涉及的知识点包括图像色调的调整、滤镜库的应用、文字工具的使用等。

Step01 打开本章素材文件"书案.jpg"，如图11-118所示。

Step02 按Ctrl+J组合键复制，如图11-119所示。

图 11-118

图 11-119

Step03 按Ctrl+L组合键打开"色阶"对话框，在该对话框中调整参数，如图11-120所示。完成后单击"确定"按钮，效果如图11-121所示。

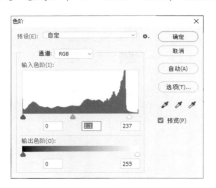

图 11-120

图 11-121

Step04 按Ctrl+M组合键打开"曲线"对话框，调整曲线，如图11-122所示。完成后单击"确定"按钮，效果如图11-123所示。

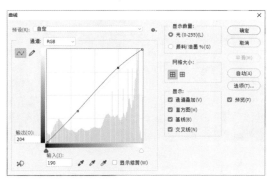

图 11-122

图 11-123

Step05 按Ctrl+B组合键打开"色彩平衡"对话框，设置参数，如图11-124所示。完成后单击"确定"按钮，效果如图11-125所示。

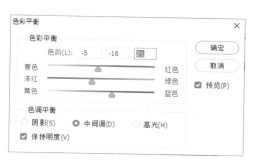

图 11-124

图 11-125

Step06 执行"滤镜＞滤镜库"命令，打开"滤镜库"对话框，选择"艺术效果"滤镜组中的"海报边缘"滤镜，并设置参数，如图11-126所示。

Step07 单击"滤镜库"对话框右下角的"新建效果图层"按钮，新建滤镜，并选择"艺术效果"滤镜组中的"绘画涂抹"滤镜，在参数设置区中设置参数，如图11-127所示。

图 11-126

Step08 单击"滤镜库"对话框右下角的"新建效果图层"按钮，新建滤镜，并选择"艺术效果"滤镜组中的"粗糙蜡笔"滤镜，在参数设置区中设置参数，如图11-128所示。

Step09 完成后单击"确定"按钮，应用滤镜效果，如图11-129所示。

图 11-127

Step10 使用"文字工具"在图像编辑窗口中合适位置单击并输入文字，设置其字体为"庞门正道粗书体"，字号为10pt，字体颜色为#8e5248，效果如图11-130所示。

图 11-128

图 11-129

图 11-130

至此，完成励志卡片的制作。

11.3 其他滤镜组

除了独立滤镜，Photoshop软件中还包括11组滤镜组，如"风格化"滤镜组、"模糊"滤镜组、"像素化"滤镜组等，每个滤镜组中又包括多个滤镜。通过这些滤镜，可以制作出绚丽多姿的图像效果。

11.3.1 3D滤镜组

"3D"滤镜组中包括"生成凹凸（高度）图"和"生成法线图"2种滤镜。该滤镜组中的滤镜可以用于制作凹凸贴图和法线贴图。

（1）生成凹凸（高度）图

"生成凹凸（高度）图"滤镜可以制作凹凸贴图。凹凸贴图是指在三维环境中通过纹理方法制作出凹凸不平的效果。

（2）生成法线图

"生成法线图"滤镜可用于制作法线贴图。法线贴图是可以应用到3D表面的特殊纹理，与凹凸贴图类似，但是法线贴图具有更高细节精确光照方向和反射效果。

重点 11.3.2 风格化滤镜组

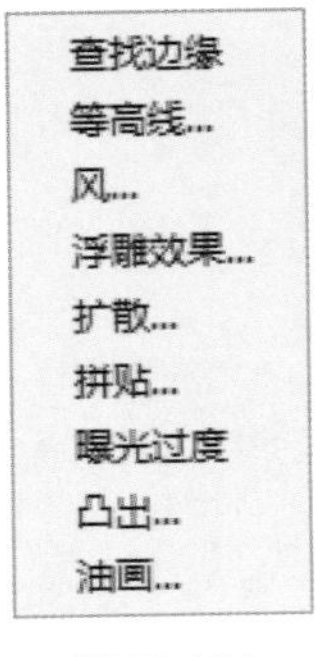

查找边缘
等高线...
风...
浮雕效果...
扩散...
拼贴...
曝光过度
凸出...
油画...

图 11-131

与"滤镜库"中的"风格化"滤镜组相比，"滤镜"菜单中的"风格化"滤镜组中包括更多滤镜，如图11-131所示。该滤镜组中的滤镜可以通过置换像素并且查找和提高图像中的对比度，使图像产生一种绘画式或印象派的艺术效果。

"风格化"滤镜组中滤镜的作用如下。

● 查找边缘："查找边缘"滤镜可以查找图像中主色块颜色变化的区域，并将查找到的边缘轮廓描边，使图像看起来像用笔刷勾勒的轮廓。执行"滤镜>风格化>查找边缘"命令，即可为对象添加滤镜效果，如图11-132、图11-133所示。

图 11-132

图 11-133

- 等高线："等高线"滤镜可以查找图像的主要亮度区域，并为每个颜色通道勾勒主要亮度区域的转换，以获得与等高线图中的线条类似的效果。在其对话框中可对滤镜效果进行设置。
- 风："风"滤镜可以创建水平线模拟风吹的动感效果，如图 11-134 所示。在其对话框中可以对风吹效果样式和方向进行设置。
- 浮雕效果："浮雕效果"滤镜可以通过勾画图像的轮廓和降低周围色值产生灰色的浮凸效果。在其对话框中可以对浮雕效果的角度、高度等参数进行设置。
- 扩散："扩散"滤镜可以按指定的方式移动相邻的像素，模拟出透过磨砂玻璃观察物体的模糊效果。
- 拼贴："拼贴"滤镜可以将图像分解为一系列方块，并使其偏离原来的位置，产生类似瓷砖拼贴的效果，如图 11-135 所示。

图 11-134

图 11-135

- 曝光过度："曝光过度"滤镜可以混合负片和正片图像，模拟出底片曝光的效果。
- 凸出："凸出"滤镜可以将图像分解为多个重叠的立方体或椎体，制作出特殊的3D纹理效果，如图 11-136 所示。
- 油画："油画"滤镜可以为图像赋予油画效果，如图 11-137 所示。

图 11-136

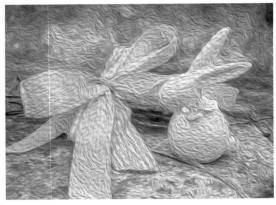

图 11-137

重点 11.3.3 模糊滤镜组

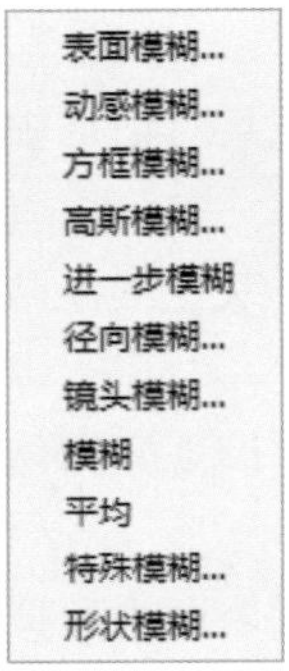

表面模糊...
动感模糊...
方框模糊...
高斯模糊...
进一步模糊
径向模糊...
镜头模糊...
模糊
平均
特殊模糊...
形状模糊...

图 11-138

"模糊"滤镜组中的滤镜可以柔化图像，使其产生模糊的效果。其工作原理是减少相邻像素间颜色的差异。该滤镜组中包括表面模糊、动感模糊、高斯模糊、镜头模糊等11种滤镜，如图11-138所示。

"模糊"滤镜组中滤镜的作用如下。

- 表面模糊："表面模糊"滤镜可以在保留边缘的前提下模糊图像，常用于创建特殊效果并消除杂色或粒度。
- 动感模糊："动感模糊"滤镜可以模拟图像沿指定方向以指定强度进行模糊的效果。在其对话框中可以对模糊角度和距离进行设置。如图11-139、图11-140所示为添加"动感模糊"滤镜前后效果。
- 方框模糊："方框模糊"滤镜可以基于邻近像素的平均颜色值来模糊图像。
- 高斯模糊："高斯模糊"滤镜可以快速模糊选区，制作出一种朦胧效果，如图11-141所示。在其对话框中可以对模糊半径进行设置。

图 11-139

图 11-140

图 11-141

- 进一步模糊："进一步模糊"滤镜效果与"模糊"滤镜效果类似，都可以在图像中有显著颜色变化的地方消除杂色，但"进一步模糊"滤镜效果要比"模糊"滤镜强3～4倍。

- 径向模糊:"径向模糊"滤镜可以模拟相机旋转或缩放产生的辐射性模糊效果,在其对话框中可对"径向模糊"的参数进行设置。如图11-142、图11-143所示分别为选择"旋转"和"缩放"的模糊效果。
- 镜头模糊:"镜头模糊"滤镜可以通过向图像中添加模糊来产生更窄的景深效果。
- 模糊:"模糊"滤镜可以使图像变得模糊一些,该滤镜可以去除图像中明显的边缘或非常轻度的柔和边缘,产生类似在照相机的镜头前加入柔光镜所产生的效果。
- 平均:"平均"滤镜将找出图像或选区的平均颜色,然后用该颜色填充图像或选区以创建平滑的外观。
- 特殊模糊:"特殊模糊"滤镜可以在模糊图像的同时仍使图像具有清晰的边界,其工作原理是找出图像的边缘并对边界线以内的区域进行模糊处理。使用该滤镜效果如图11-144所示。

图 11-142

图 11-143

图 11-144

- 形状模糊:"形状模糊"滤镜将以指定的形状来创建模糊效果。

上手实操:制作景深效果

扫一扫 看视频

Step01 打开本章素材文件"水果.jpg",如图11-145所示。按Ctrl+J组合键复制。

Step02 执行"滤镜>模糊>高斯模糊"命令,打开"高斯模糊"对话框,并设置参数,如图11-146所示。

图 11-145

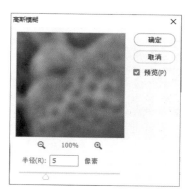

图 11-146

Step03 完成后单击"确定"按钮，效果如图11-147所示。

Step04 打开"历史记录"面板，选择工具箱中的"历史记录画笔工具" ，在"通过拷贝的图层"步骤左侧方框内单击标记，如图11-148所示。

图 11-147

图 11-148

图 11-149

Step05 移动鼠标至图像编辑窗口中，在合适的位置涂抹，使对象清晰，如图11-149所示。

至此，完成景深效果的制作。

知识链接：

用户还可以选择使用"光圈模糊"滤镜制作景深效果，如图11-150、图11-151所示。

图 11-150

图 11-151

11.3.4　模糊画廊滤镜组

"模糊画廊"滤镜组中的滤镜可以通过直观的图像控件快速创建截然不同的照片模糊效果。该滤镜组中包括"场景模糊""光圈模糊""移轴模糊""路径模糊"和"旋转模糊"5个滤镜。下面将对这5个滤镜效果进行介绍。

（1）场景模糊

"场景模糊"滤镜可以定义多个具有不同模糊参数的模糊点来创建渐变的模糊效果。执行"滤镜>模糊画廊>场景模糊"命令，即可在图像上添加场景模糊图钉，如图11-152所示。单击图像其他位置可以添加其他模糊图钉。

单击选择模糊图钉后，用户可以在图钉上拖动模糊句柄以增加或减少模糊，也可以在"模糊工具"面板和"效果"面板中进行更精确的设置，如图11-153、图11-154所示。

图 11-152

图 11-153　　　　　　图 11-154

"效果"面板中各参数作用如下。

- 光源散景：用于加亮图片中不在焦点上的区域或模糊区域。
- 散景颜色：用于将更鲜亮的颜色添加到尚未到白色的加亮区域。
- 光源范围：用于设置散景的色调范围。

（2）光圈模糊

"光圈模糊"滤镜可以模拟图像浅景深效果。执行"滤镜>模糊画廊>光圈模糊"命令，即可为对象添加光圈模糊效果，如图11-155所示。用户可以通过调整图像上的控制点，调整模糊效果，如图11-156所示。也可以在"模糊工具"面板和"效果"面板中进行更精确的设置。

（3）移轴模糊

"移轴模糊"滤镜又名"倾斜偏移"滤镜，该滤镜可以模拟移轴镜头拍摄的图像，制作出微型对象的效果。执行"滤镜>模糊画廊>移轴模糊"命令，即可为对象添加移轴模糊效果，如图11-157所示。用户可以调整图像中的线条调整模糊区域的范围，拖动模糊句柄调整模糊程度，如图11-158所示。也可以在"模糊工具"面板和"效果"面板中进行更精确的设置。

（4）路径模糊

"路径模糊"滤镜可以沿路径创建运动模糊的效果。执行"滤镜>模糊画廊>路径模糊"命令，对象上即会出现模糊路径，如图11-159所示，用户可以调整路径以达到需要的效果，如图11-160所示。

> **注意事项：**
>
> 　添加模糊图钉后，可以选中后拖动移动。

图 11-155　　　　　　　　　　　　　图 11-156

图 11-157

图 11-158

图 11-159

图 11-160

❝ 知识点拨：

　　执行"路径模糊"命令后，在图像上其他位置单击并拖拽即可新建模糊路径，双击可以结束模糊路径的绘制。

（5）旋转模糊

"旋转模糊"滤镜可模拟在一个点或更多点旋转和模糊图像。执行"滤镜＞模糊画廊＞旋转模糊"命令，对象上即会出现旋转模糊效果，如图11-161所示，用户可以调整图像上的控制点以达到需要的效果，如图11-162所示。

图 11-161

图 11-162

📖 知识链接：

　　选择"模糊画廊"滤镜组中的滤镜后，还将打开"动感效果"面板与"杂色"面板，如图11-163、图11-164所示。其中，"动感效果"面板仅适用于"路径模糊"和"旋转模糊"滤镜；"杂色"面板可以恢复杂色，使模糊区域更加自然。

　　"动感效果"面板和"杂色"面板中各参数作用如下。

图 11-163　　　　　　图 11-164

- 闪光灯强度：用于设置虚拟闪光灯闪光曝光数。
- 闪光灯闪光：用于设置闪光灯闪光曝光之间的模糊量。闪光灯强度可以控制环境光和虚拟闪光灯之间的平衡。
- 闪光灯闪光持续时间：用于设置闪光灯闪光曝光的度数和时长。
- 杂色类型：用于设置杂色类型，包括"颗粒""高斯分布"和"平均"3种。取消选择"杂色类型"右侧的复选框后，将恢复之前添加到模糊图像区域的任何杂色。若想恢复杂色，需要选中该复选框。
- 数量：用于设置杂色数量，以便于图像中非模糊区域中的杂色相匹配。
- 大小：用于设置杂色颗粒的大小。
- 粗糙度：用于设置颗粒的均匀度。
- 颜色：用于设置杂色的颜色。数值为0%时，杂色将变为单色。
- 高光：用于设置图像中高光区域中的杂色数量。

进阶案例：制作移轴微观模型效果

扫一扫 看视频

> Step01 打开本章素材文件"街头.jpg"，如图 11-165 所示。按 Ctrl+J 组合键复制。

> Step02 按 Ctrl+U 组合键打开"色相/饱和度"对话框，调整饱和度参数，如图 11-166 所示。

图 11-165

图 11-166

> Step03 完成后单击"确定"按钮，增强画面饱和度，效果如图 11-167 所示。

> Step04 按 Ctrl+L 组合键打开"色阶"对话框，并设置参数，如图 11-168 所示。

图 11-167

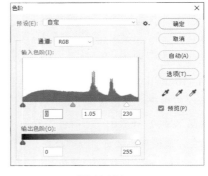
图 11-168

> Step05 完成后单击"确定"按钮，提亮照片，效果如图 11-169 所示。

> Step06 执行"滤镜＞模糊画廊＞移轴模糊"命令，为对象添加移轴模糊效果，如图 11-170 所示。

图 11-169

图 11-170

Step07 选择模糊图钉调整位置，调整线条和句柄，调整模糊范围和模糊度，如图11-171所示。

Step08 单击选项栏中的"确定"按钮，应用滤镜效果，如图11-172所示。

图 11-171

图 11-172

至此，完成移轴微观模型效果的制作。

11.3.5 扭曲滤镜组

"滤镜"菜单中的"扭曲"滤镜组中包括"波浪""波纹""极坐标""挤压"等9个滤镜，如图11-173所示。该滤镜组中的滤镜可以扭曲图像，使其产生旋转、挤压、水波或三维等变形效果。

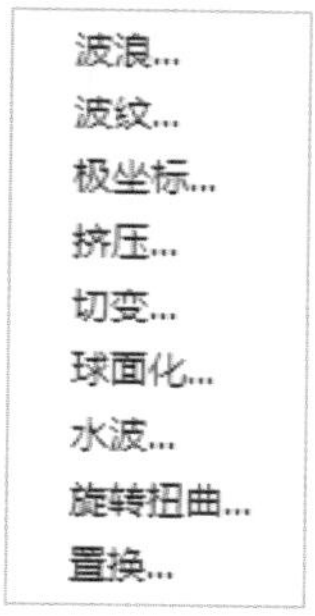

"扭曲"滤镜组中各滤镜作用如下。

- 波浪："波浪"滤镜可以使图像产生波浪效果，用户可以在其对话框中设置波浪的波长、波幅等参数。添加"波浪"滤镜前后效果如图11-174、图11-175所示。
- 波纹："波纹"滤镜可以模拟水池表面的波纹效果，如图11-176所示。

```
波浪...
波纹...
极坐标...
挤压...
切变...
球面化...
水波...
旋转扭曲...
置换...
```

图 11-173

图 11-174

图 11-175

图 11-176

- 极坐标："极坐标"滤镜可以将图像或选区从平面坐标转换到极坐标，或将图像或选区从极坐标转换到平面坐标，创建极端变形效果，如图11-177所示。

- 挤压："挤压"滤镜可以挤压选区，使全部图像或选区图像产生向外或向内挤压的变形效果。
- 切变："切变"滤镜可以沿一条曲线使图像发生扭曲变形。用户可以在其对应的对话框中设置曲线。
- 球面化："球面化"滤镜可以使图像区域膨胀实现球形化，形成类似将图像贴在球体或圆柱体表面的效果，如图 11-178 所示。
- 水波："水波"滤镜可模仿水面上产生的起伏状波纹和旋转效果。
- 旋转扭曲："旋转扭曲"滤镜可以使图像发生旋转扭曲，中心的旋转程度大于边缘的旋转程度，如图 11-179 所示。

图 11-177

图 11-178

图 11-179

- 置换："置换"滤镜可以使用另一个PSD文件确定如何扭曲选区。

注意事项：

在"扭曲"滤镜组中，"挤压"滤镜、"球面化"滤镜和"旋转扭曲"滤镜都不适用于大于11500 像素×11500 像素的图像；"水波"滤镜不适用于大于8000 像素×8000 像素的图像。

上手实操：制作鱼眼镜头效果

→ Step01 打开本章素材文件"建筑.jpg"，如图 11-180 所示。

扫一扫 看视频

图 11-180

Step02 按Ctrl+U组合键，打开"色相/饱和度"对话框，并调整参数，如图11-181所示。完成后单击"确定"按钮，增强画面饱和度和明度，效果如图11-182所示。

图 11-181

图 11-182

Step03 按Ctrl+J组合键复制。按Ctrl+T组合键自由变换对象，在图像编辑窗口中右击鼠标，在弹出的快捷菜单中选择"垂直翻转"命令，翻转图像，如图11-183所示。

图 11-183

Step04 执行"滤镜>扭曲>极坐标"命令，在弹出的"极坐标"对话框中选择"平面坐标到极坐标"选项，如图11-184所示。完成后单击"确定"按钮，应用滤镜效果，如图11-185所示。

Step05 按Ctrl+T组合键自由变换对象，调整对象宽度，如图11-186所示。

Step06 使用"裁剪工具" ￼ 调整画布大小，如图11-187所示。

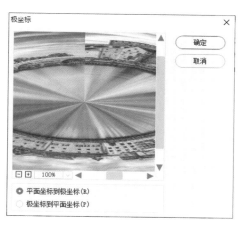

图 11-184

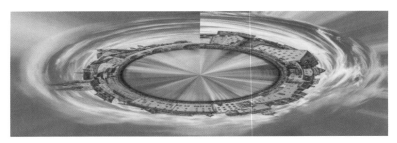

图 11-185

图 11-186

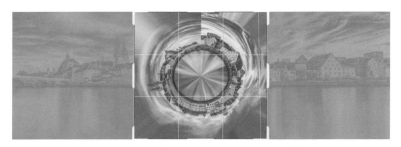

图 11-187

→ Step07 完成后按Enter组合键应用变换，如图11-188所示。

→ Step08 使用"涂抹工具"在接缝处涂抹，效果如图11-189所示。

图 11-188

图 11-189

至此，完成鱼眼镜头效果的制作。

11.3.6　锐化滤镜组

"锐化"滤镜组中的滤镜可以增加相邻像素的对比度，使图像轮廓分明、纹理清晰。该滤镜组中包括"USM锐化""防抖""进一步锐化"等6个滤镜，如图11-190所示。

图 11-190

"锐化"滤镜组中各滤镜作用如下。

- USM锐化："USM锐化"滤镜可以调整边缘细节的对比度，并在边缘的每侧生成一条亮线和一条暗线，使边缘更加突出。使用"USM锐化"滤镜前后效果如图11-191、图11-192所示。
- 防抖："防抖"滤镜可以弥补相机运动导致的图像抖动虚化效果。
- 进一步锐化："进一步锐化"滤镜可以聚焦选区并提高其清晰度，使锐化效果更强烈。
- 锐化："锐化"滤镜和"进一步锐化"滤镜效果类似，但强度相对较低。
- 锐化边缘："锐化边缘"滤镜可以在保留总体平滑度的情况下锐化图像边缘。
- 智能锐化："智能锐化"滤镜可以通过设置锐化算法或控制阴影和高光中的锐化量来锐化图像，同时可以最大限度地降低杂色和光晕效果，生成高质量结果。如图11-193所示为使用"智能锐化"滤镜处理图像的效果。

图 11-191

图 11-192

图 11-193

11.3.7　视频滤镜组

"视频"滤镜组中包括"NTSC颜色"滤镜和"逐行"滤镜2种。该滤镜组中的滤镜可以对视频或图像进行设置，使其更符合电视播放需要。

（1）NTSC颜色

NTSC是（美国）国家电视标准委员会，NTSC色域指NTSC标准下颜色的总和。使用"NTSC颜色"滤镜可以将色域限制在电视机重现可接受的范围内，以防止过饱和颜色渗到电视扫描行中。

(2）逐行

"逐行"滤镜可以通过移去视频图像中的奇数或偶数隔行线，使在视频上捕捉的运动图像变得平滑。

11.3.8　像素化滤镜组

彩块化
彩色半调…
点状化…
晶格化…
马赛克…
碎片
铜版雕刻…

图 11-194

"像素化"滤镜组中的滤镜可以通过将图像中相似颜色值的像素转化成单元格的方法，使图像分块或平面化，再使用分块对象构成图像，制作出特殊的效果。该滤镜组中包括"彩块化""彩色半调""点状化"等7个滤镜，如图11-194所示。

"像素化"滤镜组中各滤镜作用如下。

- 彩块化："彩块化"滤镜可以使纯色或相近颜色的像素结成相近颜色的像素块，制作出手绘或抽象派绘画的效果。

- 彩色半调："彩色半调"滤镜可以模拟在图像的每个通道上使用放大的半调网屏的效果。滤镜将会把每个通道中图像划分为矩形，并用圆形替换每个矩形。在其对话框中可以对圆形直径等参数进行设置。如图11-195、图11-196所示为使用"彩色半调"滤镜前后效果。

- 点状化："点状化"滤镜可以将图像中的颜色分解为随机分布的网点，并使用背景色填充网点之间的间隙，如图11-197所示。

图 11-195　　　　　　　图 11-196　　　　　　　图 11-197

- 晶格化："晶格化"滤镜可以将图像中颜色相近的像素集中到一个多边形网格中，从而把图像分割成许多个多边形的小色块，产生晶格化的效果，如图11-198所示。

- 马赛克："马赛克"滤镜可以将图像转换为多个规则的小方块，方块颜色为该网格内平均颜色，从而制作出马赛克的效果，如图11-199所示。

- 碎片："碎片"滤镜可以将图像中的像素复制四次，然后将它们平均并相互偏移，效果如图11-200所示。

<table>
<tr><td align="center">图 11-198</td><td align="center">图 11-199</td><td align="center">图 11-200</td></tr>
</table>

● 铜板雕刻："铜板雕刻"滤镜可以将图像转换为黑白区域的随机图案或彩色图像中完全饱和颜色的随机图案。

上手实操：制作局部马赛克效果

扫一扫 看视频

Step01 打开本章素材文件"一家 .jpg"，如图 11-201 所示。按 Ctrl+J 组合键复制。

Step02 使用"多边形套索工具" ⚐ 在图像编辑窗口中小孩眼睛处绘制选区，如图 11-202 所示。

<table>
<tr><td align="center">图 11-201</td><td align="center">图 11-202</td></tr>
</table>

Step03 执行"滤镜＞像素化＞马赛克"命令，打开"马赛克"对话框，设置参数，如图 11-203 所示。

Step04 完成后单击"确定"按钮，即可为图像局部添加马赛克效果，按 Ctrl+D 组合键取消选区，效果如图 11-204 所示。

图 11-203

图 11-204

至此，完成局部马赛克效果的制作。

11.3.9　渲染滤镜组

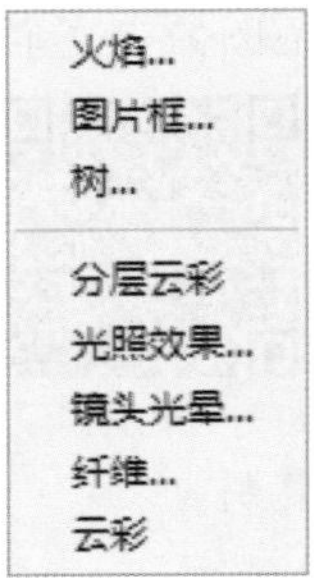

"渲染"滤镜组中的滤镜可以创建三维造型或光线折射的效果，也可以为图像添加图片框、树等元素。该滤镜组中包括"火焰""图片框""云彩""纤维"等8个滤镜，如图 11-205 所示。

图 11-205

"渲染"滤镜组中各滤镜作用如下。

- 火焰："火焰"滤镜可以为选中路径添加火焰效果。在其对话框中可以对火焰效果进行设置。
- 图片框："图片框"滤镜可为图像添加图框。在其对话框中可以对图框属性进行设置。
- 树："树"滤镜可以在图像中添加树。在其对话框中可以对树的种类等进行设置。
- 分层云彩："分层云彩"滤镜将使用前景色和背景色对图像中的原有像素进行差异运算，产生图像与云彩背景混合并反白的效果，创建出与大理石的纹理相似的凸缘与叶脉图案。添加"分层云彩"滤镜前后效果如图 11-206、图 11-207 所示。

图 11-206

图 11-207

图 11-208

- 光照效果："光照效果"滤镜可以在RGB图像上产生多种光照效果，还可以使用凹凸图创建类似三维的效果。
- 镜头光晕："镜头光晕"滤镜可以模拟亮光照射到相机镜头所产生的折射。
- 纤维："纤维"滤镜将使用前景色和背景色混合创建类似编织纤维的外观。使用该滤镜时，现用图层上的图像将被替换为纤维图。
- 云彩："云彩"滤镜可以将前景色和背景色混合，创建柔和的云彩图案。使用该滤镜时，现用图层上的图像将被替换为云彩，如图11-208所示。

注意事项：

　　添加"光照效果"滤镜后，将打开相应的光效对话框，如图11-209所示。在该对话框中可以对光源的种类、属性等参数进行设置，也可以选择预设的光照效果。

图 11-209

重点 11.3.10 杂色滤镜组

　　"杂色"滤镜组中的滤镜可以添加或去除图像或选区中的杂色，将图像或选区混合到周围的像素中。该滤镜组中包括"减少杂色""蒙尘与划痕""去斑""添加杂色"和"中间值" 5个滤镜。下面将针对这5个滤镜进行介绍。

　　（1）减少杂色

　　"减少杂色"滤镜可以减少图像中的杂色，且保留边缘。在其相应的对话框中可以对参数进行设置。

　　（2）蒙尘与划痕

　　"蒙尘与划痕"滤镜可以通过更改相异的像素减少杂色，在锐化图像和隐藏瑕疵之间取得平衡。执行"滤镜＞杂色＞蒙尘与划痕"命令，打开"蒙尘与划痕"对话框，如图11-210所示。在该对话框中设置参数后单击"确定"按钮即可。添加"蒙尘与划痕"滤镜前后效果如图11-211、图11-212所示。

　　（3）去斑

　　"去斑"滤镜可以检测图像中发生明显颜色变化的区域边缘并模糊除这些边缘以外的选区。使用该滤镜可以在去除图像中杂色的同时保留细节。

　　（4）添加杂色

　　"添加杂色"滤镜可以在图像中添加像素，模拟在高速胶片上拍照的效果。使用该滤镜结合其他操作可以制作下雨或下雪的效果。

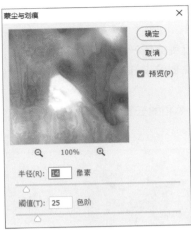

图 11-210   图 11-211   图 11-212

(5) 中间值

"中间值"滤镜可以通过混合图像中像素的亮度来减少图像的杂色，常用于消除或减少图像的动感效果。

11.3.11 其他滤镜组

HSB/HSL
高反差保留...
位移...
自定...
最大值...
最小值...

图 11-213

"其他"滤镜组中包括"HSB/HSL""高反差保留""位移"等6个滤镜，如图11-213所示。通过该滤镜组中的滤镜，可以自定滤镜，也可以对图像的蒙版、位置、颜色等进行调整。

"其他"滤镜组中各滤镜作用如下。

● HSB/HSL："HSB/HSL"滤镜可以将图像由RGB模式转换为HSB模式或HSL模式。使用"HSB/HSL"滤镜前后效果如图11-214、图11-215所示。

● 高反差保留："高反差保留"滤镜可以在有强烈颜色转变发生的地方按指定的半径保留边缘细节，并且不显示图像的其余部分。使用该滤镜可以移去图像中的低频细节。

● 位移："位移"滤镜可以按照指定的距离移动图像，如图11-216所示。

图 11-214   图 11-215   图 11-216

● 自定："自定"滤镜可以使用户根据需要自定义滤镜。执行"滤镜＞其他＞自定"命令，将打开"自定"对话框进行设置，如图 11-217 所示。用户可以在这些文本框中输入数值，以设置需要的效果。如图 11-218 所示为使用"自定"滤镜设置图像的效果。

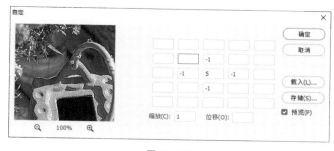

图 11-217

● 最大值："最大值"滤镜将展开白色区域并阻塞黑色区域，对修改蒙版非常有用。如图 11-219 所示为使用"最大值"滤镜调整图像的效果。

● 最小值："最小值"滤镜与"最大值"滤镜作用相对，该滤镜将收缩白色区域并展开黑色区域，如图 11-220 所示。

图 11-218

图 11-219

图 11-220

 知识链接：

HSB 模式又称为 HSV 模式，是一种色彩模式，其中，H 表示色相，S 表示饱和度，B 表示亮度，S 和 B 的值越高，图像的颜色越艳丽，HSB 色彩模式更接近人们视觉原理的色彩模式；HSL 同样是一种色彩模式，这种模式可以将 RGB 色彩模型中的点在圆柱坐标系中表示。

综合实战：制作谷雨海报

本案例将练习制作谷雨海报，涉及的知识点包括"点状化"滤镜、"动感模糊"滤镜、"云彩"滤镜的应用以及蒙版的使用。

Step01 新建一张 A4 大小的空白文档。执行"文件＞置入嵌入对象"命令，置入本章素材文件，如图 11-221 所示。

Step02 选择"背景"图层，单击"图层"面板底部的"创建新图层" ⊞ 按钮，新建图层，并使用"渐变工具" ▣ 填充从 #e8f7ea 至 #e1fbe5 的渐变，效果如图 11-222 所示。

Step03 选择"山"图层，单击"图层"面板底部的"创建新图层" ⊞ 按钮，新建图层，设置前景色为绿色（# 99b9a2），按 Alt+Delete 组合键为新图层填充前景色，如图 11-223 所示。

图 11-221

图 11-222

图 11-223

Step04 执行"滤镜＞渲染＞云彩"命令，为新图层添加滤镜效果，如图 11-224 所示。

Step05 单击"图层"面板底部的"添加图层蒙版" ▣ 按钮，为新图层添加图层蒙版，如图 11-225 所示。

Step06 选择"山"图层，按 Ctrl+A 组合键全选，按 Ctrl+C 组合键复制，按住 Alt 键单击蒙版缩略图，进入蒙版编辑模式，按 Ctrl+V 组合键复制，按 Ctrl+T 组合键自由变换对象，并调整至合适位置，如图 11-226 所示。按 Ctrl+D 组合键取消选区。

图 11-224

图 11-225

图 11-226

Step07 单击蒙版缩略图左侧的图层缩略图，退出蒙版编辑模式，在"图层"面板中设置混合模式为"柔光"，效果如图11-227所示。

Step08 选中"图层2"图层，单击"图层"面板底部的"创建新图层" ⊞ 按钮，新建图层，并为其填充白色。单击"图层"面板底部的"添加图层蒙版" ◻ 按钮，为新图层添加图层蒙版，并为图层蒙版填充黑色，如图11-228所示。

Step09 选中蒙版缩略图，执行"滤镜＞像素化＞点状化"命令，在打开的"点状化"对话框中设置"单元格大小"为6，如图11-229所示。

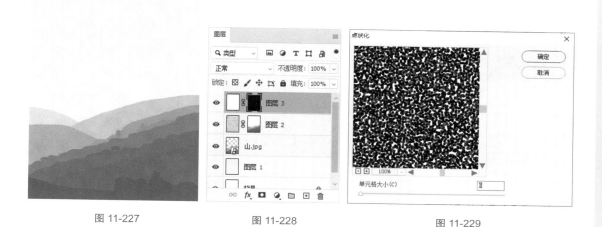

图 11-227　　　　图 11-228　　　　图 11-229

Step10 完成后单击"确定"按钮，效果如图11-230所示。

Step11 执行"图像＞调整＞阈值"命令，打开"阈值"对话框，设置"阈值色阶"为210，如图11-231所示。

Step12 完成后单击"确定"按钮，调整对象阈值，效果如图11-232所示。

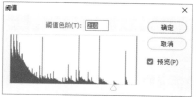

图 11-230　　　　图 11-231　　　　图 11-232

Step13 执行"图像＞模糊＞动感模糊"命令，打开"动感模糊"对话框，设置参数，如图11-233所示。

Step14 完成后单击"确定"按钮，为图像添加动感模糊效果，如图11-234所示。

Step15 执行"图像＞调整＞阈值"命令，打开"阈值"对话框，设置"阈值色阶"为55，完成后单击"确定"按钮，效果如图11-235所示。

图 11-233

图 11-234

图 11-235

Step16 在"图层"面板中设置"图层3"混合模式为"柔光"，效果如图11-236所示。

Step17 使用"文字工具" T 在图像编辑窗口中合适位置输入文字，字体为"站酷文艺体"，字号分别为120pt和16pt，颜色设置为深绿（#4a645d），如图11-237所示。

Step18 使用"矩形工具" □绘制矩形作为装饰，重复多次，效果如图11-238所示。

图 11-236

图 11-237

图 11-238

Step19 单击"图层"面板底部的"创建新图层" 按钮，新建图层，选择工具箱中的"画笔工具"，选择合适的笔刷，设置前景色为红色（#d41830），在图像编辑窗口合适位置绘制图案作为印章，如图11-239所示。

注意事项：

　　这里可以选择下载印章笔刷进行制作。

🡒 Step20　使用"文字工具" **T** 在新绘制的图案上输入文字，字体为"站酷文艺体"，字号为10pt，颜色为白色，效果如图11-240所示。

图 11-239　　　　　　　　　　　　　　　　图 11-240

至此，完成谷雨海报的制作。

第12章　视频和动画添光彩

内容导读：

　　视频和动画可以增加设计作品的表现形式，使平面作品焕发新的光彩。在 Photoshop 软件中，用户可以在"时间轴"面板中对帧进行操作，使对象产生运动、旋转等变化。本章将针对 Photoshop 软件中的视频时间轴和帧动画时间轴进行介绍。通过本章节的学习，可以帮助用户学会创建关键帧动画与逐帧动画，从而丰富设计作品的视觉效果。

学习目标：

- 了解视频时间轴和帧动画时间轴
- 学会创建视频
- 学会创建帧动画
- 学会编辑操作
- 掌握导出视频和帧动画的方法

重点 **12.1** 时间轴

Photoshop软件中针对视频和动画的大部分操作都在"时间轴"面板中进行。执行"窗口＞时间轴"命令，即可打开"时间轴"面板，如图12-1所示。默认"时间轴"面板位于图像编辑窗口下方。用户可以根据需要创建视频时间轴或帧动画。

图 12-1

12.1.1 视频时间轴

选择列表中的"创建视频时间轴"选项后单击"创建视频时间轴"按钮，即可创建视频时间轴，拖拽图层持续时间条后效果如图12-2所示。时间轴模式将显示文档图层的帧持续时间和动画属性。

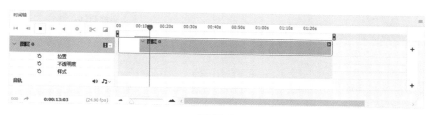

图 12-2

该面板中部分常用选项作用如下。

● 转到第一帧 ⏮ ：单击该按钮后，当前时间指示器将移动至第一帧。

● 转到上一帧 ◀ ：单击该按钮后，当前时间指示器将前移一帧。

● 播放 ▶ ：单击该按钮后，将播放时间轴中的素材。

● 转到下一帧 ▶ ：单击该按钮后，当前时间指示器将后移一帧。

● 关闭/启用音频播放 🔊：单击该按钮，可以使音频轨道静音或取消静音。

● 设置回放选项 ⚙：单击该按钮，在弹出的下拉菜单中可以设置媒体素材的分辨率以及是否循环播放，如图12-3所示。

● 在播放头处拆分 ✂：单击该按钮，可以在当前时间指示器所在位置拆分媒体素材。

● 选择过渡效果并拖动以应用 ◩：单击该按钮，在弹出的下拉菜单中可以设置过渡效果并对其持续时间进行设置，如图12-4所示。

图 12-3

拖动以应用

◩ 渐隐
⊠ 交叉渐隐
◪ 黑色渐隐
◩ 白色渐隐
◩ 彩色渐隐

持续时间：
1秒

图 12-4

● 启用关键帧动画 ⏱：单击该按钮，将在当前时间指示器所在位置添加关键帧。添加关键帧后，相应状态的"启用关键帧动画" ⏱按钮前将出现"关键帧导航器" ◀ ◇ ▶，如图 12-5 所示。用户可以通过"关键帧导航器" ◀ ◇ ▶ 添加新的关键帧，也可以移动当前时间指示器至关键帧上。

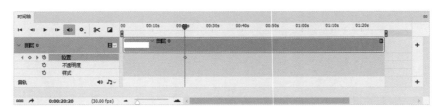

图 12-5

● 视频组菜单 🎬：单击该按钮，在弹出的下拉菜单中可以对视频素材进行设置，如图 12-6 所示。

● 音频菜单 🎵：单击该按钮，在弹出的下拉菜单中可以对音频进行设置，如图 12-7 所示。

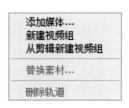

图 12-6

图 12-7

● 转换为帧动画 ▭▭▭：单击该按钮，可以将视频时间轴转换到帧动画模式。

● 渲染视频 ➡：单击该按钮后，将打开"渲染视频"对话框，在该对话框中设置参数后单击"渲染"按钮，即可导出视频。

● 时间轴显示比例 ▲ ─△─ ▲：用于设置时间轴显示比例。

● 向轨道添加媒体/音频 ＋：单击该按钮，将打开"打开"对话框，选择合适的媒体素材添加至轨道中。

● 图层持续时间条 ▭▭▭▭：指定图层在视频或动画中的时间位置。

● 时间标尺：根据文档的持续时间和帧速率，水平测量持续时间或帧计数。

● 当前时间指示器 ♉：用于指示当前时间，拖动当前时间指示器可浏览帧或更改当前时间或帧。

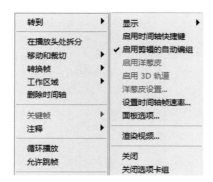

图 12-8

● 工作区域指示器 ▯：用于标记要预览或导出的动画或视频的特定部分。

● 时间轴菜单 ▤：单击该按钮，在弹出的下拉菜单中可以选择相应的命令，为时间轴添加注释、调整工作区域等，如图 12-8 所示。

上手实操：制作图像渐出效果

Step01 打开本章素材文件"背景.jpg"，如图12-9所示。

Step02 执行"文件＞置入嵌入对象"命令，置入本章素材文件"女孩.png"，调整至合适大小与位置，如图12-10所示。

图 12-9

图 12-10

Step03 在"图层"面板中双击"女孩"图层空白处，打开"图层样式"对话框，选择"投影"复选框，设置参数，如图12-11所示。

Step04 完成后单击"确定"按钮，为女孩添加投影效果，如图12-12所示。

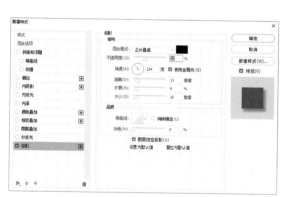

图 12-11

图 12-12

Step05 执行"窗口＞时间轴"命令，即可打开"时间轴"面板，单击"创建视频时间轴"按钮，创建视频时间轴，如图12-13所示。

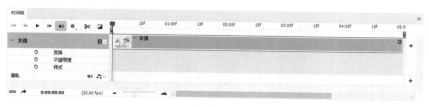

图 12-13

Step06 移动"当前时间指示器" 📷 至时间轴起始处，单击不透明度参数前的"启用关键帧动画" ⏱ 按钮，添加关键帧，如图12-14所示。

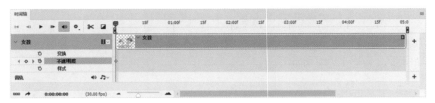

图 12-14

Step07 在"图层"面板中选中"女孩"图层，设置其不透明度为0，如图12-15所示。

Step08 移动"当前时间指示器" 📷 至时间轴末端，在"图层"面板中设置"女孩"图层不透明度为100%，如图12-16所示。

图 12-15

图 12-16

Step09 调整后，"时间轴"面板中将自动出现关键帧，如图12-17所示。

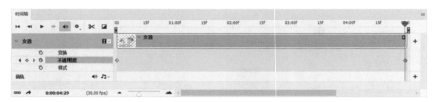

图 12-17

Step10 至此，完成图像渐出效果的制作。按空格键预览效果，如图12-18、图12-19所示。

图 12-18

图 12-19

12.1.2 帧动画时间轴

选择列表中的"创建帧动画"选项后单击"创建帧动画"按钮，即可创建帧模式时间轴，如图12-20所示。帧模式时间轴将显示每帧的缩览图，用户可以对各帧的属性进行设置。

图 12-20

该面板中各选项作用如下。

- 选择帧延迟时间 ⋯∨：用于设置帧在回放过程中的持续时间。
- 转换为视频时间轴 ⏱：单击该按钮，可以使用关键帧将图层属性制作成动画，从而将帧动画转换为时间轴动画。
- 选择循环选项 永远 ▾：用于设置动画在作为动画GIF文件导出时的播放次数。
- 选择第一帧 ⏮：单击该按钮，将选择序列的第一帧。
- 选择上一帧 ◂：单击该按钮，将选择当前帧的前一帧。
- 播放动画 ▶：单击该按钮，即可播放帧动画。
- 选择下一帧 ▸：单击该按钮，将选择当前帧的后一帧。
- 过渡动画帧 ⬎：单击该按钮，将打开"过渡"对话框，在该对话框中，可以设置过渡方式、过渡帧数等参数，如图12-21所示。
- 复制所选帧 ⊞：单击该按钮，将复制当前帧，从而为动画添加帧。
- 删除所选帧 🗑：单击该按钮，将删除当前帧。

图 12-21

12.2 视频编辑

在Photoshop软件中，可以对视频素材进行编辑处理。用户可以选择打开或导入视频文件，并通过"时间轴"面板进行设置，下面将进行详细介绍。

12.2.1 导入视频

导入视频有2种方式：直接打开视频文件和导入视频文件。直接打开的视频素材将以视频图层的形式展示，而导入的视频素材将以帧的形式显示在图层中，如图12-22、图12-23所示。

图 12-22

图 12-23

（1）直接打开视频文件

执行"文件＞打开"命令或按Ctrl+O组合键，打开"打开"对话框，在弹出的"打开"对话框中选中要打开的素材文件，如图12-24所示。单击"打开"按钮即可将视频文件打开，如图12-25所示。

图 12-24

图 12-25

（2）导入视频文件

执行"文件＞导入＞视频帧到图层"命令，打开"打开"对话框，选择要打开的素材文件，单击"打开"按钮，在弹出的"将视频导入图层"对话框中设置参数，如图12-26所示。完成后单击"确定"按钮，即可将视频以帧的形式导入，如图12-27所示。

图 12-26

图 12-27

"将视频导入图层"对话框中部分选项作用如下。

- 导入范围：用于设置导入的范围。选择"从开始到结束"选项将导入完整的视频帧；选择"仅限所选范围"选项将只导入选择的部分视频帧；选择"限制为每隔（　）帧"复选框可以设置视频帧间隔。
- 制作帧动画：选择该选项后可以将导入的视频制作为帧动画。
- 裁切控件　　　　　　　　　　：用于选择导入的视频范围。

> **❝知识链接：**
>
> 当导入包含序列图像文件的文件夹时，每个图像都会成为视频图层中的帧。
> 确保图像文件按照字母或数字顺序命名并处于一个文件夹中，执行"文件＞打开"命令，打

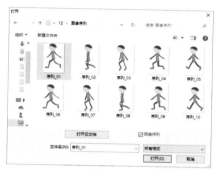

开"打开"对话框选择一个素材文件，选择"图像序列"复选框，如图12-28所示。完成后单击"打开"按钮，弹出"帧速率"对话框，如图12-29所示。在该对话框中设置帧速率，完成后单击"确定"按钮，即可导入图像序列。

图 12-28　　　　　　　　　　　　　　　　　　图 12-29

也可以将图像序列导入打开的文档中。执行"图层＞视频图层＞从文件新建视频图层"命令，打开"打开"对话框，选择图像序列后单击"打开"按钮即可。

（3）置入视频或图像序列

使用"置入"命令导入的视频或图像序列，可以进行变换操作。置入的素材将被包含在智能对象中。

新建或打开文档，执行"文件＞置入嵌入对象"命令或执行"文件＞置入链接的智能对象"命令，打开相应的对话框，选择素材文件，如图12-30所示。完成后单击"置入"按钮，调整素材大小及位置，如图12-31所示。完成后按Enter键或双击鼠标即可置入素材文件。

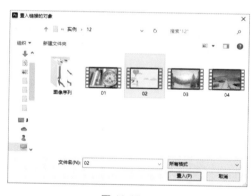

图 12-30　　　　　　　　　　　　　　　　　　图 12-31

此时，置入的视频素材或图像序列以智能对象的形式出现在图层中，单击"时间轴"面板中的"创建视频时间轴"按钮创建视频时间轴，按空格键即可播放动画。

注意事项：

智能对象所包含的视频帧上不能直接绘制或仿制，用户可以在智能对象上方添加空白视频图层再在空白帧上绘制。

12.2.2　编辑视频

打开视频文件后，可以对其进行编辑，如修改素材后重新载入素材、替换素材、应用滤镜效果等，从而得到理想的视频效果。

（1）重新载入素材

修改视频图层的源文件后，执行"图层＞视频图层＞重新载入帧"命令，即可重新载入视频素材。若修改源文件后重新打开视频图层所在的文档，Photoshop一般会自动重新载入素材文件。

（2）替换素材

移动或重命名源素材后，可以使用"替换素材"命令重新建立视频图层和源文件之间的链接。使用该命令还可以用其他视频或图像序列源中的帧替换视频图层中的视频或图像序列帧。

在"时间轴"面板或"图层"面板中，选中要替换素材的视频图层，执行"图层＞视频图层＞替换素材"命令，在弹出的"打开"对话框中选择视频或图像序列文件，单击"打开"按钮即可。替换素材前后效果如图12-32、图12-33所示。

图 12-32

图 12-33

（3）解释视频素材

用户可以对已打开或导入的视频的Alpha通道和帧速率属性进行解释。

在"时间轴"面板或"图层"面板中，选中要解释的视频图层，执行"图层＞视频图层＞解释素材"命令，打开"解释素材"对话框，如图12-34所示。

该对话框种部分选项作用如下。

图 12-34

- "Alpha通道"选项组：用于指定解释视频图层中的Alpha通道的方式。当素材中包含Alpha通道时即可启用该选项组。其中，选择"忽略"选项将忽略视频中的Alpha通道；选择"直接-无杂边"选项将会把Alpha通道解释为直接Alpha透明度；选择"预先正片叠加-杂边"选项将使用Alpha通道来确定有多少杂边颜色与颜色通道混合。
- 帧速率：用于设置每秒播放的视频帧数。选择"素材帧速率"将保持源素材帧速率。
- 颜色配置文件：用于选择配置文件对视频图层中的帧或图像进行色彩管理。

（4）应用滤镜

用户可以直接在视频图层上应用滤镜，这种方法应用的滤镜只作用于当前帧，而不影响整个视频图层。若想对视频图层的所有帧应用滤镜，可以将该图层转换为智能对象。

❝ 知识链接：

在视频图层上方添加调整图层也可以作用于视频图层的所有帧。

（5）设置视频持续时间

在视频时间轴模式中，可以对素材的持续时间及速度进行设置。移动鼠标至"图层持续时间条"  上，右击鼠标，在弹出的面板中进行设置即可，如图12-35所示。

（6）插入、删除或复制空白视频帧

新建或打开文档后，执行"图层＞视频图层＞新建空白视频图层"命令，新建空白视频图层，并将其选中，移动当前时间指示器至合适位置，执行"图层＞视频图层"命令，在弹出的菜单中选择"插入空白帧"命令，即可在选定的空白视频图层中插入空白视频帧；选择"删除帧"命令即可删除选定的空白视频图层当前时间处的视频帧；选择"复制帧"命令即可在选定的空白视频图层中复制处于当前时间的视频帧。

图 12-35

（7）恢复帧

执行"图层＞视频图层＞恢复帧"命令可以放弃视频图层和空白视频图层中的当前帧上所作的编辑；执行"图层＞视频图层＞恢复所有帧"命令可以恢复视频图层和空白视频图层中的所有帧上所做的编辑。

（8）洋葱皮设置

洋葱皮模式将显示当前帧与周围帧上绘制的内容。单击"时间轴"面板中的菜单 ≡ 按钮，在弹出的下拉菜单中选择"启用洋葱皮"命令即可启用洋葱皮模式，选择"洋葱皮设置"命令可以打开"洋葱皮选项"对话框对洋葱皮效果进行设置，如图12-36所示。

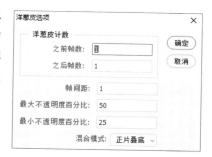

图 12-36

该对话框中各选项作用如下。

● 洋葱皮计数：用于设置前后显示的帧的数目。

● 帧间距：用于设置显示的帧之间的帧数。

● 最大不透明度百分比：用于设置当前时间帧前面和帧后面的帧的不透明度百分比。

● 最小不透明度百分比：用于设置在洋葱皮帧的前一组和后一组中最后的帧的不透明度百分比。

● 混合模式：设置帧叠加区域的混合模式。

启用洋葱皮模式前后效果如图12-37、图12-38所示。

图 12-37

图 12-38

进阶案例：制作进度条效果

扫一扫 看视频

本案例将练习制作加载进度条效果，涉及的知识点包括图形的绘制、视频的导入以及关键帧的应用等。

图 12-39

Step01 执行"文件＞打开"命令打开本章素材文件"茶.mp4"，如图12-39所示。

图 12-40

Step02 执行"文件＞置入嵌入对象"命令，置入本章素材对象"茶.jpg"，执行"滤镜＞模糊＞高斯模糊"命令，打开"高斯模糊"对话框，设置参数为100，完成后单击"确定"按钮，效果如图12-40所示。

Step03 使用"圆角矩形工具"在图像编辑窗口中合适位置绘制一个描边为5px的圆角矩形，如图12-41所示。

图 12-41

Step04 选择绘制的圆角矩形，在"图层"面板中按住Alt键向上复制，在"属性"面板中调整参数，将其缩小并设置填充为白色，如图12-42所示。

图 12-42

Step05 按住Ctrl键单击复制圆角矩形的缩略图，创建选区，单击"图层"面板底部的"添加图层蒙版" ◻ 按钮创建图层蒙版，如图12-43所示。

Step06 单击图层蒙版与图层中间的链接 ⑧ 按钮，取消其链接，如图12-44所示。

图 12-43

图 12-44

Step07 在"时间轴"面板中，向右移动图层1的"图层持续时间条" ▭▭▭ ，如图12-45所示。

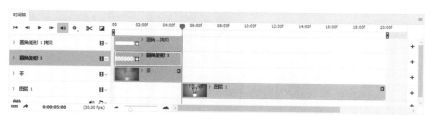

图 12-45

Step08 单击"圆角矩形1拷贝"图层前的 › 箭头，展开其属性，如图12-46所示。

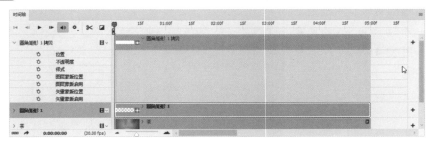

图 12-46

Step09 移动"当前时间指示器" 🛡 至时间轴起始处，单击图层蒙版位置参数前的"启用关键帧动画" 🕙 按钮，添加关键帧，如图12-47所示。

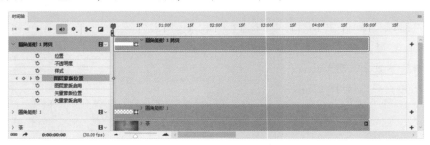

图 12-47

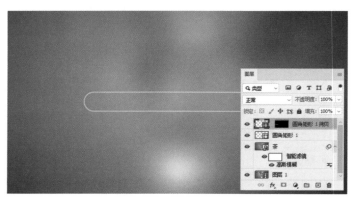

图 12-48

Step10 在"图层"面板中选中蒙版缩略图，按Shift+←组合键向左移动蒙版，直至圆角矩形完全消失，如图12-48所示。

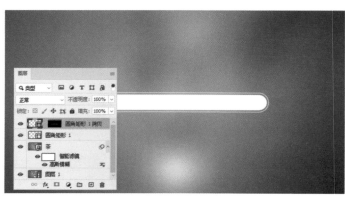

图 12-49

Step11 移动"当前时间指示器" 🛡 至"0：00：04：29"处，在"图层"面板中选中蒙版缩略图，按Shift+→组合键向右移动蒙版，直至圆角矩形完全出现，如图12-49所示。

Step12 调整后,"时间轴"面板中将自动出现关键帧,如图12-50所示。

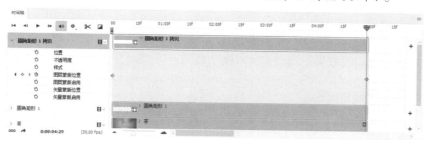

图 12-50

Step13 至此,完成进度条效果的制作。按空白键预览效果,如图12-51～图12-53所示。

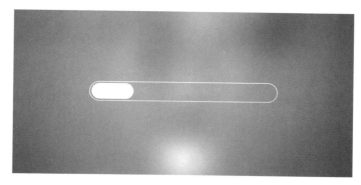

图 12-51

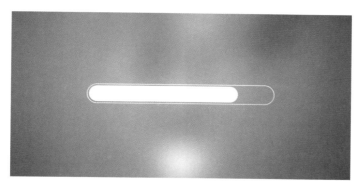

图 12-52

图 12-53

12.3 制作帧动画

Photoshop软件中的动画是指一段时间内显示的系列图像和帧，在"时间轴"面板中连续播放时，就产生了运动的效果。本节将针对帧动画的相关知识进行介绍。

重点 12.3.1 创建帧动画

除了视频，用户还可以在帧模式时间轴下，使用"时间轴"面板创建动画帧，制作出动画。其中每个帧表示一个图层配置。不同帧之间图像编辑窗口中对象的变化就构成了动画。下面将针对帧动画的创建进行介绍。

上手实操：制作照片切换效果

扫一扫 看视频

Step01 打开本章素材文件"照片.psd"，如图12-54所示。在打开的

"时间轴"面板中，选择列表中的"创建帧动画"选项后单击"创建帧动画"按钮，创建帧模式时间轴，此时"时间轴"面板中将出现一个帧，如图12-55所示。

图 12-54

图 12-55

Step02 单击面板底部的"复制所选帧" 按钮，复制当前帧，在"图层"面板中隐藏最上层文件，如图12-56、图12-57所示。

图 12-56

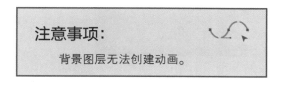

注意事项：

背景图层无法创建动画。

图 12-57

➲ Step03 使用相同的方法，依次复制帧并隐藏图层，直至如图12-58、图12-59所示。

图 12-58

图 12-59

➲ Step04 单击"时间轴"面板中的"选择帧延迟时间" ∨按钮设置帧在回放过程中的持续时间，如图12-60所示。单击"选择循环选项" 永远 ▼按钮设置循环，如图12-61所示。

图 12-60

图 12-61

➲ Step05 完成后，单击"播放动画" ▶ 按钮即可对动画进行播放，如图12-62、图12-63所示。

图 12-62

图 12-63

 进阶案例：制作热气球飘动动画

扫一扫 看视频

➲ Step01 打开本章素材文件"海.png"，如图12-64所示。

➲ Step02 执行"文件>置入嵌入对象"命令，置入本章素材文件"热气球蓝.png"和"热气球橙.png"，调整至合适大小与位置，如图12-65所示。

➲ Step03 在"图层"面板中选择热气球图层，按住Alt键向下拖拽复制，如图12-66所示。

➲ Step04 调整复制图层热气球大小和位置，如图12-67所示。

图 12-64

图 12-65

图 12-66

图 12-67

Step05 使用相同的方法，再次复制图层并调整热气球大小和位置，如图12-68、图12-69所示。

图 12-68

图 12-69

Step06 重复多次，直至热气球完全脱离画板，如图12-70、图12-71所示。

图 12-70

图 12-71

Step07 按照顺序将每2个热气球成组，并隐藏拷贝图层，如图12-72、图12-73所示。

图 12-72

图 12-73

Step08 执行"窗口＞时间轴"命令，打开"时间轴"面板，选择列表中的"创建帧动画"选项，如图12-74所示。

图 12-74

Step09 单击"创建帧动画"按钮，创建帧动画，单击"时间轴"面板中的"选择帧延迟时间"按钮，设置帧在回放过程中的持续时间为0.2秒，如图12-75所示。

图 12-75

Step10 单击面板底部的"复制所选帧"按钮，复制当前帧，如图12-76所示。

图 12-76

Step11 在"图层"面板中隐藏组1，显示组2，如图12-77所示。效果如图12-78所示。

图 12-77

图 12-78

Step12 再次单击面板底部的"复制所选帧" ⊞ 按钮,复制当前帧,如图12-79所示。

图 12-79

Step13 在"图层"面板中隐藏组2,显示组3,如图12-80所示。效果如图12-81所示。

图 12-80

图 12-81

Step14 重复多次操作,直至最后一组,如图12-82 ~ 图12-84所示。

图 12-82

图 12-83

图 12-84

Step15 至此,完成热气球飘动动画的制作。按空格键播放动画,效果如图12-85、图12-86所示。

图 12-85

图 12-86

进阶案例：制作打字动画

扫一扫 看视频

本案例将练习制作打字动画，涉及的知识点包括帧动画的创建、循环次数的设置以及文字的创建等。

Step01 打开本章素材文件"秋.jpg"，如图12-87所示。

Step02 使用"文字工具"T在图像编辑窗口中单击并输入文字，设置字体为"仓耳渔阳体"，字体样式为"W02"，字号分别为24pt和14pt，颜色为橙色（#e15a16），调整合适的字符间距与行距，效果如图12-88所示。

图 12-87

图 12-88

Step03 在"图层"面板中选中文字图层，右击鼠标，在弹出的快捷菜单中选择"栅格化文字"命令，将文字栅格化，如图12-89所示。

Step04 使用"多边形套索工具"在图像编辑窗口中创建选区，选中第一个字，如图12-90所示。

图 12-89

图 12-90

Step05 在"图层"面板中选中栅格化的文字图层，按Ctrl+J组合键复制，如图12-91所示。

Step06 选中栅格化后的文字图层，使用"多边形套索工具"在图像编辑窗口中创建选区，选中第2个字，如图12-92所示。

图 12-91   图 12-92

Step07 按Ctrl+J组合键复制，如图12-93所示。

Step08 重复操作，直至选中最后一个文字，隐藏图层2～图层44，隐藏栅格化的文字图层，如图12-94所示。

图 12-93   图 12-94

Step09 执行"窗口＞时间轴"命令，打开"时间轴"面板，选择列表中的"创建帧动画"选项，单击"创建帧动画"按钮，创建帧动画，如图12-95所示。

图 12-95

Step10 单击"时间轴"面板中的"选择帧延迟时间" ⊻按钮，设置帧在回放过程中的持续时间为0.1秒，如图12-96所示。

图 12-96

Step11 单击面板底部的"复制所选帧" 回按钮，复制当前帧，如图12-97所示。

图 12-97

Step12 在"图层"面板中显示图层2，如图12-98所示。效果如图12-99所示。

图 12-98

图 12-99

Step13 再次单击面板底部的"复制所选帧" □ 按钮，复制当前帧，如图12-100所示。

图 12-100

Step14 在"图层"面板中显示图层3，如图12-101所示。效果如图12-102所示。

图 12-101

图 12-102

Step15 重复多次操作，直至显示至图层44，如图12-103～图12-105所示。

图 12-103

图 12-104

图 12-105

Step16 单击"选择循环选项" 永远 ▾ 按钮设置循环 3 次，如图 12-106 所示。

图 12-106

Step17 至此，完成打字动画的制作。按空格键播放动画，效果如图 12-107 ~ 图 12-110 所示。

图 12-107

图 12-108

图 12-109

图 12-110

12.3.2　编辑动画帧

创建完帧动画后，可以对动画中的帧再次进行调整，以保证更优质的动画效果。针对帧的操作主要集中在"时间轴"面板和"图层"面板中，下面将对此进行介绍。

（1）选择帧

在编辑动画帧之前需要先将其选中，选中帧的内容将显示在图像编辑窗口中。移动鼠标至"时间轴"面板中，在要选中的帧上单击即可将其选中。单击"时间轴"面板中的"选择第一帧"◄按钮，将选择序列的第一帧；单击"选择上一帧"◄按钮，将选择当前帧的前一帧；单击"选择下一帧"▶按钮，将选择当前帧的后一帧。

按住Shift键在要选中的第一个帧和最后一个帧上单击，可以选择这两个帧之间所有的帧，如图12-111所示；按住Ctrl键在要选中的帧上单击，可以选择不连续的帧，如图12-112所示。

图 12-111

图 12-112

注意事项：

按住Ctrl键在已选中的帧上单击，将取消对该帧的选择。

（2）新建帧

新建帧的方式有2种：单击"时间轴"面板底部的"复制所选帧"▣按钮，复制当前帧，或单击"时间轴菜单"☰按钮，在弹出的下拉菜单中选择"新建帧"命令。这2种方法新建的帧都会复制当前帧。

▲▲ 知识链接：

"从图层建立帧"命令可以创建与图层数量相等的帧，但必须保证文档中有多个图层且只有一个帧。

（3）拷贝 / 粘贴帧

拷贝帧即为拷贝图层的配置（包括每个图层的可见性设置、位置和其他属性）。粘贴帧就是将图层的配置应用到目标帧。

选择"时间轴"面板中的帧，单击"时间轴菜单"☰按钮，在弹出的下拉菜单中选择"拷贝单帧"或"拷贝多帧"命令，即可拷贝帧。再次单击"时间轴菜单"☰按钮，在弹出的下拉菜单中选择"粘贴单帧"或"粘贴多帧"命令，在弹出的"粘贴帧"对话框中选择合适的粘贴方法，如图12-113所示。设置完成后单击"确定"按钮即可粘贴帧。

图 12-113

该对话框中各选项作用如下。

- 替换帧：选择该选项，将使用拷贝的帧替换所选帧。
- 粘贴在所选帧之上：选择该选项，将会把粘贴的帧的内容作为新图层添加至所选帧的图像中。
- 粘贴在所选帧之前：选择该选项，将在目标帧之前粘贴拷贝的帧。
- 粘贴在所选帧之后：选择该选项，将在目标帧之后粘贴拷贝的帧。
- 链接添加的图层：选择该复选框，将链接"图层"面板中粘贴的图层。

（4）反向帧

"反向帧"命令将翻转"时间轴"面板中的帧的播放顺序。

若选中"时间轴"面板中的多个帧，单击"时间轴菜单" ≡ 按钮，在弹出的下拉菜单中选择"反向帧"命令，将翻转选中帧的播放顺序，如图12-114、图12-115所示。

图 12-114

图 12-115

若选中"时间轴"面板中的单帧，单击"时间轴菜单" ≡ 按钮，在弹出的下拉菜单中选择"反向帧"命令，将翻转所有帧的播放顺序，如图12-116、图12-117所示。

图 12-116

图 12-117

（5）过渡动画帧

"过渡"命令可以自动在现有的两个帧之间添加或修改一系列帧，并均匀地改变新帧之间的图层属性，创建运动显示效果。

选择需要过渡的帧，单击"时间轴"面板底部的"过渡动画帧" ↘ 按钮或单击"时间轴菜单" ≡ 按钮，在弹出的下拉菜单中选择"过渡"命令，打开"过渡"对话框，如图12-118所示。在该对话框中设置参数后，单击"确定"按钮，即可添加过渡帧。

该对话框中各选项作用如下。

图 12-118

- 过渡方式：用于设置添加帧的位置。选择"下一帧"将在所选帧和下一帧之间添加帧；选择"上一帧"将在所选帧和上一帧之间添加帧。
- 要添加的帧数：用于设置两个现有帧之间添加的过渡帧的数量。
- 所有图层：选择该选项后，将改变所选帧中的全部图层。
- 选中的图层：选择该选项后，将只改变所选帧中当前选中的图层。
- 位置：选择该复选框后，将在起始帧和结束帧之间均匀地改变图层内容在新帧中的位置。

- 不透明度：选择该复选框后，将在起始帧和结束帧之间均匀地改变新帧的不透明度。
- 效果：选择该复选框后，将在起始帧和结束帧之间均匀地改变图层效果的设置。

（6）面板选项

通过"面板选项"命令可以调整"时间轴"面板中帧缩览图的大小。单击"时间轴菜单" ▤ 按钮，在弹出的下拉菜单中选择"面板选项"命令，打开"动画面板选项"对话框，如图12-119所示。在该对话框中选择合适大小的选项，单击"确定"按钮即可。

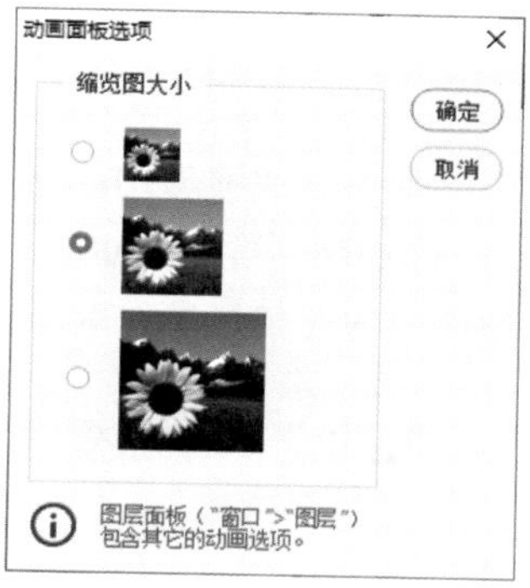

图 12-119

（7）帧处理方法

帧处理方法包括"自动""不处理""处理"3种，这3种帧处理方法可以设置在显示下一帧之前是否扔掉当前帧。

选择要设置的帧，右击鼠标，在弹出的快捷菜单中选择相应的命令即可，如图12-120所示。选择"自动"命令将自动确定当前帧的处理方法；选择"不处理"命令将在显示下一帧时保留当前帧，用户可以透过下一帧的透明区域看到当前帧和当前帧的前一帧；选择"处理"命令将在显示下一帧之前中止显示当前帧。

图 12-120

（8）优化动画

优化动画帧可以极大地减小动画文件的大小。在帧模式时间轴下，单击"时间轴菜单" ▤ 按钮，在弹出的下拉菜单中选择"优化动画"命令，打开"优化动画"对话框，如图12-121所示。

该对话框中包括"外框"和"去除多余像素"2种优化方式。"外框"选项可以将每一帧裁剪到相对于上一帧发生了变化的区域；"去除多余像素"选项可以将帧中重复的像素变为透明。

图 12-121

（9）删除帧

选择"时间轴"面板中多余的帧，单击"时间轴"面板底部的"删除所选帧" ▥ 按钮即可将其删除。

也可以选中帧后，单击"时间轴菜单" ▤ 按钮，在弹出的下拉菜单中选择"删除单帧"或"删除多帧"命令将其删除。若选择"删除动画"命令，将删除整个动画。

（10）在"图层"面板中编辑帧

在"图层"面板中可以通过按钮统一动画帧中的图层属性，如图12-122所示。

图 12-122

"图层"面板中的"统一图层位置" ◆、"统一图层可见性" ◎ 或"统一图层样式" ◆ 按钮可以设置是否将当前帧的属性所做的更改应用至同一图层中的其他帧。"传播帧1"选项决定是否将对第一帧中的属性所做的更改应用于同一图层中的其他帧。

> **❝ 知识链接：**
>
> "从帧拼合到图层"命令可以为视频图层中的每个帧创建单一图层，常用于将各个视频帧作为单独的图像文件导出，或要在图像堆栈中使用静态对象的视频时。

中文版 Photoshop CC 从入门到精通

12.4 导出视频和动画

制作完成视频和动画后，就可以将其导出。Photoshop软件中，可以选择将视频和动画导出为视频格式，如DPX、H.264、QuickTime等，也可以导出为动态的GIF格式，还可以以图像序列的形式导出。下面将进行详细介绍。

12.4.1 导出视频格式

图 12-123

制作完成视频或动画后，可以通过"渲染视频"命令将其导出。在视频时间轴模式下单击"渲染视频" ↗按钮或执行"文件＞导出＞渲染视频"命令，打开"渲染视频"对话框，如图12-123所示。在该对话框中可以对导出视频的位置、格式等参数进行设置。

该对话框中部分常用选项作用如下。

- "位置"选项组：用于设置导出视频的名称及位置。选择"创建新的子文件夹"复选框将创建一个包含导出文件的文件夹。
- 格式：用于设置导出的文件格式。若选择"Adobe Media Encoder"选项，则可以导出DPX、H.264或QuickTime格式；若选择"Photoshop 图像序列"选项，则可以导出JPEG、PNG、TIFF等格式，如图12-124所示。
- 帧速率：用于设置每秒视频或动画创建的帧数。
- 所有帧：选择该选项，将渲染文档中的所有帧。
- 开始帧和结束帧：选择该选项后，可以指定要渲染的帧序列。
- 工作区域：选择该选项，将渲染"时间轴"面板中的工作区域栏选定的帧。
- Alpha通道：用于设置Alpha通道的渲染方式。

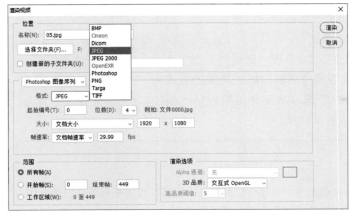

图 12-124

- 3D品质：用于设置项目中3D对象渲染表面的方式。其中，选择"交互式渲染OpenGL"选项常用于渲染视频游戏和类似用途；选择"光线跟踪草图"选项可以更快速地渲染视频，但渲染出的画面品质较低；选择"光线跟踪最终效果"选项可以得到更高品质的画面效果，但需要较长的渲染时间。

402

12.4.2 导出 GIF

除了导出图像序列或视频格式文件，用户还可以通过"存储为"命令或"存储为Web所用格式（旧版）"命令导出GIF文件。

（1）通过"存储为"命令导出GIF

制作完成动画后，执行"文件＞存储为"命令或按Shift+Ctrl+S组合键，打开"另存为"对话框，在该对话框中设置保存类型为GIF（*.GIF），如图12-125所示。完成后单击"保存"按钮，在弹出的"GIF存储选项"对话框中设置参数，如图12-126所示。完成后单击"确定"按钮，即可将文档存储为GIF文件。

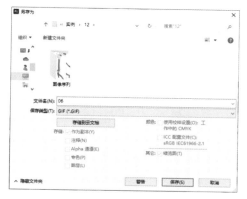

图 12-125

图 12-126

（2）通过"存储为Web所用格式（旧版）"命令导出GIF

使用"存储为Web所用格式（旧版）"命令可以优化文档再对其进行导出。

制作完成视频后，执行"文件＞导出＞存储为Web所用格式（旧版）"命令，打开"存储为Web所用格式"对话框，如图12-127所示。在该对话框中设置参数，完成后单击"存储"按钮，打开"将优化结果存储为"对话框，选择合适的存储位置和文件名称后，单击"保存"按钮即可。

图 12-127

图 12-128

Step01 执行"文件＞打开"命令，打开本章素材文件"狗.mp4"，如图12-128所示。

Step02 移动"时间轴"面板中的"当前时间指示器" 至"0：00：12：00"处，单击"在播放头处拆分" 按钮拆分视频，如图12-129所示。

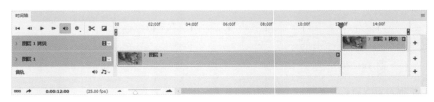

图 12-129

Step03 选中拆分后的拷贝视频，按Delete键删除，如图12-130所示。

图 12-130

图 12-131

Step04 移动"时间轴"面板中的"当前时间指示器" 至时间轴起始处，使用"文字工具"在图像编辑窗口合适位置输入文字，并设置其字体为"仓耳渔阳体"，字体样式为"W02"，字号为72pt，颜色为白色，如图12-131所示。

Step05 在"时间轴"面板中，移动鼠标至"无"图层"图层持续时间条" 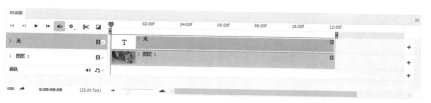 末端，待鼠标变为 状时按住鼠标左键拖动，直至其长度与图层1一致，如图12-132所示。

图 12-132

Step06 单击"无"图层前的 箭头，展开其属性，移动"当前时间指示器" 至时间轴起始处，单击变换和不透明度参数前的"启用关键帧动画" 按钮，添加关键帧，如图12-133所示。

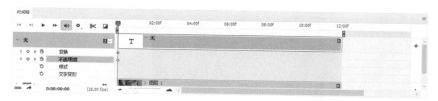

图 12-133

Step07 在"图层"面板中设置其不透明度为0%，按Ctrl+T组合键自由变换对象，将对象缩小并旋转180°，如图12-134所示。

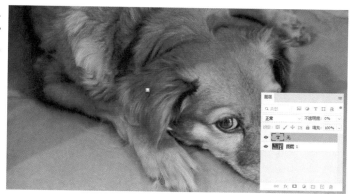

图 12-134

Step08 移动"当前时间指示器" 至"0：00：03：00"处，在"图层"面板中设置其不透明度为100%，按Ctrl+T组合键自由变换对象，将对象放大至原大小并旋转180°，如图12-135所示。此时，"时间轴"面板中将自动出现关键帧，如图12-136所示。

图 12-135

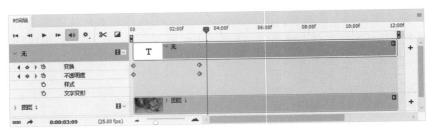

图 12-136

注意事项：

为了便于操作，可以先在"0：00：03：00"处添加关键帧，再在起始处变换对象。

图 12-137

Step09 使用相同的方法，再次添加文字并制作相同的动画效果，如图 12-137、图 12-138 所示。

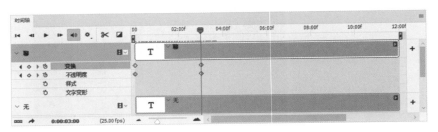

图 12-138

图 12-139

Step10 移动"当前时间指示器"至时间轴起始位置，使用"文字工具"在图像编辑窗口合适位置输入文字"·"，如图 12-139 所示。

Step11 调整"·"图层持续时间与图层1一致，如图12-140所示。

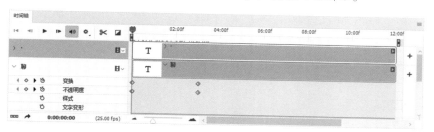

图 12-140

Step12 在图像编辑窗口中
选中"·"，按住Alt键向右拖
拽复制，如图12-141所示。

图 12-141

Step13 在"时间轴"面板中调整其持续时间为2秒，并调整其"图层持续时间条" 
位置，如图12-142所示。

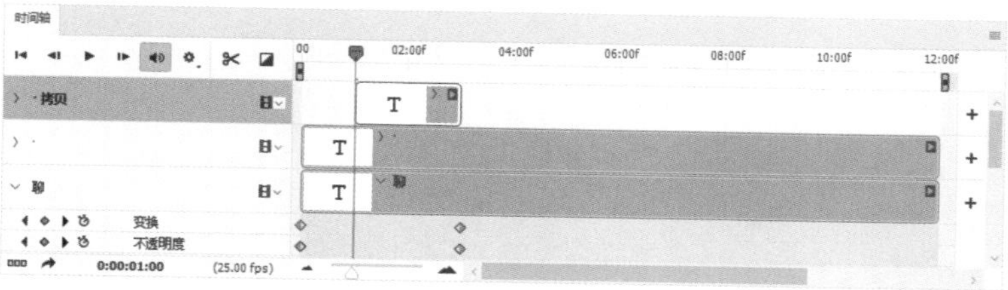

图 12-142

Step14 在图像编辑窗口中选
中复制的"·"，按住Alt键向
右拖拽复制，如图12-143所示。

图 12-143

Step15　在"时间轴"面板中调整其持续时间为1秒，并调整其"图层持续时间条" 位置，如图12-144所示。

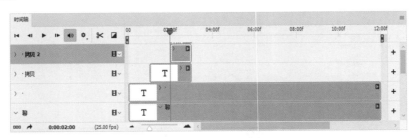

图 12-144

Step16　在"图层"面板中选中"·拷贝"图层和"·拷贝2"图层，按Ctrl+J组合键复制，在"时间轴"面板中调整其"图层持续时间条" 位置，如图12-145所示。

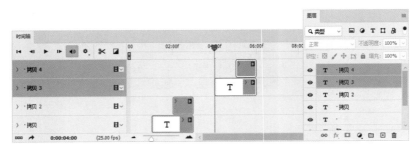

图 12-145

Step17　重复2次，如图12-146所示。

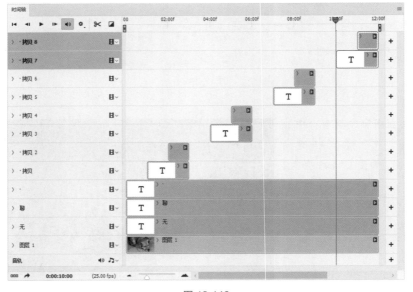

图 12-146

Step18 按空格键播放动画，效果如图12-147～图12-149所示。

图 12-147

图 12-148

图 12-149

Step19 执行"文件＞存储为"命令，打开"另存为"对话框，在该对话框中设置保存类型为GIF（*.GIF），如图12-150所示。完成后单击"保存"按钮，在弹出的"GIF存储选项"对话框中设置参数，如图12-151所示。完成后单击"确定"按钮，即可将文档存储为GIF文件。

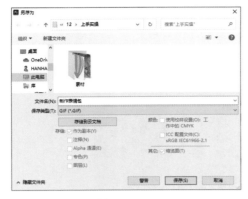

图 12-150

图 12-151

至此，完成表情包的制作及导出。

综合实战：制作动态小雪节气海报

扫一扫 看视频

本案例将练习制作动态小雪节气海报，涉及的知识点包括滤镜的应用、调整图层的应用以及帧动画的创建。

图 12-152

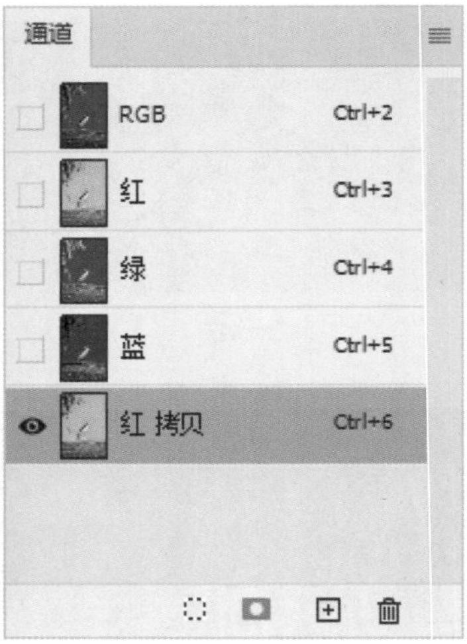

图 12-153

Step01 打开本章素材文件"鸟 .jpg"，如图 12-152 所示。按 Ctrl+J 组合键复制。

Step02 在"通道"面板中选择"红"通道，拖拽至面板底部的"创建新通道" ⊞ 按钮上，复制通道，如图 12-153 所示。

Step03 执行"图像＞计算"命令，打开"计算"对话框设置混合为"浅色"，结果为"选区"，如图 12-154 所示。

Step04 完成后单击"确定"按钮，效果如图 12-155 所示。

Step05 选择"通道"面板中的"RGB"通道，在"图层"面板中单击面板底部的"创建新的填充或调整图层" ◑按钮，在弹出的快捷菜单中选择"曲线"命令，新建"曲线1"调整图层，在"属性"面板中调整曲线，如图 12-156 所示。

Step06 效果如图 12-157 所示。

Step07 选择图层1，在"通道"面板中选择"蓝"通道，拖拽复制，如图 12-158 所示。

图 12-154

图 12-155

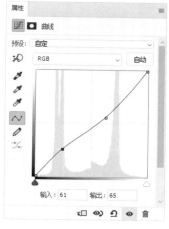

图 12-156

图 12-157

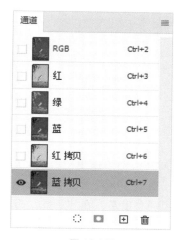

图 12-158

Step08 执行"图像＞计算"命令，打开"计算"对话框，设置混合为"颜色加深"，不透明度为"80%"，结果为"选区"，如图 12-159 所示。

Step09 完成后单击"确定"按钮，效果如图 12-160 所示。

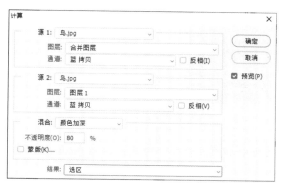

图 12-159

图 12-160

411

Step10 选择"通道"面板中的"RGB"通道，在"图层"面板中单击面板底部的"创建新的填充或调整图层" ⚪ 按钮，在弹出的快捷菜单中选择"曲线"命令，新建"曲线2"调整图层，在"属性"面板中调整曲线，如图 12-161 所示。

Step11 效果如图 12-162 所示。

Step12 选中除"背景"图层外的所有图层，按 Ctrl+Alt+E 组合键盖印，选中"图层1"和调整图层，单击"图层"面板底部的"创建新组" 🗁 按钮，将其编组，并隐藏该组，如图 12-163 所示。

图 12-161

图 12-162

图 12-163

Step13 选中"曲线1（合并）"图层，单击"图层"面板底部的"创建新的填充或调整图层" ⚪ 按钮，在弹出的快捷菜单中选择"色相/饱和度"命令，新建"色相/饱和度1"调整图层，在"属性"面板中调整参数，如图 12-164 所示。图像效果如图 12-165 所示。

Step14 选中"色相/饱和度1"调整图层和"曲线1（合并）"图层，按 Ctrl+E 组合键合并，如图 12-166 所示。

图 12-164

图 12-165

图 12-166

Step15 选中合并后的图层，按 Ctrl+J 组合键复制2次。隐藏最上层图层，选中"色相/饱和度 1 拷贝 2"图层，执行"滤镜＞滤镜库"命令，打开"滤镜库"对话框，选择"艺术效果"滤镜组中的"木刻"滤镜，在右侧的选项区中设置参数，如图 12-167 所示。

Step16 完成后单击"确定"按钮，在"图层"面板中设置该图层不透明度为"50%"，效果如图12-168所示。

图 12-167

图 12-168

Step17 显示最上层的"色相/饱和度1拷贝"图层并将其选中，执行"滤镜＞滤镜库"命令，打开"滤镜库"对话框，选择"素描"滤镜组中的"便条纸"滤镜，在右侧的选项区中设置参数，如图12-169所示。

Step18 完成后单击"确定"按钮，在"图层"面板中设置该图层混合模式为"叠加"，不透明度为"50%"，效果如图12-170所示。

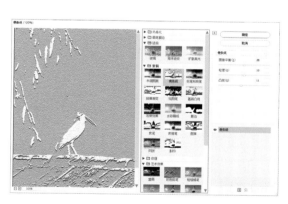

图 12-169

图 12-170

Step19 新建"色彩平衡1"调整图层，并在"属性"面板中调整参数，如图12-171所示。

Step20 调整后效果如图12-172所示。

Step21 使用"文字工具"在画板中单击并输入文字，字体风格设置为草书或行书，效果如图12-173所示。

Step22 在"图层"面板中选中"小雪"文字图层，双击其空白处，在打开的"图层样式"对话框中设置"投影"参数，如图12-174所示。

Step23 完成后单击"确定"按钮，效果如图12-175所示。

图 12-171

图 12-172

图 12-173

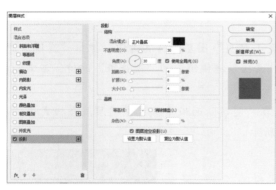

图 12-174

图 12-175

○ Step24 在"图层"面板最上方新建图层，设置前景色为黑色，按Alt+Delete键填充前景色，如图 12-176 所示。

○ Step25 执行"滤镜＞杂色＞添加杂色"命令，打开"添加杂色"对话框设置参数，如图 12-177 所示。

○ Step26 完成后单击"确定"按钮，效果如图 12-178 所示。

图 12-176

图 12-177

图 12-178

Step27 执行"滤镜>模糊>高斯模糊"命令，打开"高斯模糊"对话框，设置参数，如图12-179所示。

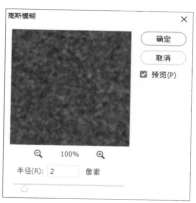

Step28 完成后单击"确定"按钮。执行"图像>调整>阈值"命令，打开"阈值"对话框，设置参数，如图12-180所示。

图12-179

图12-180

Step29 完成后单击"确定"按钮。在"图层"面板中设置"图层2"混合模式为"滤色"，效果如图12-181所示。

Step30 选择"图层2"，执行"滤镜>模糊>动感模糊"命令，打开"动感模糊"对话框，设置参数，如图12-182所示。

Step31 完成后单击"确定"按钮，效果如图12-183所示。

图12-181

图12-182

图12-183

Step32 选中"图层2"，按Ctrl+J组合键复制，按Ctrl+T组合键自由变换，将其放大，如图12-184所示。

Step33 执行"窗口>时间轴"命令，打开"时间轴"面板，单击"创建帧动画"按钮，创建帧动画，如图12-185所示。

Step34 单击"时间轴"面板中的"选择帧延迟时间" ∨按钮，设置帧在回放过程中的持续时间为"0.2秒"，如图12-186所示。在"图层"面板中隐藏"图层2拷贝"图层。

Step35 单击面板底部的"复制所选帧" ▣按钮，复制当前帧，在"图层"面板中显示"图层2拷贝"图层，隐藏"图层2"图层，如图12-187所示。

图 12-184

图 12-185

图 12-186

图 12-187

Step36 至此，完成动态小雪节气海报的制作。按空格键播放，效果如图12-188、图12-189所示。

图 12-188

图 12-189

Step37 按 Shift+Ctrl+S 组合键，打开"另存为"对话框，在该对话框中设置保存类型为 GIF（*.GIF），如图 12-190 所示。完成后单击"保存"按钮，在弹出的"GIF 存储选项"对话框中设置参数，如图 12-191 所示。完成后单击"确定"按钮，将海报存储为 GIF 文件。

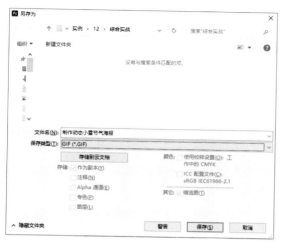

图 12-190

图 12-191

第13章 动作与自动化效率高

内容导读：

　　Photoshop软件中的动作可以快速地为对象执行指定的操作，结合自动化命令的应用，极大地节省批量处理的时间。用户可以在Photoshop软件中新建需要的动作，也可以使用软件预设的动作处理对象。本章将主要针对动作的创建与应用以及自动化命令的应用进行介绍。通过本章节的学习，可以帮助用户掌握动作的相关操作，学会应用自动化命令。

学习目标：

- 学会创建动作
- 学会应用管理动作
- 熟悉自动化处理文件的方式

13.1 动作

动作是指在单个文件或一批文件上进行的一系列操作。通过使用动作，可以简化操作流程，实现快捷批处理的功能。用户可以使用"动作"面板中预设的动作，也可以根据需要新建动作，下面将针对动作的相关操作进行介绍。

13.1.1 "动作"面板

动作的大部分操作都可以通过"动作"面板实现，如记录、播放、编辑、删除动作等。执行"窗口>动作"命令或按Alt+F9组合键即可打开"动作"面板，如图13-1所示。

图 13-1

"动作"面板中部分常用选项作用如下。

- "切换项目开/关" ✔：用于控制相应的动作组、动作或命令是否可以被执行。
- "切换对话开/关" ☐：用于控制是否打开相应的对话框进行设置。
- "停止播放/记录" ■：单击该按钮，将停止播放动作或停止记录动作。
- "开始记录" ●：单击该按钮，将开始记录动作。
- "播放选定的动作" ▶：选择"动作"面板中的动作后，单击该按钮，将播放选中的动作。
- "创建新组" ▢：单击该按钮将创建一个新的动作组。
- "创建新动作" ⊞：单击该按钮将创建一个新的动作。
- "删除" 🗑：单击该按钮，将删除选中的动作组、动作或命令。

📖 知识链接：

单击"动作"面板右上角的 ☰ 按钮，即可打开菜单列表，如图13-2所示。选择"按钮模式"命令，可以将"动作"面板中的动作转换为按钮，如图13-3所示。转换后，不能查看个别的命令或组。再次选择该命令可返回列表模式。

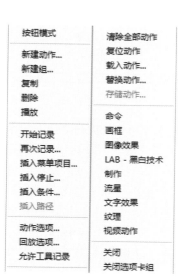

图 13-2

图 13-3

重点 13.1.2 新建动作

将常使用的任务新建为动作，可以提高工作效率，用户可以使用动作记录大多数命令，从而使工作更加高效。下面将对此进行介绍。

（1）新建动作

单击"动作"面板中的"创建新动作" ⊞ 按钮，打开"新建动作"对话框，如图 13-4 所示。在该对话框中设置动作名称、组等参数，完成后单击"记录"按钮。此时"动作"面板中的"开始记录" ● 按钮变为红色，如图 13-5 所示。执行要记录的操作和命令，完成后单击"停止播放/记录" ■ 按钮即可。

图 13-4

图 13-5

"新建动作"对话框中各选项作用如下。

- 名称：用于设置新建动作的名称。
- 组：用于设置新建动作的组。
- 功能键：用于为该动作指定键盘快捷键。在 Windows 中，不能使用 F1 键，也不能将 F4 或 F6 键与 Ctrl 键一起使用。
- 颜色：用于设置按钮模式显示的颜色。

注意事项：

如果指定动作与命令使用同样的快捷键，快捷键将适用于动作而不是命令。

知识链接：

除了新建动作外，用户还可以为"动作"面板中的动作添加记录。选择"动作"面板中的动作，单击面板底部的"开始记录" ● 按钮，执行要记录的操作和命令，完成后单击"停止播放/记录" ■ 按钮即可。

（2）插入菜单项目

"插入菜单项目"命令可以将许多不可记录的命令插入动作中。

选择一个动作名称或命令，单击"动作"面板中的 ≡ 按钮，在弹出的菜单列表中选择"插入菜单项目"命令，打开"插入菜单项目"对话框，如图 13-6 所示。执行菜单命令，如执行"图像>调整>照片滤镜"命令，即可在"插入菜单项目"对话框中添加菜单项，如图 13-7 所示。完成后单击"确定"按钮，即可在"动作"面板中添加菜单项目。

图 13-6

图 13-7

（3）插入停止

在动作中插入停止可以执行一些无法记录的任务，如使用绘图工具绘制图形或使用模糊、锐化等工具进行相应的操作等。

选择一个动作的名称或命令，单击"动作"面板中的 ≡ 按钮，在弹出的菜单列表中选择"插入停止"命令，打开"记录停止"对话框，在该对话框中输入提示信息，如图13-8所示。完成后单击"确定"按钮，即可将"停止"动作插入"动作"面板中，如图13-9所示。

图 13-8

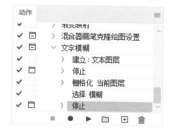

图 13-9

注意事项：

选择"记录停止"对话框中的"允许继续"复选框，在执行动作时可以选择继续而不停止，如图13-10所示。选择"继续"按钮后将继续播放后面的动作，效果如图13-11所示。

图 13-10

图 13-11

（4）插入条件

"插入条件"命令可以为动作的执行附加条件，如指定文档满足条件时播放的动作与不满足条件时播放的动作。

选择一个动作的名称或命令，单击"动作"面板中的 ≡ 按钮，在弹出的菜单列表中选择"插入条件"命令，打开"条件动作"对话框，如图13-12所示。在该对话框中可以设置动作执行的条件。

图 13-12

（5）插入路径

"插入路径"命令可以将复杂的路径作为动作的一部分包含在内。

选择一个动作的名称或命令，从"路径"面板中选择路径，单击"动作"面板中的 ≡ 按钮，在弹出的菜单列表中选择"插入路径"命令，即可将选中的路径添加至"动作"面板中，如图13-13所示。在应用动作时将自动添加该路径。

图 13-13

66 知识链接：

在"动作"面板中，用户可以选择排除不想作为已记录动作的一部分播放的命令，在"按钮"模式中不能排除命令。单击"动作"面板中动作名称左侧的箭头 ﹥，展开动作的命令菜单。单击单个命令左侧的"切换项目开/关" ✔ 按钮，可以排除该命令，再次单击可包括该命令；单击一个动作名称或动作组名称左侧的"切换项目开/关" ✔ 按钮，可以排除该动作或动作组中的所有命令或动作，再次单击可包括该动作或动作组中的所有命令或动作；按住Alt键单击单个命令左侧的"切换项目开/关" ✔ 按钮，可以排除或包括除所选命令之外的所有命令。

当排除动作中的某些命令后，父级动作的"切换项目开/关" ✔ 按钮将变为红色，如图13-14、图13-15所示。

图 13-14 　　　　　　图 13-15

上手实操：新建调色动作

扫一扫 看视频

 Step01 打开本章素材文件"调色-1.jpg"，如图13-16所示。

 Step02 执行"窗口＞动作"命令，打开"动作"面板，如图13-17所示。

图 13-16

图 13-17

 Step03 单击"动作"面板底部的"创建新动作" ⊞ 按钮，打开"新建动作"对话框，设置新建动作的名称及位置，如图13-18所示。

 Step04 完成后单击"记录"按钮，新建动作。此时，"动作"面板中的"开始记录" ● 按钮变为红色，如图13-19所示。

图 13-18

图 13-19

● Step05 按Ctrl+J组合键复制背景图层，"动作"面板中会记录相应的动作，如图13-20所示。

● Step06 按Ctrl+U组合键打开"色相/饱和度"对话框，调整参数，如图13-21所示。

图 13-20

图 13-21

● Step07 完成后单击"确定"按钮，效果如图13-22所示。

● Step08 按Ctrl+L组合键打开"色阶"对话框，调整参数，如图13-23所示。

图 13-22

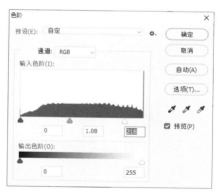

图 13-23

● Step09 完成后单击"确定"按钮，效果如图13-24所示。

● Step10 按Ctrl+M组合键打开"曲线"对话框，选择RGB通道，调整参数，如图13-25所示。

图 13-24

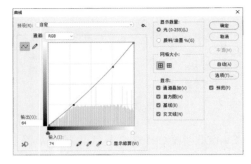

图 13-25

Step11 选择红通道，调整参数，如图 13-26 所示。

Step12 选择绿通道，调整参数，如图 13-27 所示。

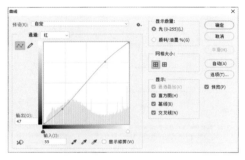

图 13-26

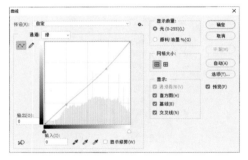

图 13-27

Step13 完成后单击"确定"按钮，效果如图 13-28 所示。

Step14 单击"动作"面板中的"停止播放/记录" ■ 按钮，停止记录，如图 13-29 所示。至此，完成调色动作的创建。

图 13-28

图 13-29

Step15 打开本章素材文件"调色 -2.jpg"，如图 13-30 所示。

Step16 在"动作"面板中选择"提亮"动作，单击"播放选定的动作" ▶ 按钮应用动作，完成后效果如图 13-31 所示。

图 13-30

图 13-31

至此，完成新建动作的应用。

重点 13.1.3 应用动作

本节将针对应用动作进行介绍。创建完成动作后，即可对活动文档应用动作，以得到需要的效果。

（1）播放动作

播放动作是指对图像执行动作记录的命令或动作中的一部分命令。选择"动作"面板中的动作，单击"动作"面板中的"播放选定的动作" ► 按钮，即可播放整个动作；若选择"动作"面板中要开始播放的命令，再单击"动作"面板中的"播放选定的动作" ► 按钮，即可从选定命令开始播放动作。

选择"动作"面板中的命令，按住Ctrl键单击"动作"面板中的"播放选定的动作" ►按钮或按住Ctrl键双击"动作"面板中的命令，即可播放单个命令。如图13-32、图13-33所示为应用"水中倒影（文字）"动作的前后效果。

图 13-32

图 13-33

注意事项：

播放动作之前可以在"历史记录"面板中创建新快照，以便于还原动作。

图 13-34

(2) 指定回放速度

调整动作的回放速度可以便于调试动作。单击"动作"面板中的 ☰ 按钮，在弹出的菜单列表中选择"回放选项"命令，打开"回放选项"对话框，如图 13-34 所示。在该对话框中设置参数后单击"确定"按钮，即可调整动作的回放速度。

"回放选项"对话框中各选项作用如下。

- 加速：该选项为默认选项。选择该选项后，将以正常的速度播放动作。
- 逐步：选择该选项后，将完成每个命令并重绘图像，再执行动作中的下一个命令。
- 暂停：选择该选项后，可以设置暂停时间，指定应用程序在执行动作中的每个命令之间应暂停的时间量。

上手实操：添加木质画框效果

扫一扫 看视频

➡ Step01 打开本章素材文件"画.jpg"，如图 13-35 所示。

图 13-35

➡ Step02 选择"动作"面板中的"木质画框 -50 像素"动作，如图 13-36 所示。

图 13-36

➡ Step03 单击"播放选定的动作" ▶ 按钮，在弹出的"信息"对话框中单击"继续"按钮即可应用效果，如图 13-37 所示。

➡ Step04 此时，"图层"面板中将自动出现操作的图层，如图 13-38 所示。

图 13-37

图 13-38

至此，完成木质画框效果的添加。

知识链接：

单击"动作"面板右上角的 ≡ 按钮，即可打开菜单列表，在该列表中，可以选择更多的预设动作，如图13-39所示。选择后，该动作组将载入"动作"面板中，如图13-40所示为载入"画框"动作组的效果。

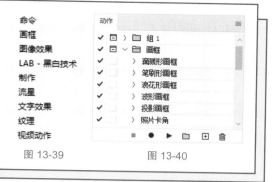

图 13-39　　　　　　　　图 13-40

13.1.4　管理动作和动作组

创建完动作后，可以对动作进行编辑管理，使其更加符合需要。用户可以修改动作中的命令、重新排列命令顺序，还可以复制、删除或重命名命令、动作或命令组。下面将对此进行详细介绍。

（1）修改命令

双击"动作"面板中的命令，即可对该命令进行编辑，如图13-41、图13-42所示。

图 13-41

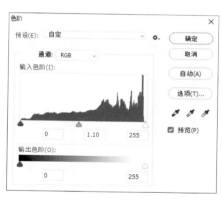

图 13-42

（2）记录动作

动作创建完成后，若想再次添加命令，可以选择创建的动作或动作中的命令，单击"动作"面板中的"开始记录"●按钮，执行要记录的操作和命令，完成后单击"停止播放/记录"■按钮即可。

（3）调整命令顺序

选择"动作"面板中动作下的命令，按住鼠标左键上下拖动即可重新排列动作中的命令。用户也可以选择"动作"面板中的动作或动作组，将其拖动至合适位置，调整顺序，如图13-43、图13-44所示。

图 13-43　　　　　　　　图 13-44

（4）复制动作/动作组

复制动作、命令或组的方法有多种。若想复制动作或命令，在"动作"面板中选中后将其拖动至面板底端的"创建新动作"口按钮上即可；若想复制动作组，将其拖动至"创建新组"■按钮上即可。

用户也可以单击"动作"面板中的■按钮，在弹出的菜单列表中选择"复制"命令来复制动作、命令或组。

(5) 删除动作/动作组

在"动作"面板中选择要删除的动作、命令或组，单击面板底部的"删除"■按钮或将选中的动作、命令或组拖拽至"删除"■按钮上，即可将其删除。选择动作、命令或组后，单击"动作"面板中的■按钮，在弹出的菜单列表中选择"删除"命令也可以删除选中的动作、命令或组。

若选择菜单列表中的"清除全部动作"命令，将从"动作"面板中清除全部动作。

(6) 重命名动作/动作组

双击"动作"面板中的动作或动作组的名称，使其进入可编辑状态，重新输入名称即可修改动作或动作组名称。选择动作或动作组，单击"动作"面板中的■按钮，在弹出的菜单

图 13-45

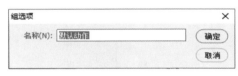

图 13-46

图 13-47

图 13-48

列表中选择"动作选项"或"组选项"命令，也可以打开"动作选项"面板或"组选项"面板进行修改，如图 13-45、图 13-46 所示。

(7) 存储动作组

选择"动作"面板中的一个组，单击"动作"面板中的■按钮，在弹出的菜单列表中选择"存储动作"命令，打开"另存为"对话框，如图 13-47 所示，在该对话框中设置参数后，单击"保存"按钮，即可将该动作组存储。

在"动作"面板中无法存储单个动作，但可以将单个动作移动至新组中进行存储。

注意事项：

保存动作时，若将其存储在默认位置 Presets/Actions 文件夹中，那么在重新启动软件后，该组将显示在"动作"面板菜单的底部。

(8) 复位动作

单击"动作"面板中的■按钮，在弹出的菜单列表中选择"复位动作"命令，可以将面板中的动作恢复到默认的状态。

(9) 载入动作组

"动作"面板中包括软件预设的动作以及用户自行创建的动作，为了节省工作时间，用户也可以选择将外部动作组载入至软件中。

单击"动作"面板中的■按钮，在弹出的菜单列表中选择"载入动作"命令，打开"载入"对话框，如图 13-48 所示。选择要载入的动作后单击"载入"按钮即可。

进阶案例：添加水印

本案例将练习为图像添加水印，涉及的知识点包括新建动作、应用动作、存储动作以及图案填充等操作。

扫一扫 看视频

⬤ Step01 　打开本章素材文件"面条.jpg"，如图13-49所示。

⬤ Step02 　执行"窗口＞动作"命令，打开"动作"面板，单击"动作"面板底部的"创建新组" ▢ 按钮，打开"新建组"对话框，设置名称为"水印"，如图13-50所示。完成后单击"确定"按钮。

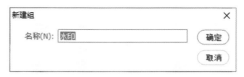

图 13-49

图 13-50

⬤ Step03 　单击"动作"面板底部的"创建新动作" ⊞ 按钮，在打开的"新建动作"对话框中设置名称为"添加水印"，设置功能键为"F10"，如图13-51所示。

⬤ Step04 　完成后单击"确定"按钮，新建动作，如图13-52所示。

图 13-51

图 13-52

⬤ Step05 　按Ctrl+J组合键复制背景图层，按Ctrl+N组合键新建一个50px×50px大小的空白文档，如图13-53所示。

⬤ Step06 　单击"背景"图层名称右侧的🔒图标，将其转换为普通图层，并隐藏该图层，如图13-54所示。

图 13-53

图 13-54

Step07 使用"文字工具"在图像编辑窗口中输入文字，设置文字字体为"仓耳渔阳体"，字体样式为"W02"，字号为3pt，如图13-55所示。

Step08 按Ctrl+T组合键自由变换文字，将其旋转，如图13-56所示。

图 13-55

图 13-56

Step09 执行"编辑＞定义图案"命令，打开"图案名称"对话框，设置名称为"水印文字"，如图13-57所示。完成后单击"确定"按钮。

Step10 返回"面条"文档，在复制图层上新建图层，按Ctrl+A组合键创建选区，如图13-58所示。

图 13-57

图 13-58

Step11 选择"矩形选框工具" ，在选区内右击鼠标，在弹出的快捷菜单中选择"填充"命令，打开"填充"对话框，设置"内容"为图案，并选择新建的图案，选择"脚本"复选框，设置"不透明度"为30，如图13-59所示。

Step12 单击"确定"按钮，打开"砖形填充"对话框，设置参数，如图13-60所示。

图 13-59

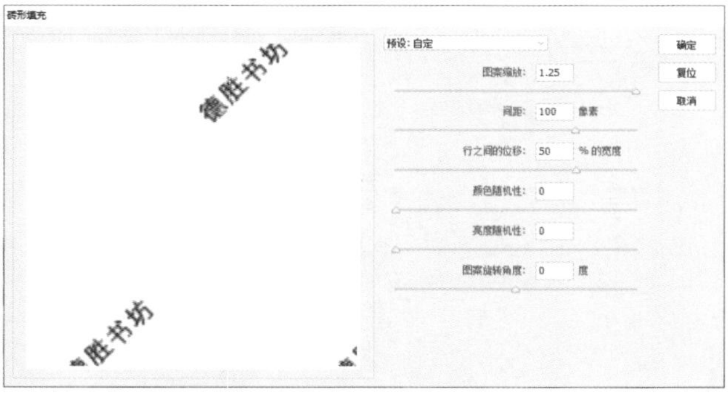

图 13-60

Step13 完成后单击"确定"按钮，即可在选区中填充图案，如图13-61所示。按Ctrl+D
组合键取消选区。

图 13-61

Step14 单击"动作"面板中的"停止播放/记录"■按钮，停止记录，如图13-62所示。

图 13-62

Step15 选择"添加水印"动作中的"变换当前图层"命令，单击"动作"面板中的 ≡
按钮，在弹出的菜单列表中选择"插入停止"命令，打开"记录停止"对话框，在该对话
框中输入提示信息，如图13-63所示。

图 13-63

Step16 完成后单击"确定"按钮，即可在将"停止"动作插入"动作"面板中，如图
13-64所示。

Step17 选择"动作"面板中的"水印"动作组，单击"动作"面板中的 ≡ 按钮，在弹
出的菜单列表中选择"存储动作"命令，打开"另存为"对话框，如图13-65所示，在该
对话框中设置参数后，单击"保存"按钮，存储该动作组。

图 13-64

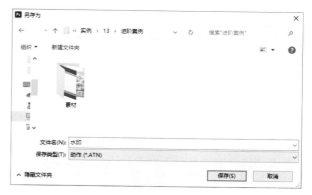

图 13-65

Step18 打开本章素材文件"猫.jpg"，如图 13-66 所示。

Step19 选择"动作"面板中的"添加水印"动作，单击"播放选定的动作" ▶按钮应用动作，完成后效果如图 13-67 所示。

图 13-66

图 13-67

至此，完成"水印"动作的新建、存储及应用。

13.2 自动化处理文件

Photoshop 软件中常用到的自动化工具包括批处理、Photomerge、图像处理器等。使用这些工具，可以提高工作效率，节省工作时间。

重点 13.2.1 批处理

图 13-68

批处理可以批量地对一个文件夹中的文件进行动作处理，完成大量的重复操作。执行"文件＞自动＞批处理"命令，打开"批处理"对话框，如图 13-68 所示。

该对话框中部分选项作用如下。

● "播放"选项组：用于设置处理文件的动作。

● "源"选项组：用于选择要处理的文件。其中，选择"文件夹"选项可以处理指定文件夹中的文件，单击"选择"按钮在打开的对话框中选择文件夹即可；选择"导入"选项可以处理来日数码相机、扫描仪或 PDF 文档的图像；选择"打开的文件"可以处理当前打开的所有文件；选择"Bridge"选项可以处理 Adobe Bridge 中选定的文件。

● 覆盖动作中的"打开"命令：选择该复选框后，在批处理时将忽略动作中记录的"打开"命令。

● 包含所有子文件夹：选择该复选框后，可以将批处理应用到所选文件的子文件夹中。

- 禁止显示文件打开选项对话框：选择该复选框后，在批处理时将不会显示打开文件选项对话框。
- 禁止颜色配置文件警告：选择该复选框后，在批处理时会关闭显示颜色方案信息。
- 错误：用于指定处理错误的方法。选择"由于错误而停止"选项将挂机进程，直到用户确认错误信息位置；选择"将错误记录到文件"选项将会把每个错误记录在文件中而不停止进程，运行完"批处理"命令后再使用文本编辑器打开即可查看错误文件。
- "目标"选项组：用于设置批处理完成后文件存储的位置。其中，选择"无"选项表示不保存文件，文件仍处于打开状态；选择"存储并关闭"选项可以将文件存储在原始文件夹中并覆盖原始文件；选择"文件夹"选项可以指定存储文件夹，单击"选择"按钮在打开的对话框中选择文件夹即可。
- 覆盖动作中的"存储为"命令：用于覆盖动作中的"存储为"命令，保证文件按照"批处理"对话框中的设置存储。使用该选项时，动作中必须包含"存储为"命令。
- 文件命名：用于设置文件名称。
- 兼容性：用于使文件名与Windows、Mac OS和UNIX操作系统兼容。

图像批量处理前后如图13-69、图13-70所示。

图 13-69

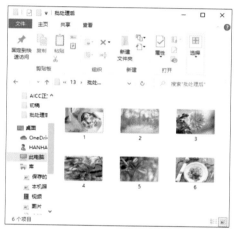

图 13-70

知识链接：

"创建快捷批处理"命令可以将批处理保存为一个EXE文件，在使用时直接应用即可。执行"文件 > 自动 > 创建快捷批处理"命令，打开"创建快捷批处理"对话框，如图13-71所示。在该对话框中设置参数后，单击"确定"按钮即可保存快捷批处理。

图 13-71

扫一扫 看视频

上手实操：批量为对象添加照片卡角

图 13-72

Step01 打开本章素材
文件"批处理01.jpg"，如图 13-72 所示。

Step02 执行"文件＞自动＞批处理"命令，打开"批处理"对话框，在该对话框中设置"组"为画框，"动作"为照片卡角，并设置源文件夹与目标文件夹，如图 13-73 所示。

Step03 完成后单击"确定"按钮，软件将会自动打开文件夹中的图像应用动作并打开相应的"另存为"对话框，如图 13-74 所示、图 13-75 所示。

图 13-73

图 13-74

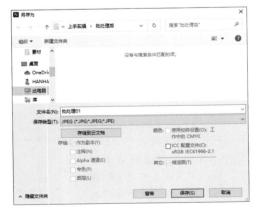

图 13-75

Step04 在"另存为"对话框中设置参数后，单击"保存"按钮，在打开的"JPEG选项"对话框中设置参数，单击"确定"按钮即可保存文件，如图 13-76 所示。

Step05 保存完所有对象后，在文件夹中查看图像，如图 13-77 所示。

图 13-76

图 13-77

至此，完成对象批量添加照片卡角的操作。

注意事项：

　　用户可以在执行"批处理"命令前，在"动作"中添加"存储"命令，然后在"批处理"对话框中选择"覆盖动作中的存储为"复选框即可自动保存文件。

13.2.2 Photomerge

　　Photomerge命令可以将多幅序列照片合成为一个全景图。执行"文件>自动>Photomerge"命令，打开"Photomerge"对话框，如图13-78所示。在该对话框中单击"浏览"按钮，打开"打开"对话框添加素材文件，如图13-79所示，完成后单击"打开"按钮，返回"Photomerge"对话框，设置参数后单击"确定"按钮，即可按照设置合成选中的图片。

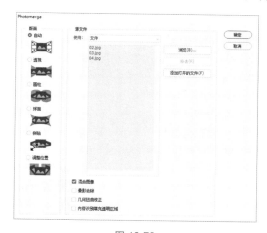

图 13-78

图 13-79

　　"Photomerge"对话框中各选项作用如下。

● 版面：用于选择合成全景图片的版面。其中，选择"自动"选项后，软件会分析源图像，选择"透视"版面或"球面"版面进行应用；选择"透视"选项将会把源图像中的一个图像指定为参考图像来创建全景图；选择"圆柱"选项将通过在展开的圆柱上显示各个图像来减少在"透视"版面中会出现的"领结"扭曲，适合创建宽全景图；

选择"球面"选项将会把图像对齐并变换，创建360°全景图；选择"拼贴"选项将对齐图层并匹配重叠内容，同时变换任何源图层；选择"调整位置"选项将会对齐图层并匹配重叠内容，但不会变换任何源图层。

● 使用：用于选择使用的素材文件。选择"文件"选项将使用个别文件合并图像；选择"文件夹"选项将使用存放在一个文件夹中的所有文件合并图像。

● 混合图像：选择该复选框后，将找出图像间的最佳边界并根据这些边界创建接缝，并匹配图像的颜色。

● 晕影去除：选择该复选框后，将去除图像中的晕影并执行曝光度补偿。

● 几何扭曲校正：选择该复选框后，将补偿桶形、枕形或鱼眼失真。

● 内容识别填充透明区域：选择该复选框后，将使用附近的相似图像内容无缝填充透明区域。

● 浏览：单击该按钮，将打开"打开"对话框，选择素材文件或文件夹。

● 移去：用于删除列表中选中的文件。

● 添加打开的文件：单击该按钮，可将软件中打开的文件添加至列表中。

使用"Photomerge"命令合成图像前后效果如图13-80～图13-83所示。

图 13-80

图 13-81

图 13-82

图 13-83

 进阶案例：制作古画效果

扫一扫 看视频

本案例将练习制作古画效果，涉及的知识点主要是"Photomerge"命令的应用以及滤镜的应用。下面将对具体的操作步骤进行介绍。

➡ Step01 打开Photoshop软件，执行"文件＞自动＞Photomerge"命令，打开"Photomerge"对话框，在该对话框中单击"浏览"按钮，打开"打开"对话框，添加素材文件，如图

13-84所示。

⭢ Step02 完成后单击"打开"按钮返回"Photomerge"对话框，保持默认设置，如图13-85所示。

图 13-84

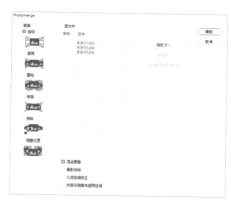

图 13-85

⭢ Step03 完成后单击"确定"按钮，合成选中的图片，如图13-86所示。

⭢ Step04 使用"裁剪工具"口裁剪图像，去除杂边，如图13-87所示。

⭢ Step05 选中"图层"面板中的图层，按Ctrl+Alt+E组合键盖印，如图13-88所示。

⭢ Step06 选中盖印图层，右击鼠标，在弹出的快捷菜单中选择"转换为智能对象"命令，将其转换为智能对象图层，如图13-89所示。

图 13-86

图 13-87

图 13-88

图 13-89

Step07 执行"图像＞调整＞亮度/对比度"命令，打开"亮度/对比度"对话框，调整参数，如图13-90所示。

Step08 完成后单击"确定"按钮，效果如图13-91所示。

图 13-90

图 13-91

Step09 执行"滤镜＞模糊＞高斯模糊"命令，打开"高斯模糊"对话框，调整参数，如图13-92所示。

图 13-92

Step10 完成后单击"确定"按钮，效果如图13-93所示。

图 13-93

图 13-94

Step11 执行"图像＞调整＞黑白"命令，打开"黑白"对话框，调整参数，如图13-94所示。

Step12 完成后单击"确定"按钮，效果如图13-95所示。

图 13-95

Step13 执行"滤镜＞风格化＞查找边缘"命令，为对象添加滤镜效果，如图13-96所示。

Step14 双击智能滤镜中"查找边缘"右侧的"双击以编辑滤镜混合选项" ≡ 按钮，可以

打开"混合选项（查找边缘）"对话框，设置模式为
"柔光"，不透明度为"60%"，如图13-97所示。

图 13-96

图 13-97

Step15 完成后单击"确定"
按钮，效果如图13-98所示。

图 13-98

Step16 打开本章素材文件
"卷轴.jpg"，如图13-99所示。

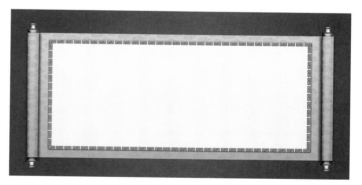

图 13-99

Step17 拖拽调整后的智能
对象图层至新打开的"卷轴"
文档中，调整至合适大小与
位置，如图13-100所示。

图 13-100

图 13-101

图 13-102

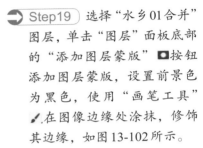

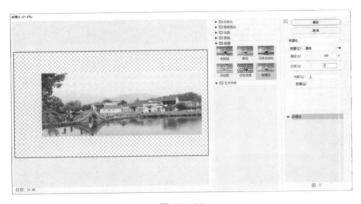

图 13-103

图 13-104

Step18 在"图层"面板中设置该图层混合模式为"正片叠底"，不透明度为"80%"，效果如图 13-101 所示。

Step19 选择"水乡01合并"图层，单击"图层"面板底部的"添加图层蒙版" ▣ 按钮添加图层蒙版，设置前景色为黑色，使用"画笔工具" ✎ 在图像边缘处涂抹，修饰其边缘，如图 13-102 所示。

Step20 按 Ctrl 键单击"图层"面板中的"水乡01合并"图层缩略图，创建选区。执行"滤镜 > 滤镜库"命令，打开"滤镜库"对话框，选择"纹理"滤镜组中的"纹理化"滤镜，并设置参数，如图 13-103 所示。

Step21 完成后单击"确定"按钮，为选区添加滤镜效果，如图 13-104 所示。按 Ctrl+D 组合键取消选区。

Step22 使用"文字工具"T 在图像编辑窗口中合适位置输入文字，如图13-105所示。

图 13-105

至此，完成古画效果的制作。

13.2.3 图像处理器

"图像处理器"命令可以不依托于动作，快速地转换和处理多个文件。执行"文件>脚本>图像处理器"命令，打开"图像处理器"对话框，如图13-106所示。在该对话框中设置参数后，单击"运行"按钮即可按照设置处理文件。

"图像处理器"对话框中部分选项作用如下。

图 13-106

- "选择要处理的图像"选项组：用于选择要处理的文件或文件夹。选择"打开第一个要应用设置的图像"复选框可以对所有图像应用相同的设置。
- "选择位置以存储处理的图像"选项组：用于设置转换后图像储存的位置。
- "文件类型"选项组：用于设置要存储的文件的类型和选项。用户可以选择将处理后的文件存储为 JPEG 文件、PSD 文件或 TIFF 文件，还可以对图像大小进行调整。
- "首选项"选项组：用于设置运行动作、版权信息等。选择"包含 ICC 配置文件"复选框将在存储的文件中嵌入颜色配置文件。

 上手实操：将PNG图像转换为JPG图像

扫一扫 看视频

Step01 打开Photoshop软件，执行"文件>脚本>图像处理器"目录，打开"图像处理器"对话框，如图13-107所示。

Step02 在该对话框中单击"选择文件夹"按钮，打开"选取源文件夹"对话框，选择源文件夹，如图13-108所示。

Step03 完成后单击"确定"按钮，返回"图像处理器"对话框，选择"在相同位置存储"选项，选择"存储为JPEG"复选框，并设置品质为12，如图13-109所示。

Step04 完成后单击"运行"按钮，即可按照设置重新存储图像，如图13-110所示。

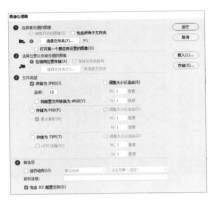

图 13-107

图 13-108

图 13-109

图 13-110

至此，完成转换为 JPEG 格式图像的操作。

13.2.4　创建联系表

"联系表"命令可以将多幅图像以缩略图的方式拼合在一起，执行"文件＞自动＞联系表Ⅱ"命令，打开"联系表Ⅱ"对话框，如图 13-111 所示。在该对话框中设置参数后单击"确定"按钮即可按照设置拼合图像，如图 13-112 所示。

图 13-111

图 13-112

"联系表Ⅱ"对话框部分选项作用如下。

- "源图像"选项组：用于选择要处理的文件或文件夹。选择"文件夹"选项时，单击"选取"按钮将打开"浏览文件夹"对话框，选择文件。
- "文档"选项组：用于设置联系表的尺寸、分辨率等参数。选择"拼合所有图层"复选框后将创建所有图像和文本都位于一个图层上的联系表。
- "缩览图"选项组：用于设置缩览图预览的版面。
- "将文件名用作题注"选项组：用于确定是否使用源图像文件名标记缩览图。

上手实操：制作图片集

扫一扫 看视频

Step01 打开本章素材文件夹"图片集"中的所有图片，如图13-113所示。

Step02 执行"文件＞自动＞联系表Ⅱ"命令，打开"联系表Ⅱ"对话框，如图13-114所示。

图 13-113

图 13-114

Step03 在该对话框中设置参数，如图13-115所示。

Step04 完成后单击"载入"按钮，即可生成图片集，如图13-116所示。

图 13-115

图 13-116

至此，完成图片集的制作。

综合实战：制作风景区明信片

本案例将练习制作风景区明信片，涉及的知识点包括动作的创建与应用、批处理的应用以及联系表的应用等。下面将对具体的操作步骤进行介绍。

Step01 打开本章素材文件"01.jpg"，如图13-117所示。

Step02 按Alt+F9组合键打开"动作"面板，单击面板底部的"创建新组"□按钮，打开"新建组"对话框，新建"尺寸调整"动作组，如图13-118所示。

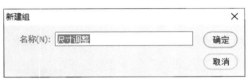

图 13-117

图 13-118

Step03 完成后单击"确定"按钮，新建动作组。单击"动作"面板底部的"创建新动作"⊞按钮，打开"新建动作"对话框，设置新建动作的名称及位置，如图13-119所示。

Step04 完成后单击"记录"按钮，新建动作。此时，"动作"面板中的"开始记录"●按钮变为红色，如图13-120所示。

图 13-119

图 13-120

Step05 执行"图像＞图像大小"命令，打开"图像大小"对话框设置参数，如图13-121所示。

Step06 完成后单击"确定"按钮。执行"图像＞画布大小"命令，打开"画布大小"对话框，设置参数，如图13-122所示。

图 13-121

图 13-122

Step07 完成后单击"确定"按钮，在弹出的提示对话框中单击"继续"按钮，调整画布大小，如图13-123所示。

Step08 按Ctrl+Shift+S组合键打开"另存为"对话框，在弹出的对话框中选择合适的位置保存图像，如图13-124所示。

图 13-123

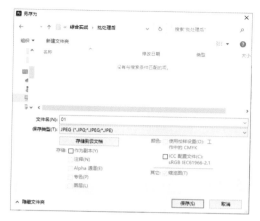

图 13-124

Step09 完成后单击"保存"按钮，弹出"JPEG选项"对话框，保持默认设置，如图13-125所示。完成后单击"确定"按钮，保存图像。

Step10 关闭当前文档，单击"动作"面板中的"停止播放/记录" ■按钮，停止记录，如图13-126所示。至此，完成裁剪动作的创建。

图 13-125

图 13-126

Step11 执行"文件＞自动＞批处理"命令，打开"批处理"对话框，在该对话框中设置"组"为"尺寸调整"，"动作"为"裁剪"，并设置源文件夹与目标文件夹，如图13-127所示。

图 13-127

Step12 完成后单击"确定"按钮，软件将会自动打开文件夹中的图像应用动作并存储，如图13-128、图13-129所示分别为批处理前后的图像文件夹。

Step13 打开批处理后的所有图片，设置其排列方式为"平铺"，如图13-130所示。

Step14 执行"文件＞自动＞联系表Ⅱ"命令，打开"联系表Ⅱ"对话框，并设置参数，如图13-131所示。

图 13-128

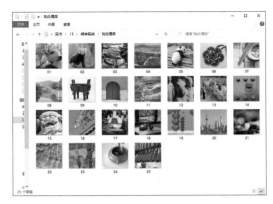

图 13-129

图 13-130

图 13-131

图 13-132

Step15 完成后单击"载入"按钮，生成联系表，如图13-132所示。

Step16 关闭除"联系表"外的所有文档。执行"编辑＞定义图案"命令，打开"图案名称"对话框设置名称，如图13-133所示。完成后单击"确定"按钮创建图案。

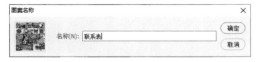

图 13-133

Step17 按Ctrl+N组合键新建148mm×100mm的空白文档，选择"画板"复选框，如图13-134所示。

图 13-134

Step18 执行"图层＞新建＞画板"命令，新建画板，如图13-135所示。

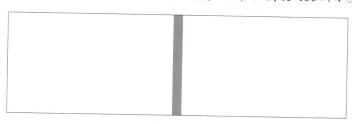

图 13-135

Step19 选择画板1，执行"文件＞置入嵌入对象"命令，置入本章素材文件"山.jpg"，并调整至合适大小，如图13-136所示。

Step20 在"山"图层上新建图层，按Ctrl+A组合键全选创建选区，选择选区工具在图像编辑窗口中右击鼠标，在弹出的快捷菜单中选择"填充"命令，打开"填充"对话框，选择"内容"为"图案"，选择新添加的图案，选择"脚本"复选框，如图13-137所示。

图 13-136

图 13-137

Step21 完成后单击"确定"按钮，打开"砖形填充"对话框，设置参数，如图13-138所示。

Step22 完成后单击"确定"按钮，填充选区，按Ctrl+D取消选区，在"图层"面板中设置新建的图层1混合模式为"叠加"，不透明度为"30%"，效果如图13-139所示。

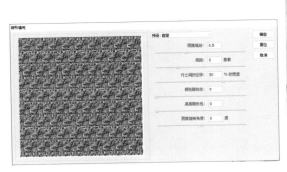

图 13-138

图 13-139

Step23 执行"文件＞置入嵌入对象"命令，置入本章素材文件"标志.png"，并调整至合适大小，如图13-140所示。

Step24 使用"文字工具"T在画板1合适位置输入文字，如图13-141所示。

图 13-140

图 13-141

Step25 选择画板1中的"山"图层，按住Alt键拖拽复制至画板2中，在"图层"面板中双击复制"山"图层名称右侧空白处，打开"图层样式"对话框，调整混合颜色带，如图13-142所示。

Step26 完成后单击"确定"按钮，效果如图13-143所示。

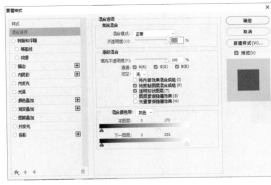

图 13-142

图 13-143

Step27 选择画板2中的"山"图层，单击"图层"面板底部的"添加图层蒙版" ◻ 按钮，创建图层蒙版。选择"画笔工具" ✐，设置前景色为黑色，在画板2中涂抹，效果如图13-144所示。

Step28 使用"矩形工具"在画板2中绘制矩形，并进行水平分布，效果如图13-145所示。

图 13-144

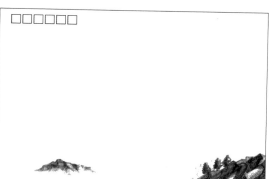

图 13-145

Step29 使用相同的方法，继续绘制矩形与线条，如图13-146所示。

Step30 使用"文字工具" T 输入文字，如图13-147所示。

图 13-146

图 13-147

Step31 至此，完成明信片正反面的制作，如图13-148所示。

图 13-148

第14章　3D技术一定会

📑 内容导读：

随着软件的更新迭代，Photoshop软件可以打开多种格式的3D文件，也可以创建一些简单的3D对象，并对其进行编辑处理。本章将主要针对3D的相关操作进行介绍。通过本章节的学习，可以帮助用户学会创建3D对象，并对其进行编辑处理，得到需要的效果。

🎯 学习目标：

- 了解3D对象的创建
- 熟悉3D对象与3D相机的工具应用
- 学会编辑3D对象
- 学会渲染与输出3D对象

14.1 了解3D对象

　　Photoshop软件可以打开多种格式的3D文件，如DAE（Collada）、OBJ、3DS、U3D以及KMZ（Google Earth）等，也可以创建3D对象，设定3D模型的位置并对其进行编辑，将其制成动画等。本节将针对3D工具及3D对象的创建进行介绍。

14.1.1　3D对象工具

　　选中3D对象，单击工具箱中的"选择工具" ✛，即可在选项栏中看到一组3D对象工具，如图14-1所示。通过这些工具，可以旋转、滚动、平移、滑动或缩放3D对象，而不影响场景。

3D 模式：

图 14-1

　　（1）旋转3D对象 ✍

　　选中3D对象，单击选项栏中的"旋转3D对象" ✍按钮，移动鼠标至图像编辑窗口中拖动，即可旋转对象，如图14-2、图14-3所示。

图 14-2

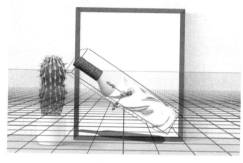

图 14-3

　　（2）滚动3D对象 ◎

　　"滚动3D对象" ◎工具可以围绕Z轴旋转3D对象。选择该工具后在图像编辑窗口中拖拽鼠标，即可使3D对象绕Z轴旋转，如图14-4所示。

　　（3）拖动3D对象 ✛

　　"拖动3D对象" ✛工具可以移动3D对象位置。选择该工具后在图像编辑窗口中拖拽鼠标，即可移动3D对象，如图14-5所示。

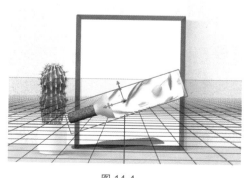

图 14-4

图 14-5

（4）滑动3D对象 ✥

"滑动3D对象" ✥工具可以移近或移远3D对象。选择该工具后在图像编辑窗口中拖动鼠标，即可改变3D对象位置，如图14-6所示。

（5）缩放3D对象 🔲

"缩放3D对象" 🔲工具可以缩放3D对象。选择该工具后在图像编辑窗口中拖动鼠标，即可改变3D对象大小，如图14-7所示。

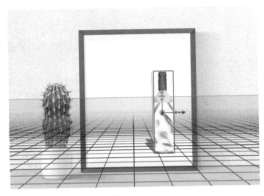

图 14-6

图 14-7

❝❝ 知识链接：

　　选中3D对象后，执行"视图＞显示＞3D选区"命令，即可显示3D轴，默认为显示状态，如图14-8所示。

　　3D轴显示3D空间中模型、相机、光源和网格的当前X、Y和Z轴的方向，通过3D轴，同样可以操作选定对象。

　　移动鼠标至轴控件上方，使其高亮显示，按住鼠标并拖拽，即可产生相应的效果。如图14-9、图14-10所示为沿Y轴缩放对象的前后效果。

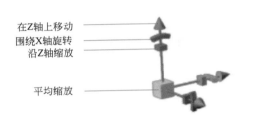

在Z轴上移动
围绕X轴旋转
沿Z轴缩放

平均缩放

图 14-8

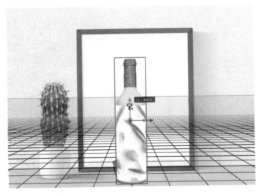

图 14-9

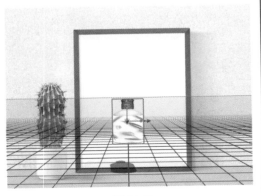

图 14-10

14.1.2　3D相机工具

打开或创建3D对象后，单击工具箱中的"选择工具"✛，在"3D"面板中选择"当前视图"，在选项栏中即可看到一组3D相机工具，如图14-11所示。通过这些工具，可以移动相机视图，而不影响3D对象的位置。

3D 模式：

图 14-11

（1）环绕移动3D相机

"环绕移动3D相机"⟲工具可以使相机沿X和Y方向环绕移动。按住Shift键可以向单一方向旋转；按住Alt键可以滚动相机。选择该工具后在图像编辑窗口中拖动鼠标，即可移动相机，如图14-12、图14-13所示。

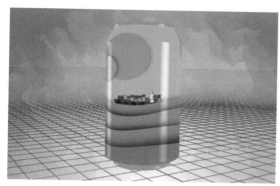

图 14-12

图 14-13

（2）滚动3D相机

"滚动3D相机"⟳工具可以滚动相机。选择该工具后在图像编辑窗口中拖动鼠标，即可滚动相机，如图14-14所示。

（3）平移3D相机

"平移3D相机"✛工具可以沿X轴或Y轴方向平移相机。选择该工具后在图像编辑窗口中拖动鼠标，即可平移相机，如图14-15所示。

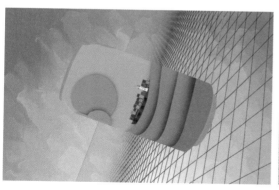

图 14-14

图 14-15

（4）滑动3D相机

"滑动3D相机"✛工具可以步进相机，即Z轴转换和Y轴旋转。选择该工具后在图像编辑窗口中拖动鼠标，即可步进相机，如图14-16所示。

(5) 变焦3D相机 ■◄

"变焦3D相机" ■◄工具可以更改3D相机的视角，最大视角为180°。选择该工具后在图像编辑窗口中拖动鼠标，即可调整视角，如图14-17所示。

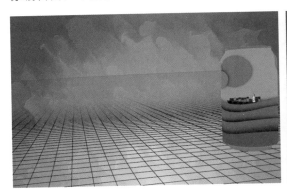

图 14-16

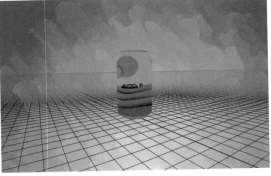

图 14-17

📖 知识链接：

选择"3D"面板中的"当前视图"，在"属性"面板中可以设置相关选项，如图14-18所示。

该面板中部分选项作用如下。

- 视图：用于选择预设的视图观察3D对象。
- 透视：用于显示透视视图，使用视角。
- 正交：用于显示正交视图，使用缩放。选择"视图"列表中的左视图、右视图、前视图、后视图、俯视图或仰视图，都将显示正交视图，如图14-19、图14-20所示。
- 景深：用于设置景深。"距离"决定聚焦位置到相机的距离；"模糊"可以使图像的其余部分模糊化。

图 14-18

图 14-19

图 14-20

14.1.3 "3D"面板

通过"3D"面板，用户可以新建3D对象，也可以显示打开的3D文件的组件，选择并进行设置。下面将对此进行介绍。

(1) 新建3D对象

新建文档，执行"窗口＞3D"命令，即可打开"3D"面板，如图14-21所示。

该面板中各选项作用如下。

- 源：用于设置新建3D对象的源，包括选中的图层、工作路径、当前选区和文件4种类型。
- 3D明信片：选择该选项，将创建3D明信片。
- 3D模型：选择该选项，将创建3D模型。
- 从预设创建网格：选择该选项，将从预设创建网格对象，包括"锥形""立体环绕""立方体"等9种类型。
- 从深度映射创建网格：选择该选项，将从深度映射创建网格对象，包括"平面""双面平面"等6种类型。
- 3D体积：选择该选项，将通过3D体积创建3D模型。
- 创建：单击该按钮，将按照上面的设置创建3D对象。

图 14-21

（2）场景

打开带有3D对象的文档，执行"窗口＞3D"命令，打开"3D"面板，此时默认选中"3D"面板中的"整个场景" 按钮，如图14-22所示。选择"整个场景" 按钮将显示所有场景组件。

选择该面板中的条目，在"属性"面板中即可进行相应的设置。如图14-23、图14-24所示分别为选中"环境"和"场景"的"属性"面板。

图 14-22

图 14-23

图 14-24

"属性"面板中部分重要选项作用如下。

- 全局环境色：用于设置在反射表面上可见的全局环境光的颜色。该颜色与用于特定材质的环境色相互作用。
- 预设：用于选择预设的渲染设置。
- 横截面：选择该选项可创建以所选角度与模型相交的平面横截面，切入模型内部，查看里面的内容。

（3）网格

单击"3D"面板顶部的"网格" 按钮，将只显示网格相应组件，如图14-25所示。选中"3D"面板中的"汽水"，即可在"属性"面板中对其选项进行设置，如图14-26所示。

图 14-25　　　　　　图 14-26

图 14-27　　　　　　图 14-28

"属性"面板中部分选项作用如下。

- 捕捉阴影：用于控制选定网格是否在其表面上显示其他网格所产生的阴影。
- 投影：用于控制选定网格是否投影到其他网格表面上。
- 不可见：选择该选项，将隐藏网格，但显示其表面的所有阴影。

(4) 材质

单击"3D"面板顶部的"材质" 按钮，将只显示材质相应组件，如图14-27所示。选中"3D"面板中的材质条目，即可在"属性"面板中对其选项进行设置，如图14-28所示。

"属性"面板中部分选项作用如下。

- 纹理映射菜单 ：单击该按钮，打开快捷菜单，如图14-29所示。通过该菜单中的命令可以对纹理映射的相关属性进行编辑、新建、替换、移去等操作。
- 单击可打开"材质"拾色器：单击该按钮，即可打开"材质"拾色器，选择预设的材质类型，如图14-30所示。
- 发光：定义不依赖于光照即可显示的颜色，创建从内部照亮3D对象的效果。
- 金属质感：用于设置材质的金属质感度。

图 14-29

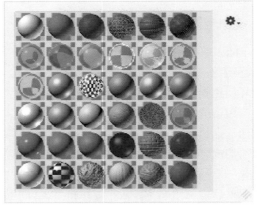

图 14-30

- 粗糙度：用于设置材质表面的粗糙度。
- 不透明度：用于设置材质的不透明度。
- 折射：用于设置透明材质的折射率。
- 法线：用于设置材质的法线映射。
- 环境：用于设置3D模型周围的环境图像。

> **知识链接：**
>
> 纹理映射根据其UV映射参数来应用于模型的特定表面区域，用户可调整UV比例和位移以改进纹理映射到模型的方式。选择纹理映射菜单中的"编辑UV属性"命令，即可打开"纹理属性"对话框，如图14-31所示。
>
> 该对话框中部分选项作用如下。
> - 可见：用于确定设置应用于特定图层还是复合图像。
> - 位移：用于调整映射纹理的位置。

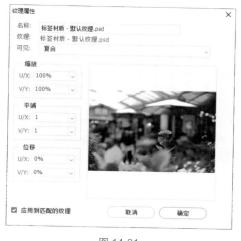

图 14-31

使用"3D材质吸管工具" 🖌 和"3D材质拖放工具" 🖌 也可以对3D对象的材质进行编辑和调整。

① 3D材质吸管工具　打开带有3D对象的文档，选择工具箱中的"3D材质吸管工具" 🖌，选项栏如图14-32所示。

图 14-32

该选项栏中部分相关选项作用如下。

- 单击可打开"材质"拾色器：单击该按钮，即可打开"材质"拾色器面板，其中包含了多种材质，如图14-33所示。用户还可以在该面板中单击右上角的扩展按钮，在弹出的扩展菜单中根据需要载入或替换相应材质，如图14-34所示。

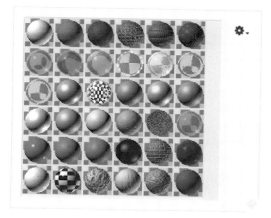

图 14-33

图 14-34

● 载入所选材质：单击该按钮，即可将当前所选材料载入到材料油漆桶。

② 3D材质拖放工具 选择工具箱中的"3D材质拖放工具" ，选项栏如图14-35所示。

打开带有3D对象的文档，如图14-36所示。选择"3D材质拖放工具" ，在选项栏中选择相应的材质，在3D对象上单击即可将该材质应用在3D对象上，如图14-37所示。

图 14-35

图 14-36　　　　　　　　　　　　　　　　　图 14-37

（5）光源

单击"3D"面板顶部的"光源" 按钮，将只显示光源相应组件，如图14-38所示。选中"3D"面板中的光源条目，即可在"属性"面板中对其选项进行设置，如图14-39所示。

"属性"面板中部分选项作用如下。

图 14-38

图 14-39

● 预设：用于选择预设的光照效果。
● 类型：用于设置光照类型，包括点光、聚光灯和无限灯3种。
● 颜色：用于定义光源的颜色。
● 强度：用于调整光源亮度。
● 阴影：用于创建从前景表面到背景表面、从单一网格到其自身或从一个网格到另一个网格的投影。
● 柔和度：用于模糊阴影边缘，产生逐渐的衰减效果。

上手实操：创建立体文字

扫一扫 看视频

Step01　新建一个横向A4大小的空白文档，使用"文字工具"输入文字，如图14-40所示。

Step02　使用"圆角矩形工具"绘制一个描边宽为30像素、圆角为80像素的圆角矩形，如图14-41所示。

图 14-40

图 14-41

➡ Step03 选中圆角矩形与文字图层，按Ctrl+E组合键合并对象，在"3D"面板中选择"3D模型"选项，单击"创建"按钮创建3D对象，如图14-42所示。

➡ Step04 选择"3D"面板中的"场景"，在"属性"面板中单击"预设"下拉列表框，选择"法线"，效果如图14-43所示。

图 14-42

图 14-43

至此，完成立体文字的创建。

14.1.4 创建 3D 对象

用户可以通过2D图像生成各种基本的3D对象，并在空间内对其进行编辑。创建3D对象的方法有多种，本小节将对此进行详细介绍。

（1）从文件新建3D图层

打开文档，执行"3D＞从文件新建3D图层"命令，打开"打开"对话框，选中要打开的文件，如图14-44所示。单击"打开"按钮，弹出"新建"对话框，保持默认设置，单击"确定"按钮即可从文件新建3D图层，如图14-45所示。

图 14-44

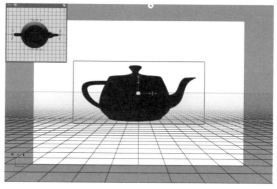

图 14-45

用户可以在"3D"面板中选中"default"，在"属性"面板中设置3D对象参数，如图14-46、图14-47所示。

图 14-46

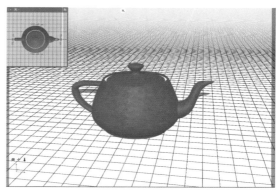

图 14-47

知识链接:

执行"文件 > 打开"命令,也可以直接打开3D文件。

(2)从所选图层新建3D模型

"从所选图层新建3D模型"命令可以将选中的图层转换为3D模型。选中文档中的图层,如图14-48所示。执行"3D>从所选图层新建3D模型"命令,即可将选中的图层转换为3D对象,如图14-49所示。

图 14-48

图 14-49

图 14-50

选中"3D"面板中的"cat",在"属性"面板中可以调整其参数,如图14-50所示。

下面将针对该面板中的选项进行介绍。

① 网格 　 "属性"面板中默认选中"网格"按钮,此时面板中的选项如图14-51所示。用户可以在"形状预设"下拉列表框中选择预设好的形状,也可以自行设置变形轴、纹理映射、突出深度等参数,得到需要的效果。单击"编辑源"按钮将打开凸出对象源文件进行编辑,如图14-52所示。

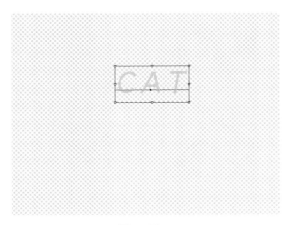

图 14-51

图 14-52

② 变形 单击"属性"面板中的"变形"按钮，面板中的选项也会发生相应的变化，如图 14-53 所示。

部分选项作用如下：

- 凸出深度：用于设置沿局部 Z 轴的凸出长度。
- 扭转：用于设置沿局部 Z 轴的凸出扭转。
- 锥度：用于设置沿局部 Z 轴的凸出锥度。
- 弯曲：选择该选项进行设置后，将产生弯曲变形。
- 切变：选择该选项进行设置后，将产生切变变形。

③ 盖子 单击"属性"面板中的"盖子"按钮，面板中的选项也会发生相应的变化，如图 14-54 所示。

部分选项作用如下。

- 边：用于选择要倾斜或膨胀的侧面。
- 斜面：用于设置斜面的宽度和角度。
- 膨胀：用于设置膨胀的角度和强度。
- 重置变形：单击该按钮，将重置所选对象上的所有变形。

④ 坐标 单击"属性"面板中的"坐标"按钮，面板中的选项也会发生相应的变化，如图 14-55 所示。通过该面板中的选项，可以精确设置 3D 对象的位置及缩放。

（3）从所选路径新建 3D 模型

"从所选路径新建 3D 模型"命令可以将选中的路径转换为 3D 模型。选中文档中的路径，如图 14-56 所示。执行"3D >从所选路径新建 3D 模型"命令，即可将选中的路径转换为 3D 对象，如图 14-57 所示。

图 14-53

图 14-54

图 14-55

图 14-56

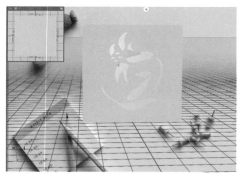

图 14-57

（4）从当前选区新建3D模型

"从当前选区新建3D模型"命令可以将当前选区转换为3D模型。创建选区，如图14-58所示。执行"3D＞从当前选区新建3D模型"命令，即可将当前选区转换为3D对象，如图14-59所示。

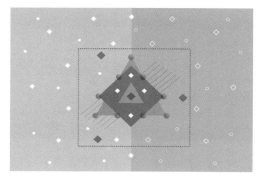

图 14-58

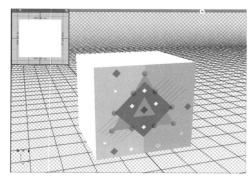

图 14-59

▲▲ 知识链接：

"球面全景"选项映射 3D 球面内部的全景图像。打开Photoshop软件，执行"3D＞球面全景＞导入全景图"命令，打开"打开"对话框，选择要打开的文件，如图14-60所示。单击"打开"按钮，在弹出的"新建"对话框中进行设置，完成后单击"确定"按钮即可创建球面全景，如图14-61所示。

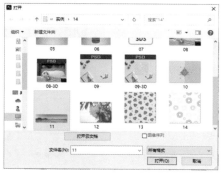

图 14-60

图 14-61

（5）明信片

选中要转换为明信片的2D图层，执行"3D＞从图层新建网格＞明信片"命令，创建具有3D属性的平面，如图14-62、图14-63所示。

图 14-62

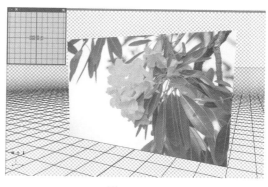

图 14-63

用户可以将 3D 明信片添加到现有的 3D 场景中，从而创建显示阴影和反射（来自场景中其他对象）的表面。

（6）网格预设

执行"3D＞从图层新建网格＞网格预设"命令，在弹出的子菜单中选择形状，如图14-64所示，即可将2D图像转换为3D对象，转换的3D对象中包含一个或多个网格。如图14-65所示为转换为"金字塔"形状的效果。

图 14-64

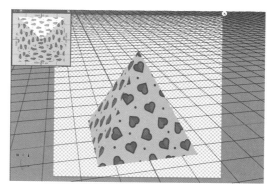

图 14-65

（7）深度映射到

"深度映射到"命令可以将2D图像的灰度转换为深度映射，将明度值转换为深度不一的表面。其中较亮的值生成表面上凸起的区域，较暗的值生成凹下的区域。

打开2D图像，选择要转换为3D对象的图层，如图14-66所示。执行"3D＞从图层新建网格＞深度映射到"命令，在弹出的子菜单中选择网格，如图14-67所示，即可生成不同的效果。

"深度映射到"子菜单中各选项作用如下。

● 平面：将深度映射数据应用于平面表面，效果如图14-68所示。

● 双面平面：创建两个沿中心轴对称的平面，并将深度映射数据应用于两个平面，效果如图14-69所示。

图 14-66

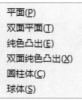

图 14-67

图 14-68

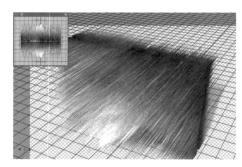

图 14-69

- 纯色凸出：将深度映射数据应用于纯色，效果如图 14-70 所示。
- 双面纯色凸出：创建两个沿中心轴对称的纯色凸出，并将深度映射数据应用于纯色，效果如图 14-71 所示。

图 14-70

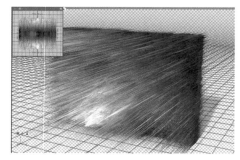

图 14-71

- 圆柱体：从垂直轴中心向外应用深度映射数据，效果如图 14-72 所示。
- 球体：从中心点向外呈放射状地应用深度映射数据，效果如图 14-73 所示。

图 14-72

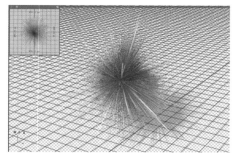

图 14-73

(8) 体积

"体积"命令可以利用体积创建3D对象。打开文档，复制要转换为3D对象的图层，选中2个图层，执行"3D＞从图层新建网格＞体积"命令，打开"转换为体积"对话框，设置X、Y、Z值，如图14-74所示。完成后单击"确定"按钮，即可根据两个图层创建3D对象。

图 14-74

 上手实操：制作立体心形

Step01 新建一个720像素×720像素大小的空白文档，使用"自定形状工具" 在图像编辑窗口合适位置绘制心形，如图14-75所示。

Step02 选中形状图层，执行"3D＞从所选图层新建3D模型"命令，创建3D模型，如图14-76所示。

图 14-75

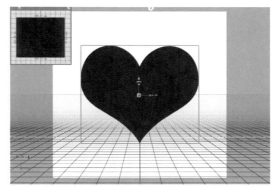

图 14-76

Step03 在"3D"面板中选中"红心形卡1"，在"属性"面板中"网格"选项卡里设置形状预设与凸出深度，如图14-77所示。

Step04 选择"3D"面板中的"无限光^0"，在图像编辑窗口中调整光源，取消选择"属性"面板中的"阴影"复选框，效果如图14-78所示。

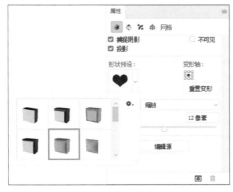

图 14-77

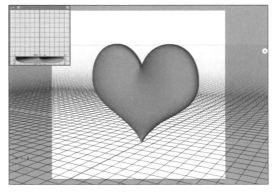

图 14-78

Step05 选择"3D"面板中的"红心形卡1前膨胀材质",单击"纹理映射菜单" ,在弹出的快捷菜单中选择"新建纹理"命令,打开"新建"对话框,在该对话框中设置参数,如图14-79所示。

Step06 完成后单击"确定"按钮,新建材质文档,执行"文件>置入嵌入对象"命令,置入本章素材文件"花纹.jpg",并调整至合适大小与位置,如图14-80所示。

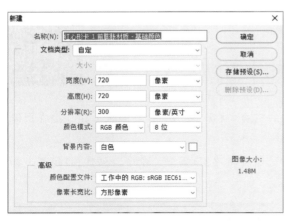

图 14-79

图 14-80

Step07 按Ctrl+S组合键保存材质文档,切换至立体心形文档,效果如图14-81所示。

Step08 在"3D"面板中选中"红心形卡1",按住Alt键拖拽复制,如图14-82所示。

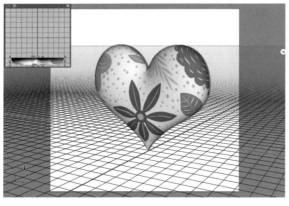

图 14-81

图 14-82

Step09 选中"3D"面板中的"当前视图",在"属性"面板中设置视图为"俯视图",效果如图14-83所示。

Step10 选中右侧的3D对象,单击选项栏中的"滚动3D对象" 按钮,在图像编辑窗口中调整对象角度,如图14-84所示。

Step11 单击选项栏中的"拖动3D对象" 按钮,在图像编辑窗口中调整对象位置,如图14-85所示。

Step12 选择视图为前视图,调整对象位置,如图14-86所示。

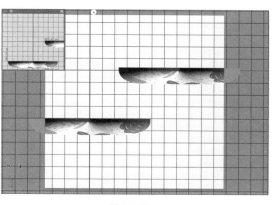

图 14-83

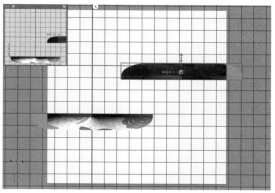

图 14-84

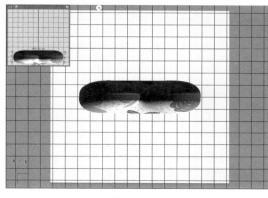

图 14-85

图 14-86

● Step13 至此，完成立体心形的制作，如图14-87、图14-88所示。

图 14-87

图 14-88

14.2 编辑3D对象

3D对象创建完成后，可以进行合并、拆分等操作，也可以将3D图层转换为工作路径或智能对象，下面将进行详细介绍。

14.2.1　合并3D图层

合并多个3D图层可以提高性能，还可以使多个对象的阴影和反射进行交互。

选择要合并的多个3D对象，如图14-89所示。执行"3D＞合并3D图层"命令，即可将选中的3D图层合并为一个图层，如图14-90所示。

注意事项：

　　在合并3D图层之前，需要先使用正交相机视图最精确地定位网格。在"3D"面板中选择"当前视图"，单击"属性"面板中的"正交" 按钮即可。

图 14-89　　　　　　　图 14-90

14.2.2　拆分3D对象

若想将3D对象拆分为多个独立的部分，以便于用户单独对其编辑，可以使用"拆分凸出"命令。

选中要拆分的对象，如图14-91所示。执行"3D＞拆分凸出"命令，在弹出的提示对话框中单击"确定"按钮，即可拆分对象，调整位置后效果如图14-92所示。

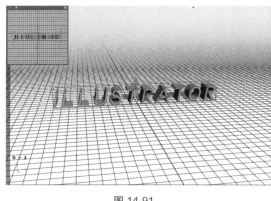

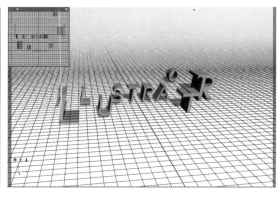

图 14-91　　　　　　　　　　　　　　图 14-92

14.2.3　将对象移动到地面

"将对象移到地面"命令可以使3D对象靠近地面，以便更好地观察定位对象。选中3D对象，如图14-93所示。执行"3D＞将对象移到地面"命令，即可使选中的对象靠近地面，如图14-94所示。

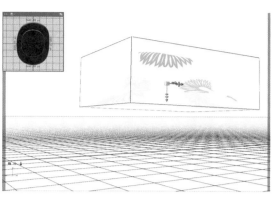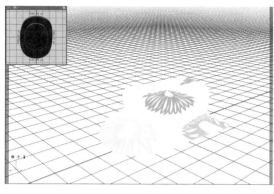

图 14-93　　　　　　　　　　　　　　　图 14-94

14.2.4　从3D图层生成工作路径

执行"3D＞从3D图层生成工作路径"命令，就可以将当前对象转换为工作路径，如图14-95、图14-96所示。

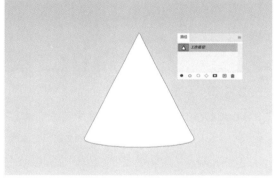

图 14-95　　　　　　　　　　　　　　　图 14-96

14.2.5　将3D图层转换为智能对象

"转换为智能对象"命令可以将3D图层转换为智能对象，转换后即可对对象进行变换或添加滤镜等操作。

在"图层"面板中选中3D图层，右击鼠标，在弹出的快捷菜单中选择"转换为智能对象"命令即可。

14.2.6　栅格化3D图层

"栅格化3D"命令可以将3D图层转换为2D图层，保留3D外观，但不可再对对象的3D属性进行编辑。

在"图层"面板中选中3D图层，右击鼠标，在弹出的快捷菜单中选择"栅格化3D"命令即可。

进阶案例：制作立体文字扭转效果

本案例将练习制作立体文字扭转效果，涉及的知识点主要包括3D对象的创建、"属性"面板的应用及栅格化3D图层等。

Step01 打开本章素材文件"背景.jpg"，如图14-97所示。

Step02 使用"文字工具"在画板中输入文字，设置字体为"仓耳渔阳体"，字体样式为"W03"，字号为"48点"，效果如图14-98所示。

图 14-97

图 14-98

Step03 选中文字图层，执行"3D＞从所选图层新建3D模型"命令，将文字图层转换为3D对象，如图14-99所示。

Step04 在"3D"面板中选中场景，在"属性"面板中设置参数，如图14-100所示。

图 14-99

图 14-100

Step05 设置完成表面样式后可以看到3D对象颜色发生变化，效果如图14-101所示。

Step06 选中"3D"面板中的"德胜书坊 伴你同行"图层，在选项栏中选择"旋转3D对象" 按钮，在图像编辑窗口中调整对象，如图14-102所示。

Step07 单击"属性"面板中的"变形" 按钮，并设置参数，如图14-103所示。

Step08 设置变性后可以看到3D对象发生扭转，效果如图14-104所示。

图 14-101

图 14-102

图 14-103

图 14-104

⊃ Step09 在"图层"面板中选中3D图层，右击鼠标，在弹出的快捷菜单中选择"栅格化3D"命令，将该图层栅格化，如图14-105所示。

⊃ Step10 按Ctrl+T组合键自由变换对象，如图14-106所示。

图 14-105

图 14-106

⊃ Step11 隐藏文字图层，选择背景图层，按Ctrl+J组合键复制。在"通道"面板中选中"红"通道拖拽至"创建新通道" ⊞ 按钮上复制。选中复制的"红"通道，执行"图像＞计算"命令，打开"计算"对话框设置混合为"线性加深"，结果为通道，如图14-107所示。

⊃ Step12 重复执行"计算"命令1次，效果如图14-108所示。

图 14-107

图 14-108

Step13 按住Ctrl键，单击"Alpha2"通道缩略图，创建选区，按Shift+Ctrl+I组合键反选选区，如图14-109所示。

Step14 单击RGB通道。在"图层"面板中显示文字图层，单击面板底部的"添加图层蒙版" ▣ 按钮创建图层蒙版，效果如图14-110所示。

图 14-109

图 14-110

Step15 设置前景色为白色，选中蒙版缩略图，使用"画笔工具"在图像编辑窗口中合适位置涂抹，效果如图14-111所示。

图 14-111

至此，完成立体文字扭转效果的制作。

14.3　渲染与输出3D对象

制作完成3D对象后，将其渲染可以得到2D图像进行使用。用户也可以将3D图层导出，以保留文件中的3D内容。

14.3.1　渲染设置

用户可以在"属性"面板中选择预设的渲染设置，也可以根据需要自定渲染设置。

（1）渲染预设

选择"3D"面板中的场景，在"属性"面板"预设"下拉列表中即可选择预设的渲染设置，如图14-112所示。预设的渲染设置效果如图14-113所示。

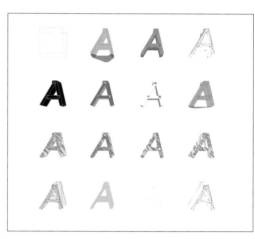

图 14-112　　　　　　　　　　图 14-113

注意事项：

　　渲染设置是图层特定的。若想设置多个 3D 图层的渲染参数，需要分别为每个图层指定渲染设置。

（2）自定渲染设置

除了预设的渲染设置外，用户也可以设置"横截面""表面""线条""点"等属性的参数，自定渲染设置，这4组常用参数作用如下。

- 横截面：用于创建以所选角度与模型相交的平面横截面，便于查看里面的内容。
- 表面：用于设置显示模型表面的方式。用户可以选择预设的样式，也可以为其添加指定的纹理映射。
- 线条：用于启用线渲染。
- 点：用于启用点渲染。

14.3.2　渲染3D文件

处理完成3D文件后，可创建最终渲染以输出高品质的图像。最终渲染使用光线跟踪和更高的取样速率，以捕捉更逼真的光照和阴影效果。

使用选区工具选择场景中的一部分，执行"3D＞渲染3D图层"命令或按Alt+Shift+Ctrl+R组合键，即可渲染选区中的内容，如图14-114、图14-115所示。

图 14-114　　　　　　　　　　　图 14-115

注意事项：

不包含选区时将渲染整个场景，取决于3D 场景中的模型、光照和映射等属性，最终渲染可能需要很长时间。

14.3.3　输出3D文件

直接将包含3D图层的文件以 PSD、PSB、TIFF、或 PDF 格式储存，既可保存3D 模型的各项信息；也可以根据需要，将3D图层导出为3D文件。

（1）存储3D文件

图 14-116

执行"文件＞存储为"命令或按Shift+Ctrl+S组合键，打开"存储为"对话框，选择支持3D格式的文件类型保存即可。

（2）导出3D图层

Photoshop中 支 持 将3D图 层 导 出Collada DAE、OpenGL Transmission Format GLTF/GLB、STL、Wavefront/OBJ、3D PDF、U3D 和 Google Earth 4 KMZ七种格式。

选择要导出的3D图层，执行"3D＞导出3D图层"命令，打开"导出属性"对话框，如图14-116所示。在该对话框中设置参数后单击"确定"按钮即可。

 综合实战：制作大熊猫纪念罐

本案例将练习制作大熊猫纪念罐效果，涉及的知识点包括3D对象的创建、光源的添加、纹理的编辑以及渲染输出等。

Step01 新建一个204.1mm×120mm大小的空白文档，执行"文件＞置入嵌入对象"命令，置入本章素材文件"熊猫.png"，调整至合适大小与位置，如图14-117所示。

🔵 Step02 单击"图层"面板底部的"创建新的填充或调整图层" ◑按钮，在弹出的快捷菜单中选择"色阶"命令，新建"色阶1"调整图层，在"属性"面板中设置参数，如图14-118所示。

图 14-117

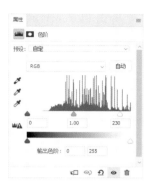

图 14-118

🔵 Step03 调整后图像变得更加明亮，效果如图14-119所示。

🔵 Step04 选择"色阶1"图层和"熊猫"图层，按Ctrl+Alt+E组合键盖印选中图层，隐藏原图层，如图14-120所示。

图 14-119

图 14-120

🔵 Step05 选中合并图层，执行"滤镜>其他>位移"命令，打开"位移"对话框，设置参数，如图14-121所示。

🔵 Step06 完成后单击"确定"按钮，添加"位移"滤镜效果，如图14-122所示。

图 14-121

图 14-122

Step07 使用"矩形工具" □ 在图像编辑窗口中合适位置绘制矩形，一个描边10pt、无填充，一个无描边、填充为棕色（#e1c986），如图14-123所示。

Step08 选中绘制的2个矩形图层，按Ctrl+J组合键复制，右击鼠标，在弹出的快捷菜单中选择"栅格化图层"命令，将图层栅格化，按Ctrl+E组合键合并栅格化后的图层，并隐藏原图层，如图14-124所示。

图 14-123

图 14-124

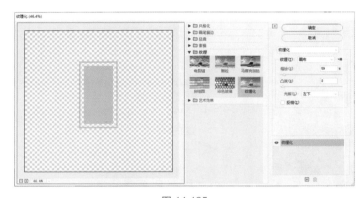

图 14-125

Step09 选中"矩形2 拷贝"图层，执行"滤镜>滤镜库"命令，打开"滤镜库"对话框，为对象添加"纹理化"滤镜，并设置参数，如图14-125所示。

Step10 完成后单击"确定"按钮，应用滤镜效果，如图14-126所示。

Step11 使用"文字工具"在图像编辑窗口中合适位置单击并输入文字，字体设置为"仓耳渔阳体"，字体样式为"W03"，字号分别为"14点"和"6点"效果如图14-127所示。

图 14-126

图 14-127

Step12 设置前景色为红色（# ec1b1b），使用"画笔工具" ✐ 在图像编辑窗口中合适位置绘制图形作为印章，如图14-128所示。

Step13 使用相同的方法，在图像编辑窗口合适位置输入文字，如图14-129所示。

图 14-128

图 14-129

Step14 选中显示的图层，按Ctrl+Alt+E组合键盖印选中图层，并隐藏除背景外的图层，如图14-130所示。

Step15 选中合并图层，执行"3D＞从图层新建网格＞网格预设＞汽水"命令，创建汽水瓶模型，如图14-131所示。

图 14-130

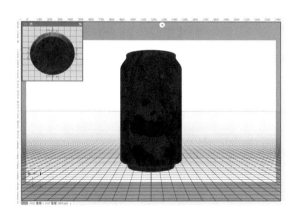

图 14-131

Step16 选择"3D"面板中的"无限光 ^0"，在图像编辑窗口中调整光源，取消选择"属性"面板中的"阴影"复选框，效果如图14-132所示。

Step17 选中"3D"面板中的"当前视图"，在"属性"面板中设置视图为"俯视图"，单击选项栏中的"滚动3D对象"◎按钮，在图像编辑窗口中调整对象角度，调整后切换至"默认视图"，效果如图14-133所示。

Step18 选择"3D"面板中的"盖子材质"，在"属性"面板中打开"材质"拾色器选择预设的材质类型，如图14-134所示。

Step19 调整后效果如图14-135所示。

图 14-132　　　　　　　　　　　　　　　图 14-133

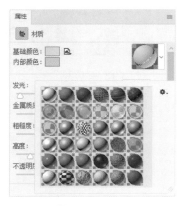

图 14-134

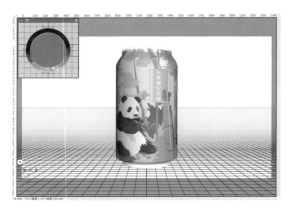

图 14-135

Step20　按Ctrl+J组合键复制3D图层，右击鼠标，在弹出的快捷菜单中选择"栅格化3D"命令，将3D对象栅格化，如图14-136所示。

Step21　执行"文件>打开"命令，打开本章素材文件"背景.jpg"，如图14-137所示。

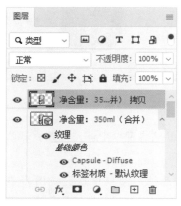

图 14-136

图 14-137

Step22　拖拽栅格化后的对象至新打开的文档中，调整至合适大小，如图14-138所示。

Step23　新建图层1，按住Ctrl键，单击复制图层缩略图，创建选区，并填充黑色到透明的渐变，如图14-139所示。

图 14-138

图 14-139

Step24 按Ctrl+D组合键取消选区，按Ctrl+T组合键自由变换对象，在图像编辑窗口中右击鼠标，在弹出的快捷菜单中选择"扭曲"命令，拖动定界框顶点，自由变换对象，如图14-140所示。

Step25 调整阴影位置与排列顺序，执行"滤镜＞模糊＞高斯模糊"命令，打开"高斯模糊"对话框设置参数，如图14-141所示。

图 14-140

图 14-141

Step26 完成后单击"确定"按钮，效果如图14-142所示。

Step27 选中图层1，单击"图层"面板底部的"添加图层蒙版" ▢按钮创建图层蒙版，设置前景色为黑色，使用"画笔工具" ✐在图像编辑窗口中涂抹，效果如图14-143所示。

图 14-142

图 14-143

至此，完成大熊猫纪念罐的制作。

第15章　切片与输出互联动

内容导读：

网页设计是平面设计中的一大分支，通过Photoshop软件，可以制作出丰富多样的网页设计作品。在上传网页时，为了提升网站的体验感，减少网页响应时间，可以使用"切片工具"将网页切片，再将其上传。本章将针对切片的创建与输出进行介绍。通过本章节的学习，可以帮助用户了解切片，学会创建与输出切片。

学习目标：

- 了解什么是切片
- 学会创建不同类型的切片
- 学会编辑切片
- 学会输出切片

15.1 切片的基础概念

在制作网页时，为了方便上传，且提高网页打开速度，可以使用"切片工具" ✍ 将图像分割为若干个切片，并对其进行定位与保存。

15.1.1 什么是切片

按照创建方式，可以将切片分为用户切片、基于图层切片和自动切片3种。用户切片是指使用"切片工具" ✍ 创建的切片；基于图层切片是指通过图层创建的切片；自动切片是指图像中用户切片或基于图层切片未定义的空间，每次添加或编辑用户切片或基于图层切片时，都会重新生成自动切片。

用户切片和基于图层切片由实线定义，自动切片由虚线定义，如图15-1所示。使用"切片选择工具" ✍，在选项栏中单击"隐藏自动切片"按钮即可隐藏自动切片，如图15-2所示。

图 15-1

图 15-2

上手实操：创建基于图层切片

扫一扫 看视频

→ Step01 打开本章素材文件"环境保护.psd"，如图15-3所示。

→ Step02 在"图层"面板中选中"主"图层，如图15-4所示。

图 15-3

图 15-4

Step03 执行"图层>新建基于图层的切片"命令,创建切片,如图15-5所示。

Step04 用户也可以选中多个图层,执行"新建基于图层的切片"命令,创建切片。如图15-6所示为选中"主""环境保护"和"环境……科学和社会"图层创建的切片效果。

图 15-5

图 15-6

至此,完成基于图层切片的创建。

重点 15.1.2 切片工具

通过"切片工具"✄可以创建用户切片。选择工具箱中的"切片工具"✄,在选项栏中可以对其属性进行设置,如图15-7所示。

图 15-7

其中,各选项作用分别如下。

- 样式:用于设置切片样式,包括正常、固定长宽比和固定大小三个选项。选择"正常"选项可以绘制任意尺寸比例的矩形定义切片;选择"固定长宽比"选项,将以设置的长宽比绘制矩形定义切片;选择"固定大小"选项,将以固定的大小绘制矩形定义切片。
- 宽度:选择"固定长宽比"或"固定大小"选项后,即可设置该选项,定义宽度比例或大小。
- 高度:选择"固定长宽比"或"固定大小"选项后,即可设置该选项,定义高度比例或大小。
- 基于参考线的切片:当图像中存在参考线时,可以单击该按钮从参考线创建切片。

上手实操:创建用户切片

扫一扫 看视频

Step01 打开本章素材文件"登录.jpg",如图15-8所示。

Step02 按Ctrl+R组合键显示标尺,并拉出参考线,如图15-9所示。

图 15-8

图 15-9

● Step03 选择"切片工具" ，单击选项栏中的"基于参考线的切片"按钮，即可创建用户切片，如图 15-10 所示。

● Step04 创建切片后，用户还可以使用"切片工具" 在画板中拖拽绘制矩形，对切片进行调整，如图 15-11 所示。

图 15-10

图 15-11

至此，完成用户切片的创建。

重点 15.1.3 创建与编辑切片

切片可以将整张大尺寸的图像分割为多个便于上传的小尺寸图像。本小节将针对切片的创建与编辑进行介绍。

（1）创建切片

常见的创建切片的方法有3种，即使用"切片工具" 直接创建、基于参考线创建和基于图层创建，下面将对这3种创建切片的方式进行介绍。

① 使用"切片工具" 直接创建 在 Photoshop 应用程序中打开素材文件，选择"切片工具" ，在选项栏中设置样式为"正常"，在图像上按住鼠标拖拽绘制矩形，如图 15-12 所示。释放鼠标后即可生成用户切片和自动切片，如图 15-13 所示。

② 基于参考线创建 在图像编辑窗口中添加参考线，即可基于参考线创建切片。

执行"视图＞标尺"命令或按 Ctrl+R 组合键，显示标尺，拉出参考线，如图 15-14 所示。选择"切片工具" ，单击选项栏中的"基于参考线的切片"按钮，即可从参考线创建切片，如图 15-15 所示。

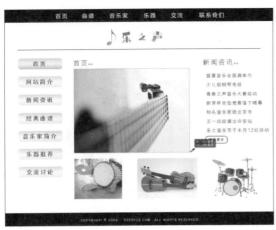

图 15-12

图 15-13

图 15-14

图 15-15

③ 基于图层创建　打开本章素材文件，在"图层"面板中选择"21"，执行"图层>新建基于图层的切片"命令即可基于图层创建切片，如图15-16所示。基于图层创建切片后，调整图层时，切片也会随之改变，如图15-17所示。

图 15-16

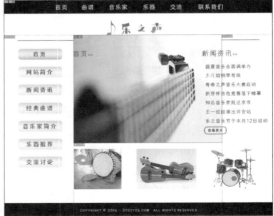

图 15-17

❝ 知识链接：

使用"切片选择工具" ✂ 可以将基于图层切片和自动切片转换为用户切片。使用"切片选择工具" ✂ 选择要转换的切片，单击选项栏中的"提升"即可，如图15-18、图15-19为转换前后效果。

图 15-18

图 15-19

（2）选择与移动切片

使用"切片选择工具" ✂ 可以选中切片，并对其进行移动。

单击工具箱中的"切片选择工具" ✂，移动鼠标至切片上，单击即可将其选中，选中的切片边缘线呈棕色，如图15-20所示。按住鼠标拖拽即可移动切片位置，如图15-21所示。若在移动时按住Shift键，可将移动方向限制在垂直、水平或45°对角线上。

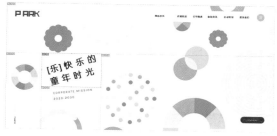

图 15-20

图 15-21

按住Alt键拖拽移动切片，可以复制切片，如图15-22、图15-23所示。

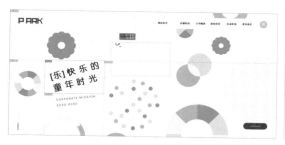

图 15-22

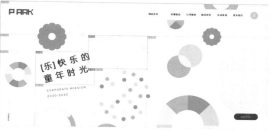

图 15-23

(3) 调整切片

选中切片后，使用"切片选择工具" ✎拖拽切片定界点，可以对其大小进行调整。

选择要调整的切片，单击工具箱中的"切片选择工具" ✎，移动鼠标至其切片边缘，按住鼠标拖拽即可，如图15-24、图15-25所示。

图 15-24　　　　　　　　　　　　　　　　图 15-25

图 15-26

使用"切片选择工具" ✎选中切片后，单击选项栏中的"为当前切片设置选项" 按钮，打开"切片选项"对话框，可以更精准地设置切片的尺寸，如图15-26所示。

(4) 删除切片

选择要删除的切片，选择"切片工具" ✎或"切片选择工具" ✎，按BackSpace键或Delete键即可将其删除。若要删除所有用户切片和基于图层切片，执行"视图>清除切片"命令即可。

删除用户切片或基于图层切片后，将重新生成自动切片填充文档区域。若删除一个图像中所有用户切片和基于图层切片，将生成一个包含完整图像的自动切片。

> **注意事项：**
>
> 　删除基于图层切片并不会删除相应的图层，但删除与基于图层切片相关的图层，将删除该基于图层切片。

(5) 锁定切片

锁定切片可以避免误操作。执行"视图>锁定切片"命令即可锁定所有用户切片和基于图层切片。锁定的切片无法进行移动、调整大小或其他操作。再次执行"视图>锁定切片"命令可以取消锁定。

(6) 显示与隐藏切片

为了便于操作，用户可以根据需要显示或隐藏切片。

执行"视图>显示>切片"命令，即可显示或隐藏切片边界，如图15-27、图15-28所示。

> **注意事项：**
>
> 　执行"视图>显示额外内容"命令或按Ctrl+H组合键，可以隐藏或显示切片及其他项目。

图 15-27

图 15-28

执行"编辑>首选项>参考线、网格和切片"命令,打开"首选项"对话框,在该对话框中可以设置切片编号的显示或隐藏,还可以对切片线条颜色进行设置,如图15-29所示。

（7）划分切片

若想沿水平方向、垂直方向或同时沿这两个方向划分切片,可以通过"划分切片"对话框实现。

选择"切片选择工具"，在选项栏中单击"划分"按钮,打开"划分切片"对话框,如图15-30所示。

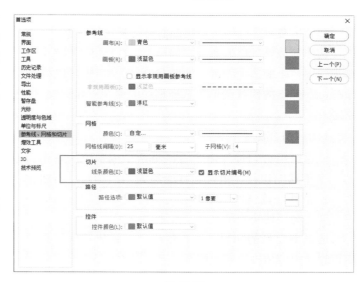

图 15-29

该对话框中,选择"水平划分为"选项可以在长度方向上划分切片,选择"垂直划分为"选项可以在宽度方向上划分切片。选择方向后用户可以根据需要定义划分选定切片的依据。如图15-31、图15-32所示为设置"垂直划分为"选项前后效果。

用户也可以选中要划分的切片,右击鼠标,在弹出的快捷菜单中选择"划分切片"命令,打开"划分切片"对话框进行设置。

图 15-30

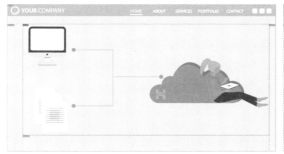

图 15-31

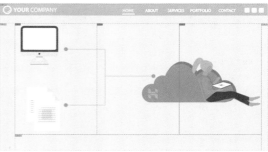

图 15-32

（8）对齐和分布用户切片

用户可以通过对齐或分布用户切片，减少不必要的自动切片，得到更有效的HTML文件。选择要对齐或分布的用户切片，选择"切片选择工具" ，单击选项栏中的选项即可，如图15-33所示。

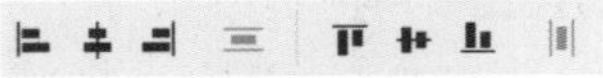

图 15-33

> **注意事项：**
>
> 分布或对齐图层内容，可以相应地分布或对齐基于图层的切片。

（9）更改切片的堆栈顺序

切片重叠时，用户可以根据需要调整切片顺序。

选中要调整顺序的切片，选择"切片选择工具" ，单击选项栏中的选项即可，如图15-34所示。也可以右击鼠标，在弹出的快捷菜单中选择相应的命令，如图15-35所示。

（10）组合切片

通过"组合切片"命令可以将两个或多个切片组合为一个单独的切片，组合切片始终为用户切片。若组合切片不相邻，或者比例或对齐方式不同，则新组合的切片可能会与其他切片重叠。

选择要组合的切片，右击鼠标，在弹出的快捷菜单中选择"组合切片"命令即可。

图 15-34　　　　图 15-35

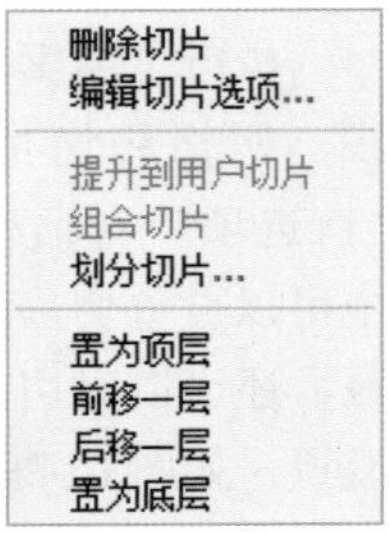

删除切片
编辑切片选项...

提升到用户切片
组合切片
划分切片...

置为顶层
前移一层
后移一层
置为底层

> **注意事项：**
>
> 基于图层的切片无法组合。

（11）切片选项

使用"切片工具" 或"切片选择工具" 双击切片，或者选择"切片选择工具" 后，单击选项栏中的"为当前切片设置选项" 按钮，即可打开"切片选项"对话框，如图15-36所示。

该对话框中各选项作用如下。

● 切片类型：用于设置切片输出的类型，即在与HTML文件一起导出时，切片数据在Web浏览器中的显示方式，包括"无图像""图像"和"表"3种。选择"无图像"类型时，可以在切片中输入HTML文本，但无法导出图像，也无法在浏览器中预览；选择"图像"类型时，切片包含图像数据，默认选择该类型；选择"表"类型时，将把切片作为嵌套表写入HTML文件中。

● 名称：用于设置切片名称。不可用于"无图像"切片。

● URL：用于设置切片链接的Web页。单击链接时，Web浏览器会导航到指定的URL和目标框架。该选项仅适用于"图像"切片。

● 目标：用于设置目标框架的名称。

● 信息文本：用于为选定的一个或多个切片更改浏览器状态区域中的默认消息。

● Alt标记：用于指定选定切片的Alt标记。在图

图 15-36

像下载过程中，Alt文本取代图像，并在一些浏览器中作为工具提示出现。

- 尺寸：用于设置切片尺寸及位置。
- 切片背景类型：用于设置切片背景色。在浏览器中预览图像才可以查看背景色效果。

扫一扫 看视频

上手实操：将自动切片转换为用户切片

Step01 打开本章素材文件"枕头.psd"，如图15-37所示。

Step02 选中"图层1""图层2"和图层3，执行"新建基于图层的切片"命令，创建切片，如图15-38所示。

图 15-37

图 15-38

Step03 使用"切片选择工具" 选择序号为02的自动切片，如图15-39所示。

图 15-39

Step04 单击选项栏中的"提升"按钮，即可将其转换为用户切片，如图15-40所示。

图 15-40

Step05 按住Shift键，使用"切片选择工具" 选中其他自动切片，如图15-41所示。

Step06 单击选项栏中的"提升"按钮，将选中的自动切片转换为用户切片，如图15-42所示。

图 15-41

图 15-42

至此，完成将自动切片转换为用户切片的操作。

进阶案例：制作花店网页

扫一扫 看视频

本案例将练习制作花店网页并进行切片，涉及的知识点包括切片的创建、选择及切片类型的转换等。

Step01 新建一个1920像素×540像素的空白文档，分辨率设置为72像素/英寸。执行"文件>置入嵌入对象"命令，置入本章素材文件"花束.png"，调整至合适大小与位置，如图15-43所示。

图 15-43

Step02 单击"图层"面板底部的"创建新的填充或调整图层"按钮，在弹出的快捷菜单中选择"曲线"命令，新建"曲线1"调整图层，在"属性"面板中调整曲线，如图15-44所示。

Step03 使用相同的方法，新建"色阶1"和"色相/饱和度1"调整图层，在"属性"面板中调整参数，如图15-45、图15-46所示。

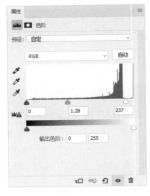

图 15-44   图 15-45   图 15-46

Step04 调整后图像效果更加明亮，如图15-47所示。

Step05 执行"文件>置入嵌入对象"命令，置入本章素材文件"花.jpg"，调整至合适大小，置于画板左侧，如图15-48所示。

图 15-47   图 15-48

Step06 选择"花"图层，在"图层"面板中右击鼠标，在弹出的快捷菜单中选择"栅格化图层"命令，将其栅格化。使用"矩形选框工具" 选中花图层右侧，如图15-49所示。

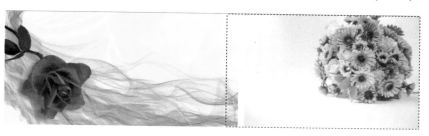

图 15-49

Step07 右击鼠标，在弹出的快捷菜单中选择"填充"命令，打开"填充"对话框，设置内容为"内容识别"，如图15-50所示。完成后单击"确定"按钮，填充选区，按Ctrl+D组合键取消选区，如图15-51所示。

Step08 选中"花"图层，单击"图层"面板底部的"添加图层蒙版" 按钮，创建图层蒙版。此时默认选中蒙版缩略图，使用"渐变工具" 在画板中填充黑白渐变，效果如图15-52所示。

图 15-50

图 15-51

图 15-52

Step09 使用相同的方法为"花束"图层添加图层蒙版并填充渐变，效果如图15-53所示。

图 15-53

Step10 使用"文字工具"在画板中输入文字，如图15-54所示。

图 15-54

Step11 按Ctrl+Shift+Alt+E组合键盖印图层。按Ctrl+N组合键新建一个1920像素×1200像素的空白文档，分辨率设置为72像素/英寸。将盖印图层拖拽至新文档中，如图15-55所示。

Step12 使用"自定形状工具" ✿ 在图像编辑窗口中合适位置绘制图形，使用"圆角矩形工具" ☐ 绘制合适大小的圆角矩形，再使用"文字工具" **T** 输入文字，效果如图15-56所示。

图 15-55

图 15-56

Step13 使用"矩形工具" ☐ 绘制橙色（#f4bb59）矩形并在该矩形上方输入文字，如图15-57所示。

Step14 执行"文件 > 置入嵌入对象"命令，置入本章素材文件"花1-5.jpg"，并调整至合适大小，如图15-58所示。

图 15-57

图 15-58

Step15 新建图层，使用"矩形选框工具" ☐ 在图像编辑窗口底部绘制矩形选区，并填充橙色。在该区域上方输入文字，如图15-59所示。

Step16 选择"图层1""图层2""矩形1""花1-花5"图层，执行"图层＞新建基于图层的切片"命令，基于图层创建切片，如图15-60所示。

图 15-59

图 15-60

Step17 按住Shift键，使用"切片选择工具" 选中自动切片，单击选项栏中的"提升"按钮，将自动切片转换为用户切片，如图15-61所示。

图 15-61

至此，完成网页的制作及切片的创建。

15.2 Web图形输出

制作切片的最终目的是为了更方便地应用在Web中，通过"存储为Web所用格式"对话框可以对创建的切片进行优化与导出。下面将对此进行介绍。

15.2.1 存储为Web所用格式

创建完切片后，执行"文件＞导出＞存储为Web所用格式（旧版）命令"或按Alt+Shift+Ctrl+S组合键，打开"存储为Web所用格式"对话框，如图15-62所示。在该对话框中可以优化图像，减小图像大小。

该对话框中常用选项作用如下。

● 抓手工具🖐：用于移动查看图像。

图 15-62

- 切片选择工具 ：用于选择切片进行优化。
- 缩放工具 ：用于缩放图像窗口，按住Alt键单击即可缩小图像窗口。用户也可以单击对话框左下角的"缩放级别" 38.2% 按钮进行缩放。
- 吸管工具 ：用于拾取图像中的颜色。
- 吸管颜色 ：用于显示"吸管工具" 拾取的颜色。

- 切换切片可见性 ：用于设置切片是否可见。
- 显示方式：用于设置图像在窗口中的显示方式，包括"原稿""优化""双联"和"四联"4种。选择"原稿"，将只显示没有优化的图像；选择"优化"，将只显示优化过的图像；选择"双联"，将显示优化前和优化后的选项；选择"四联"，将显示图像原稿及3个不同优化的图像。
- 预设：用于选择预设好的优化设置。
- 优化的文件格式：用于选择优化文件格式，包括"GIF""JPEG""PNG-8""PNG-24"和"WBMP"5种，选择不同的优化格式，设置选项也会有所不同。
- 优化菜单 ：单击该按钮，将弹出优化菜单，如图15-63所示。用户可以根据需要进行设置。
- 颜色表：用于优化图像的颜色。
- 颜色调板菜单 ：单击该按钮，将弹出颜色调板菜单，如图15-64所示。用户可以根据需要结合颜色表进行设置。
- 图像大小：用于设置图像尺寸。
- 状态栏：用于显示鼠标所在位置的颜色值、索引等信息。

图 15-63

图 15-64

上手实操：创建并存储切片

Step01 打开本章素材文件"花.psd"，如图15-65所示。

Step02 选中合并图层，执行"图层＞新建基于图层的切片"命令创建切片，如图15-66所示。

Step03 按Alt+Shift+Ctrl+S组合键，打开"存储为Web所用格式"对话框，并设置参数，如图15-67所示。

Step04 完成后单击"存储"按钮，打开"将优化结果存储为"对话框，在该对话框中选择合适的位置与名称，如图15-68所示。

Step05 完成后单击"保存"按钮，在弹出的警告对话框中单击"确定"按钮即可输出切片。在文件夹中查看输出的切片，如图15-69所示。

图 15-65

图 15-66

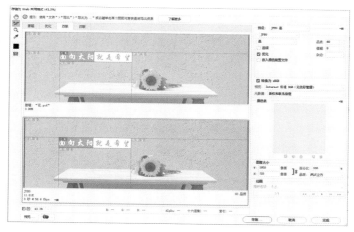

图 15-67

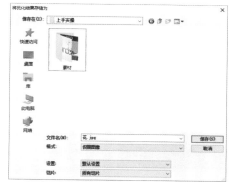

图 15-68

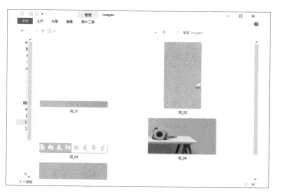

图 15-69

至此，完成切片的创建及存储。

知识链接：

在"将优化结果存储为"对话框中，用户可以选择导出"所有切片""所有用户切片"或"选中的切片"，如图15-70所示。

图15-70

15.2.2　Web输出设置

图15-71

单击"存储为Web所用格式"对话框中的"优化菜单" ▾≡ 按钮，在弹出的快捷菜单中选择"编辑输出设置"命令，即可打开"输出设置"对话框，如图15-71所示。在该对话框中可对Web图形的输出进行设置，设置完成后单击"确定"按钮即可。

15.2.3　Web安全色

不同的浏览器或显示器的颜色编码也会有所不同，在查看网页时会有细微的颜色差别，为了避免这一差别，在制作网页时可以使用Web安全色。Web安全色是浏览器使用的216种颜色，与平台无关，只使用这些颜色时，准备的Web图片在256色的系统上绝对不会出现仿色。

（1）将非安全色更改为安全色

在"拾色器"对话框中选择颜色时，若颜色框旁边显示一个警告立方体 ⬡ ，则选择的是非Web安全色，如图15-72所示。单击警告立方体即可选择最接近的Web安全色，如图15-73所示。

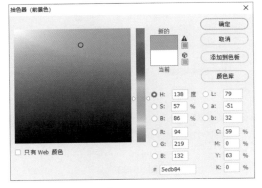

图15-72

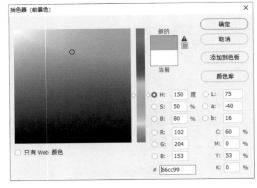

图15-73

（2）选择Web安全色

在制作网页时，可以设置在Web安全色状态下制作，以避免误使用到非安全色。下面将对此进行介绍。

① 在"拾色器"对话框中设置　选择"拾色器"对话框左下角的"只有Web颜色"选项，即可保证所拾取的任何颜色都是Web安全颜色。选择该选项前后如图15-74、图15-75所示。

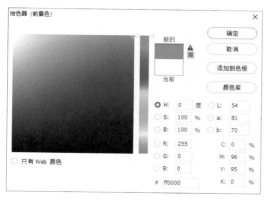

图 15-74

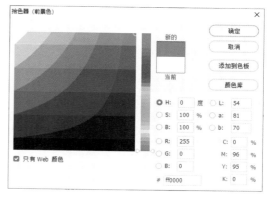

图 15-75

② 在"颜色"面板中设置　执行"窗口＞颜色"命令打开"颜色"面板，如图15-76所示。单击右上角的菜单≡按钮，在弹出的快捷菜单中选择"Web颜色滑块"命令，此时"颜色"面板会发生变化，如图15-77所示。在拖动Web颜色滑块时，这些滑块会迅速定位Web安全颜色（由刻度指示）；用户也可以在弹出的快捷菜单中选择"建立Web安全曲线"命令，此时"颜色"面板会发生变化，如图15-78所示。

图 15-76

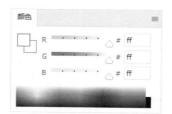

图 15-77

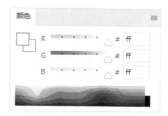

图 15-78

注意事项：

　　选择"Web颜色滑块"命令后，若在拖动滑块时按住Alt键，即可选择非安全色。

 进阶案例：制作文具网站首页

扫一扫　看视频

本案例将练习制作文具网站首页，涉及的知识点包括图形绘制、切片的创建及存储等。下面将介绍具体的操作步骤。

▶ Step01　新建一个1366像素×1600像素的空白文档，分辨率设为72像素/英寸，如图15-79所示。

Step02 执行"文件>置入嵌入对象"命令，置入本章素材文件"办公.jpg"，调整至合适位置与大小，如图15-80所示。

图 15-79　　　　　　　　　　　　　　图 15-80

Step03 单击"图层"面板底部的"创建新的填充或调整图层" ◎ 按钮，在弹出的快捷菜单中选择"色相/饱和度"命令，新建"色相/饱和度1"调整图层，在"属性"面板中设置参数，如图15-81所示。

图 15-81

Step04 移动鼠标至"文具"图层和调整图层之间，按住Alt键单击，创建剪贴蒙版，效果如图15-82所示。

图 15-82

Step05 执行"文件>置入嵌入对象"命令，置入本章素材文件"标志.png"和"书包.jpg"，如图15-83所示。

Step06 使用"矩形工具" □ 在画板底部绘制一个矩形，并填充蓝色（#33ccff），如图15-84所示。

Step07 使用"矩形工具" □ 绘制一个描边为蓝色（#333366）、粗细为10pt的矩形，如图15-85所示。

Step08 使用"文字工具" T. 在画板中合适位置输入文字，字体设置为"仓耳渔阳体"，字体样式为"W02"，字号为"30点"，效果如图15-86所示。

Step09 使用相同的方法，输入其他文字，如图15-87所示。

Step10 使用"自定形状工具"在"主营范围"前绘制图钉，如图15-88所示。

图 15-83

图 15-84

图 15-85

图 15-86

图 15-87

图 15-88

Step11 按Ctrl+R组合键显示标尺，并拉出参考线，如图15-89所示。

Step12 选择"切片工具" ✐，单击选项栏中的"基于参考线的切片"按钮，创建用户切片，如图15-90所示。

图 15-89

图 15-90

Step13 按Alt+Shift+Ctrl+S组合键，打开"存储为Web所用格式"对话框，并设置参数，如图15-91所示。

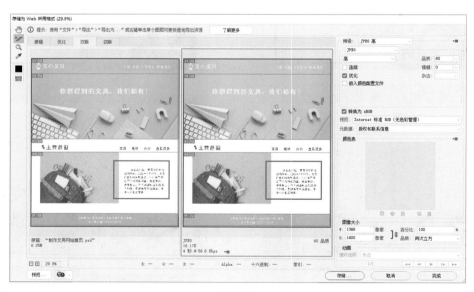

图 15-91

Step14 完成后单击"存储"按钮，打开"将优化结果存储为"对话框，在该对话框中选择合适的位置与名称，如图15-92所示。

Step15 完成后单击"保存"按钮，在弹出的警告对话框中单击"确定"按钮即可输出切片。在文件夹中查看输出的切片如图15-93所示。

图 15-92

图 15-93

至此，完成文具网站首页的制作与输出。

 综合实战：制作旅行社网站首页

扫一扫 看视频

本案例将练习制作旅行社网站首页，涉及的知识点包括图像的导入、文字工具的使用以及切片的创建与编辑等。

Step01 新建一个1366像素×1920像素的空白文档，分辨率设为72像素/英寸，如图15-94所示。

Step02 执行"文件>置入嵌入对象"命令，置入本章素材文件"封面.jpg"，调整至合适位置与大小，如图15-95所示。

图 15-94

图 15-95

Step03 使用相同的方法置入"标志.png"，并放置于合适位置，如图15-96所示。

Step04 使用"文字工具" **T** 在画板中合适位置输入文字，字体设置为"仓耳渔阳体"，字体样式为"W02"，字号为"30点"，效果如图15-97所示。

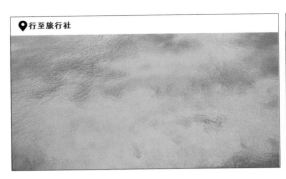

图 15-96

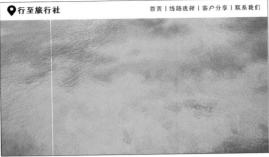

图 15-97

Step05 使用相同的方法，继续在画板中输入文字，如图15-98所示。

Step06 使用"矩形工具" ▣ 在画板中绘制2个矩形，并填充蓝色（#33ccff），如图15-99所示。

图 15-98

图 15-99

Step07 使用"文字工具" **T** 在矩形上输入文字，如图15-100所示。

Step08 执行"文件>置入嵌入对象"命令，置入本章素材文件"图标.png"，调整至合适位置与大小，如图15-101所示。

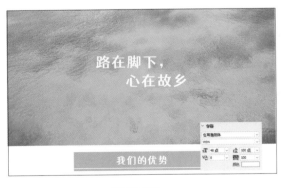

图 15-100

图 15-101

Step09 使用"矩形工具" ▣ 在画板中绘制3个矩形，并填充蓝色（#33ccff），如图15-102所示。

Step10 使用"文字工具" **T** 在矩形上输入文字，如图15-103所示。

图 15-102

图 15-103

⟹ Step11 执行"文件＞置入嵌入对象"命令，置入本章素材文件"海.jpg""山.jpg"和"沙漠.jpg"，调整至合适位置与大小，如图15-104所示。

⟹ Step12 使用"文字工具"T在新置入的图像下方输入文字，如图15-105所示。

图 15-104

图 15-105

⟹ Step13 使用"矩形工具"□在画板底部绘制矩形，并填充蓝色（#33ccff），如图15-106所示。

⟹ Step14 使用"文字工具"T在矩形上输入文字，如图15-107所示。

图 15-106

图 15-107

⟹ Step15 至此，完成旅行社网站首页的制作，如图15-108所示。

⟹ Step16 按Ctrl+R组合键显示标尺，并拉出参考线，如图15-109所示。

图 15-108

图 15-109

Step17 选择"切片工具" ✐，单击选项栏中的"基于参考线的切片"按钮，创建用户切片，如图 15-110 所示。

Step18 执行"视图＞清除参考线"命令，清除参考线。使用"切片工具" ✐在部分切片上绘制矩形，再次创建切片，如图 15-111 所示。

图 15-110

图 15-111

Step19 按 Alt+Shift+Ctrl+S 组合键，打开"存储为 Web 所用格式"对话框，并设置参数，如图 15-112 所示。

Step20 完成后单击"存储"按钮，打开"将优化结果存储为"对话框，在该对话框中选择合适的位置与名称，如图 15-113 所示。

Step21 完成后单击"保存"按钮，在弹出的警告对话框中单击"确定"按钮即可输出切片。在文件夹中查看输出的切片，如图 15-114 所示。

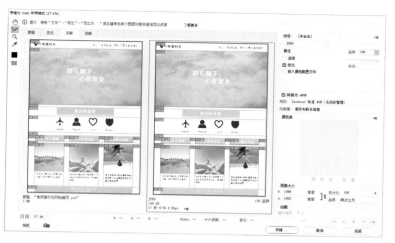

图 15-112

图 15-113

图 15-114

至此，完成旅行社网站首页的创建与输出。